能源科学与管理论丛

主编 雷仲敏

Energy engineering

能源工程学

何燕 王泽鹏 张斌 ◎ 编著

山西出版传媒集团
山西经济出版社

图书在版编目（CIP）数据

能源工程学／何燕，王泽鹏，张斌编著．—太原：山西经济出版社，2016.6
　（能源科学与管理论丛／雷仲敏主编）
　ISBN 978-7-80767-931-8

　Ⅰ.①能…　Ⅱ.①何…②王…③张…　Ⅲ.①能源—研究　Ⅳ.①TK01

中国版本图书馆 CIP 数据核字（2015）第 202195 号

能源工程学

编　　著：何　燕　王泽鹏　张　斌
出 版 人：孙志勇
责任编辑：李慧平　吴欣彦
装帧设计：赵　娜

出 版 者：山西出版传媒集团·山西经济出版社
地　　址：太原市建设南路 21 号
邮　　编：030012
电　　话：0351-4922133（发行中心）
　　　　　0351-4922085（综合办）
E - mail：scb@ sxjjcb.com（市场部）
　　　　　zbs@ sxjjcb.com（总编室）
网　　址：www.sxjjcb.com

经 销 者：山西出版传媒集团·山西经济出版社
承 印 者：山西人民印刷有限责任公司

开　　本：787mm×1092mm　1/16
印　　张：23.25
字　　数：403 千字
印　　数：1—1000 册
版　　次：2016 年 6 月　第 1 版
印　　次：2016 年 6 月　第 1 次印刷
书　　号：ISBN 978-7-80767-931-8
定　　价：62.00 元

总　序

当青岛科技大学雷仲敏教授主编的《能源科学与管理论丛》这样一套巨著摆在我面前时，我只能当学生了。虽然花了不少时间阅读，但感觉还是没有学透。

首先，作者们三年耕耘的认真治学态度和《论丛》涉猎内容的广度与深度均令我十分感动。其次，这套《论丛》有一个视野广阔的顶层设计，从已读到的《能源系统工程学》《能源工程学》《能源经济学》《能源环境学》《能源政策学》《能源管理学》和《能源法学》等，便可看到其内容的丰富和重要的参考价值。

能源是一个应用领域，也是一个综合性交叉学科。它既涉及科学、技术、工程与产业实践，又横跨自然科学、社会科学与哲学，并深度交叉于经济学、管理学、环境学、政策学与法学等各个方面。科学地规划和把握能源的发展，这些方面的知识真是一样都不能少。

在世界各国面临的能源问题中，恐怕中国的能源问题是最复杂、最费思索的。我们既面对着全球能源向绿色、低碳、高效转型的共同机遇，又需直面中国能源结构的高碳天然禀赋、资源环境制约、气候容量有限等严峻挑战。中国的能源工作者有责任深入研究我国能源问题的各个方面，推动能源革命、重塑能源发展路径、建设创新中国，实现中国的可持续发展。这条中国特色新型道路的创新将是中国对人类做出的最重要贡献。从这个意义上说，这套丛书作为宝贵的教材，对各行各业均是十分有益的参考书。

是为序。

杜祥琬

2016 年元月 6 日

低碳时代能源科学研究的若干思考

（论丛前言）

人类社会发展的历史表明，人类关于社会与自然发展的科学认识，都是建立在特定历史时期人类关于自身与可感知的自然世界水平之上的。人类对其生存所依附生态环境的认识水平、价值观念、道德伦理等，必然会对包括能源科学在内的科学理论产生深远而又广泛的影响。当前，以全球碳失衡为主要标志而引发的低碳研究热潮，必将引发一系列新的产业革命，并进而有可能推动能源科学研究的历史性变革。

一、碳失衡与当代能源科学研究的历史使命

自人类社会诞生以来，人类的社会生产和生活方式大体经历了狩猎、农耕、前工业社会、后工业社会等四个阶段，目前正在向信息化社会过渡。在不同的经济发展阶段，人类社会面临的困难和矛盾也各不相同，因而能源科学研究也有其所不相同的历史任务。从不同时代人类社会经济增长的主要制约因素看，人类先后经历了体能约束和资源约束，目前正面临着以全球碳失衡为主要标志的生态约束挑战；从人类与自然生态的关系看，在不同社会生产生活方式下，人类对自然生态的扰动程度和扰动模式也不尽相同，并相应建立起与自然生态所不相同的关系，即由被动接受型、盲目破坏型到协调共存型。

在狩猎生活方式下，人类的生存是建立在大自然形成的自然生物环链基础之上的，人类对自然生态没有选择的余地，只能被动地接受大自然的恩赐。人类作为自然界的一个物种，其活动能力、活动范围还十分有限，特别是工具的使用还十分简陋，人类所面临的主要任务是如何克服体能的不足，在现实自然条件下，实现自身的生存发展。因此，对自然生态几乎没有任何扰动。

在农耕生活方式下，人类为了满足自身日益增长的需求，开始以耕作的方式对自然界的土地资源施加人类的影响，以种植、养殖的方式开始对自然物种进行选择，形成了以人类为中心的对自然界生物群进行选择淘汰的过程，优选

并扩大了在既定生产生活方式下对人类社会生活有用的生物物种，而尽力淘汰或消灭对人类有害的物种。人类社会所面临的主要任务是如何扩展自身的活动空间，开拓更多的可赖以生存的土地。但此时，人类的社会生产活动仍停留在以自然界可再生资源为劳动对象的阶段，社会生产活动的规模较小且相对稳定。

18世纪发端于英国的产业革命，使人类社会的生产和生活方式发生了第一次革命性变迁。工业文明的诞生使人类开始步入前工业社会生活的新阶段。以能源变革为核心的现代科学技术由于极大地解放了人类的四肢，完成了人类的体能革命，因而也大大拓展了人类的资源选择空间，并进一步丰富了人类的社会生活内容。在现代科学技术的帮助下，人类不仅开始对自然界的各种不可再生矿产资源进行了史无前例的大规模开发，而且对各类生物资源也进行了掠夺性的利用。

20世纪50年代以来，第三次技术革命的出现，使人类社会的生产、生活方式开始了第三次大变迁。航天技术使人类实现了对宇宙空间的探索，自动化技术使人类体能和智能得到进一步的解放，机器体系不仅普遍地运用于各产业的生产，其在人们生活过程中的使用也日益普遍化，煤、石油、天然气等不可再生资源已成为人类特定生产和生活方式维系的战略资源。人类占统治地位的文化价值取向是对高品质生活的追求，是消费较多数量且经过深度加工的产品，而社会生产规模的急剧膨胀，全球经济一体化格局的形成，地球数十亿年所沉积的化学物质在人类无节制的使用下，其物质循环的生态平衡逐渐被打破，人类社会面临的全球性生态环境问题日益严重。

可见，人类文明总是伴随着能源的变革而不断进步，而人类文明的进步也对能源变革提出新的更高水平的要求。当前，随着新一轮能源科技革命的快速演进，全球能源科技创新进入高度活跃期，呈现多点突破、加速应用、影响深远等特点。而以资源枯竭和全球碳失衡为标志，以绿色低碳为理念的生态文明发展观必将引发新一轮产业革命，并进而再一次推动人类生产生活方式的变革，这无疑将对能源科学研究产生深远而广泛的影响。

二、低碳时代经济发展表现出的新特点

当前，尽管人们还难以看到以绿色低碳为核心价值的新经济体系的全貌，对其认识和分析也仅仅停留在感性阶段，还难以对其给予人类未来社会生活的影响做出理性的科学判断。然而，它的出现无疑将会给我们传统的思维方式、社会生活、经济结构、管理模式等带来巨大的震撼，进而将会使人类社会的生产、生活方式发生更为深刻的第五次大变革。

（一）低碳经济时代的基本特征

1. 主导产业的绿色化。绿色化是以某个产业绿色化程度以及所提供的绿色产品或服务的数量多少为标志的，即当某一产业所提供的绿色产品和劳务形成一定数量规模时，可以认为是形成了绿色产业。绿色产品分为绿色用品和绿色食品两大类。绿色用品是指在使用过程中不产生或较少产生对环境或人有害的废弃物的产品；绿色食品是指无公害、无污染的安全、优质营养类食品的统称。绿色企业就是采用绿色技术、进行绿色管理、生产绿色产品、实行绿色包装、通过绿色认证并获得绿色标志的企业。只有生产过程和产品都符合绿色标准时，企业才是绿色企业。

2. 资源利用的循环化。资源循环利用是在不断提升物质重复利用水平的基础上实现发展经济的目的的。与传统工业社会的经济单向流动的线性经济，即"资源→产品→废弃物"相比，循环经济的增长模式是发展路径和模式的根本变革。循环经济通过生产、流通和消费等过程中的减量化、再利用、资源化活动，实现资源节约和保护环境，最终达到以较小发展成本获取较大的经济效益、社会效益和环境效益的目标。

3. 消费选择的理性化。随着消费者生态价值观的演变和经济生活的个性化，经济活动的各方面主体行为在消费选择上更加理性，绿色低碳的理念将贯彻于设计、生产、流通、消费等各个环节，工业革命时代高耗能、高污染的大批量、标准化生产和销售模式，将被极具理性思维的消费主体所主宰。

4. 市场主体的低碳化。全球生态失衡所构造的低碳发展平台将成为社会经济活动的重要舞台，在这一舞台上，人们将构建起一系列新的经济运行理念，制定出新的游戏规则，建立起与传统经济生活相对应的各类经济机构，包括低碳产品生产企业、低碳服务组织，甚至包括低碳政府，从事包括低碳设计、低碳生产、低碳交易、低碳营销、低碳消费等在内的一系列经济活动。低碳经济活动在整个社会生产和生活中所占的比重越来越大，低碳行为所创造的社会财富越来越多，为人们开创出一个全新的经济世界。

5. 生态约束的全球化。碳失衡所产生的全球性生态灾难使得生态影响呈现出人人不能幸免的特征，生态约束成为一种不受时间、空间局限的全天候持续影响。随着人类发展空间的不断拓展，未来还有可能将外空间联结为一个整体，全球乃至外空间范围内的生态问题将会呈现，生态影响把整个世界变成了"地球村"，生态影响越来越趋向薄平化、网状化、墨迹化、立体化和跨代际化，不同区域空间的生态依存性将大大提高，一个动态开放、不断变化的生态经济命运体将会应运而生。

6. 贸易规则的道德化。随着生态约束的日益刚性化，其对市场分工和全球贸易格局必然产生多方面的影响，世界经济发展的不平衡和利益的不一致将会进一步被拉大。因此，有必要在全球低碳生态价值共识基础上形成具有普世价值的生态道德贸易规范，即要求企业在生产商品赚取利润的同时，承担起全球生态失衡的历史责任和社会责任。

（二）低碳经济体系的基本规律

1. 交易原则不同。传统经济是以物质所表现、以商品为载体的能量交换型经济，自然界客观存在着的不可再生资源的有限性，使其交易通行"物以稀为贵"的原则，商品价格对供求变化的刚性较大，资源匮乏是导致经济运行受阻的根本原因。低碳经济是以生态价值所表现、以生态道德为载体的质量型经济，人类全球生态保护意识的增强，使其交易通行"碳耗越少，价值越大"的原则，在这一原则下，其商品价格可最大限度地接近严格反映生态价值供求关系变化的市场价格，买卖双方可实现互动协商、互利双赢的结局。

2. 经济运行的表现形态不同。传统经济运行表现出一定的周期性波动，其很难摆脱高增长、高通胀的发展怪圈；低碳经济则表现出一定的持续性，在一定程度上可实现"两高一低"（高增长、高就业、低通胀）的目标，并使经济运行的周期性波动幅度明显减缓。

3. 经济运行的规律不同。低碳经济运行主要受三大规律所支配：一是低碳技术功能价格比法则，此法则决定了低碳经济快速发展的动力根源；二是全球政府间合作机制及其各自公共政策的约束法则，此法则决定了低碳市场的供需数量；三是全球经济活动中优劣势反差的马太效应法则，低碳信息不对称使得交易双方处于不平等的地位，为信息优势者站在道德高地提供了操纵控制信息弱势者的现实可能。

三、低碳时代能源科学研究的新课题

建立在生态文明价值观基础之上的低碳经济时代的出现，使建立在化石能源开发利用基础之上的传统能源科学理论面临着一场新的革命。尽管目前还难以对低碳经济时代的能源科学理论框架进行勾画，但至少可以从以下几方面提出新的理论命题：

（一）能源科学研究的基本使命——维护人与自然界碳生态系统的动态平衡

传统能源科学理论最基本的特征是关注人及其周围的物质世界，是建立在自然人能源需求保障这一最基本的命题之上的。低碳研究则把目光转向人类及其生存所需的碳生态世界，将理性生态人及其生存所维系的碳动态平衡确定为人类社会发展的基本经济问题。以此为基点，将人类对全球碳属性资源的开发利用、全球碳生态演变的基本规律、不同主体的碳生态经济行为、不同低碳干预方式的生态经济绩效、碳生态均衡的全球合作等问题，作为能源科学理论研究的基本使命。

（二）能源科学研究的基本逻辑起点——人类与自然界碳生态系统共存的理性生态人、碳权公平与责任对等的前提假设

以这一前提为逻辑起点作为构建能源科学研究的理论基础。以低碳价值为核心的生态加权价值论，即低碳价值及其产生的规律、价值基本构成、价值实现途径及其评估等成为能源科学体系推演的基本逻辑。

（三）能源科学研究的新领域——低碳生态伦理约束

在传统能源科学理论中，科技要素被认为是价值中立的，属于事实判断；而在低碳研究理论中，所有的生产要素均被赋予了生态学意义上的伦理道德属性，因而属于价值判断。这便为能源科学理论研究开拓出新的领域，使生态伦理学在这一背景下获得新的成长空间。

（四）能源经济研究的主要内容——低碳资源的横向优化配置与纵向可持续均衡

由于全球自然生态基础、经济社会发展水平和低碳资源控制等方面所存在的严重不对称，再加上不同国家体制、文化背景、经济发展阶段所存在的差距，使得低碳资源在全球的配置不仅存在一个横向的公平问题，更面临一个纵向代际之间的可持续均衡。这便使得以低碳资源横向公平配置和代际可持续均衡为基本使命的低碳经济学研究，必须把"应该怎么样"或"应该是"的问题放在更为优先考虑的位置上。缓解全球低碳资源不对称将成为各国政府的重要职责之一，低碳生态价值的道德约束使规范分析成为具有更重要主导地位的分析方法。

（五）能源管理研究的新焦点——低碳价值管理体系

低碳领域中的全球合作及其法规约束体系创造出全新的低碳市场需求，并由此而诞生了新的贸易规则和市场体系，进而使厂商的组织行为和经营方式也发生新的衍变。碳收支、碳成本、碳标识、碳绩效、碳核算、碳价值等一系列新的管理理念将会伴随着企业核心价值观的转变而流行。在全球低碳监测技术及其信息日益清晰的状况下，低碳价值将会明显提升企业产品和服务的附加价

值，并改写现有的会计准则，进而将使传统的产权理论面临着新的挑战。低碳价值将成为一种新的对经济运行过程产生重大影响的制约因素。企业竞争的重点也将会从传统的质量、成本、服务、技术等生产要素，转移到低碳价值的挖掘和维护上。

（六）能源法学研究的新内容——低碳权利识别及其维护规律占主导地位的规律体系

低碳权利识别及其维护规律将与经济领域、社会领域、自然领域等共同组成法学研究的四个部分。其中，低碳权利识别及其维护规律将占据支配地位。

（七）能源行为分析的基本着力点——低碳行为的无边界分析

低碳时代在对人的社会活动行为分析时，更注重分析的是人类作为一个物种，其个体生存和自然界碳生态系统整体之间均衡的生态行为。在进行宏观分析时，更注重国家之间的全球合作与共识，更注重协调不同发展阶段、不同发展水平的国家权益的维护。可见，在科学技术高度发展和全球化背景下，任何个人、组织和国家的经济行为都将会突破其所生存的空间边界。因此，能源科学中关于经济行为的研究事实上是一种无边界分析，其对微观及宏观经济行为的分析，建立在对个人、组织生态经济行为进行理性把握和分析的前提条件之下。

2015 年 9 月 28 日于青岛

前　言

　　能源是人类社会发展重要的物质基础，人类发展的历史进程与能源密切相关。能源工程的发展在国民经济中具有重要的战略地位，是我国在可持续发展中面临的重大问题。

　　在中国，目前对于能源工程的研究和发展还相对比较薄弱，很少有系统化地研究能源工程中所涉及的能源基础理论、设备、施工、工艺和环境等工程问题。因此，在对现有研究成果进行概括和总结的基础上，向社会推出一本系统介绍能源工程科学的著作，有助于人们进一步了解能源工程的系统结构和所涉及的整个过程，进而对能源工程所涉及的理论、技术、设备、方法、环境等问题进行科学的指导。

　　在此背景下，《能源科学与管理论丛》编委会经过认真研究，将能源工程学作为本论丛中的一部，希望通过本书的研究，一方面在总结国内外最新成果的基础上，从工程的视角，对能源开采、储运、加工转化和转换利用中所涉及的原理、设备、工艺方法等进行探讨，另一方面也通过对能源工程中基本理论、方法及设备的总结，为当前科学界和工业界所关心的新能源和节能减排中所涉及的工程问题提供科学的理论方法和工程实践的指导，也为政府部门的能源决策提供理论支持。

　　能源工程学是一个涉及基础理论、工程实践，为人类经济社会发展提供服务的科学体系，是一套基础知识与发展前沿相结合的工程实践科学理论，内容丰富，涉猎面广。全书共分九章。

　　第一章是绪论部分，围绕能源需求及能源技术对能源工程发展的影响，分析了能源工程的发展历程，提出了能源工程学的研究内容和研究方法，为后续章节系统地开展研究工作奠定了基础。

第二章是能源工程基本原理。从阐述能源的分类、能量的基本性质及能源与能量、环境的关系出发，重点研究热量传递的三种基本方式、能量转化的基本过程和基本原理，为后续开展能源工程的研究奠定了理论基础。

第三章是能源开采工程。本章重点对煤炭、石油、天然气、水能资源及非常规能源在开采中所涉及的开发方法、工艺、设备及其对环境的影响等几方面进行系统的阐述和研究。

第四章是能源储运工程。本章主要探讨煤炭、石油、天然气、热能和电能五种能源在输送和储运中所涉及的交通道路、管道、施工、安全控制等方面的工程问题。

第五章是能源加工转化工程。本章主要探讨了煤炭、石油和天然气三大常规能源在加工转化过程中所涉及的设备、加工转化方法、工艺等及其与环境的关系。

第六章是能源转换利用工程。本章对能源转换利用过程中所涉及的电能电力工程进行分析和研究，探讨了电能的分配与利用及电能质量的控制和评价方法，在对热能利用方法进行探讨的基础上对能源利用系统进行了科学分类和阐述。

第七章是新能源工程。对太阳能、风能、海洋能、生物质能及其他新能源的类型和特性进行了分析，并对其在开发和利用过程中所涉及的工程问题进行了科学探讨。

第八章是节能减排工程。本章围绕工业节能、建筑节能和交通节能等三个节能环节所涉及的方法、技术等问题进行分析和研究。并对废气、废水和固体废弃物等三废的处理所涉及的工程问题进行了探讨。

第九章是未来能源工程学发展。本章着眼于当前能源的热点问题，围绕能源互联网、智能能源网、反物质能源的探索、发电技术的进步四个方面，讨论了能源工程学的未来发展问题。

全书从工程学的基本概念和特征出发，科学地阐述了能源工程的本质。紧紧围绕能源工程这条主线，较全面地对能源在开采、加工、储运、利用转化和新能源的开发及节能减排工程中所涉及的基础理论、工艺方法、设备、施工、控制、安全及环境等几方面进行科学分析和系统评价，具有较强的科学性、实践性和前瞻性。本书既可以作为高等院校能源、环境、化工等专业师生的教材，也可供相关专业技术人员、管理人员和政府部门管理人员参考使用。当然，作为一部探索之作，也由于受各方面条件的限制，书中或许还存在不少缺点、不足和值得商榷的地方，敬请广大读者批评指正。

何　燕

2015 年 9 月

目　录

第一章　绪论

本章从工程的基本概念出发，阐述了能源工程本质，介绍了能源工程的分类，论述了能源与科技的作用关系及其发展过程。简要介绍了不同时期能源工程研究的内容和特点。最后阐述了能源工程学的研究内容和研究方法。

第一节　能源工程学概述

一、工程的基本概念和特征

对工程问题的理解有多种不同的概念，一种源自英语单词 engineering 的汉译，认为工程是"应用科学知识使自然资源最佳地为人类服务的一种专门技术"（《简明大不列颠百科全书》）；另一种理解认为，工程是一种解决特定问题的活动，是最经济地利用材料和自然力的实践项目，大多是具体的建构性活动和基本建设项目；还有一种理解认为，工程就是遵循基础科学所揭示的自然规律，在技术科学的中介作用下，物化为客观的物质实体的过程。

上述三种定义中，第一种定义实际上是将工程问题与技术问题等同了起来，在实践中，这一定义经常被应用，工程技术常常被用来作为技术的代名词；第二种定义强调了实践的活动过程，但又将工程问题简单归结为项目问题，忽略了工程的技术特征；第三种定义又仅仅强调了技术的中介作用，强调了物化的过程，但却忽略了组织管理的作用。

科学问题、技术问题、工程问题三者之间既有联系又有区别，应当说，工程是综合应用各方面基础知识、技术手段和各种资源，为达到确定目标而进行的实践活动。

工程活动自然离不开技术，然而，工程活动中的技术与一般的技术相比较，是更具有创造性的现实技术，不仅是某种构思或发明，而且必须能对工程对象起作用，是能够变革物质材料或控制自然力的现实技术。工程活动中的技术，更需要因时制宜地反映特定条件下的具体要求和情况。工程中技术的创造性还在于它的综合性，作为解决特定实际问题活动的工程，则绝不限于一类技术。即使是一栋普通的居民楼建设工程，也不仅要有土木工程的技术，还要有供电、供热、通信、防震、防火等方面的技术。工程活动的特点要求我们在培养工程技术人员时，不仅要考虑其适应于工业生产发展的需要，而且还要适应于工程建设的要求，应具备处理复杂、综合性技术问题的能力。

二、能源工程的本质

能源工程是工程问题在能源科学中的具体体现，是应用必要的科学方法和具体技术手段，围绕能源开采、储运、转换、应用，以向人类社会活动提供所需能量的实践过程。

能源，即能量资源的简称。是人类可以加以利用，将其转化为某种能量的物质资源。能源的定义可以有各种表述，但根本上是一致的，只不过有的更为言简意赅，有的更详细地描述了其存在的形式和应用的方式。各种形式的能源，除原子能、潮汐能等少数能源外，绝大部分都来自于太阳，有的以直接形式表现，诸如太阳辐射、风力、水的大气循环等，大部分则以转换的、可积蓄的物质形态出现，如石油、煤炭、油页岩等。

谈到能源就不得不提及能量，能量是人类一切社会活动的基础和先决条件，它在人类生存与发展的各个领域扮演着十分重要的角色：日常饮食摄入的能量保障人体所必需的新陈代谢，化石燃料燃烧释放的热量，以及进一步加工而成的电力是工业制造的基础，这些俯拾皆是的事例充分说明，人类所有的活动都离不开能量。

能量有着丰富的表现形式，比如机械能、热能、电能、光能、磁能等。它在自然界中既不能被创造也不能被消灭，只能从一种形式转变为另一种形式。因此，当人们需要某种形式的能量时，往往要从能够得到并且容易得到的其他形式的能量中转换过来，而能够提供这些能量的物质资源就称为能源。

能源工程学是一门研究能源工程问题的科学。能源工程学以能源在生产、加工、转化、利用过程中所涉及的理论、方法、技术、设备以及所衍生的生态、环境等问题为研究对象，旨在为人类提供更为高效、便捷、安全、环保、持续的能源获取方法和技术手段。

能源工程可分为单项能源工程和综合能源工程。单项能源工程包括煤炭工程、石油工程、电力工程、水利工程、核电工程、太阳能工程、页岩气工程等，以能源生产种类划分，研究该种形式能源生产过程的工程技术问题。综合能源工程则立足于能源的利用，统筹考虑多种能源以及作为能源载体物质的原料、能量双重特性有效利用，它的研究范围涉及能源的勘探、开发、生产、转换、加工、储存、输送、分配等，是全面考虑能源利用过程中能源、资源、环境、人口、经济等多元组成的综合能源工程大系统。

本书所讲的能源工程学，将以单项能源工程为主，同时对能源的输运、加工、转换、应用以及此类过程中的节能与减排问题作简单论述。

第二节　能源工程学的形成与发展

能源工程学的发展是随着人类对能源需求、生产力水平的提高而发展的，主要体现在如下几个方面。

一、能源需求的发展

（一）薪柴时期

人类经济社会发展的历史就是一部人类利用能源的发展史。对火的利用，就是人类自觉利用能源的开始。火为原始人提供了温暖、光明和熟食，也是人们防御和围猎动物的工具。在 18 世纪，人类利用一些简单的水力或风力机械从事生产活动，但沿用薪柴作为能源主体依然是这一时期的主要标志。砍樵拾薪、烧火煮食作为能源开采和转换的代表性方式，说明在该时期人类对能源的加工利用以及相应的转换工具都十分简单且单一。

（二）煤炭时期

19 世纪初，由于农业、手工业、商业、远航贸易的发展，大大增加了木材的砍伐量，森林资源急剧减少，供应燃烧和建设使用的木材价格急剧增加，这使人们不得不转为用煤炭来替代木材，由此出现了人类历史上的第一次能源变革。煤炭的高热值为蒸汽机的广泛使用提供了可能，以至催生铁路、机械制造等产业的出现，也升级了纺织等传统工业，与当时社会的诸多因素一同孕育并推动了第一次工业革命。这一时期煤炭在能源的消费结构中占有绝对主导地位，因而被称为煤炭时期。虽然在 19 世纪末叶，电力在工业领域开始代替蒸汽成为主要动力来源，并引发了第二次工业革命，但这个时期的一次能源仍然是以煤炭为主。

（三）石油时期

20 世纪 20 年代，随着石油资源被大量发现以及石油工业的诞生，内燃机迅速发展起来，世界能源结构发生了第二次转变——从煤炭转向石油与天然气。到 20 世纪 60 年代，石油与天然气已成为主导能源，石油时期到来。直到现在，石油仍然是世界上使用量最大的能源。

（四）多能源并存时期

煤、石油等化石能源是不可再生资源，人类大量地开采使之面临枯竭的危险，而且其大量使用还带来许多环境污染问题，破坏了生态环境，对人类的发展间接造成了不良影响。人们强烈地感受到，建立在传统化石能源和传统能源利用方式基础上的工业文明已经难以为继，能源利用和开发方式又一次走到了不得不变革的边缘。20 世纪末，能源结构开始经历第三次转变，即从以石油为中心的能源系统开始向以煤、石油、核能和其他可再生能源、清洁能源等多元化的能源结构转变。世界进入了多能源时期。

由此可见，人类对能源的认识和开发利用的四个时期，即薪柴时期、煤炭时期、石油时期和多能源并存时期，反映了不同时期主导能源的开发和使用情况。人类发展的历史进程与能源的使用方式密切相关，对能源的开发和有效利用程度以及人均消费量是各时期生产技术和生活水平的重要标志。这也就说明，能源工程学不仅可以总结和指导人类关于能源的社会活动，而且可以为人文科学提供独特的度量法则和参考依据。

二、能源设备及技术的发展

在薪柴时期，木柴和杂草的能量密度较小，不足以支撑提供大规模动力需要的机器，工业也还没有发展起来，虽然人们会有朴素的能源工程概念，但是这个阶段经济社会发展的需求还不迫切，关于能源工程的基础理论也还没有形成。

在煤炭时期，作为主导能源，煤炭的开发和利用得到了极大的发展。煤炭露天开采、矿井开采的规模和效率不断提高，工艺多样化、设备大型化、过程自动化、生产集中化等技术的发展，使煤炭的产量不断提升以满足经济社会发展的需要。与此同时，煤炭的高效洁净利用技术也得到了持续的发展，这些当然要取决于围绕煤炭开采和利用的能源工程，包括能源转化、输运和利用基础理论与工程技术的产生与发展。其中包括对能量的认识、能量传递的基本原理、能量转换的基本原理的研究等，例如机械学理论、热力学理论、电磁学理论的建立与成熟，工程学概念支撑下的工业化基础理论与设施等。

在后期，电力时代到来，人们越来越多地直接利用电能，电力的生产、输运和高效利用也就成为人们必须研究的课题，电力工程应运而生。而电力的生产建立在以煤炭为主的能源转换之上，所以说这一时期的一次能源仍然以煤炭为主。

在石油时代，因为石油的利用使得人类社会进入了异乎寻常的快速发展阶段，汽车、飞机、内燃机车和远洋客货轮的出现和升级换代，极大地缩短了地区和国家之间的距离，使世界经济得到迅猛发展，科学技术达到空前水平。石油通过加工转化得到不同品质的油品，满足了诸如燃气轮机、活塞式发动机、喷气式发动机等的需求。其中以大型燃气轮机和小型轻便的发动机为主要代表的能源转换设备实现了热能向机械能规模化、集成化的高效率转换，支撑起了人们日常生活和现代工业的多方位需求。围绕以上各种过程的工程技术研究，在飞速发展的现代科学技术支撑下很快走向成熟。石油资源不仅仅作为燃料表现出极大的能量价值；还通过化学工业为我们带来了诸多的合成材料，通过其物质属性让世界变得五彩缤纷。

煤和石油都是化石燃料，它们的使用不仅会带来巨量的二氧化碳排放、不完全燃烧以及其中含有的某些元素在燃烧中所产生的有害物质，还带来更严重的环境污染，而且它们属于不可再生资源，终究会有枯竭的一天。因此，寻找清洁的、用之不竭的新能源就成为必然。在现今尚未找到这样的代用品之前，世界处于多能源并存时期也就成为必然。

能源工程学必须对核能、太阳能、生物质能、风能、海洋能等各种新能源的开发进行研究，以求获得满足我们需要的能源供给。在发现理想的能源之前，多能源并存的时代不会结束。

由以上叙述可见，只有在人们掌握了能量的本质以及能量转换规律之后，对如何更方便高效利用能源的研究和探索才真正成为一门学问。能源的种类标志着一个时期能源工程的发达程度与发展方向。而以此为依托的能源转化方法又往往反映了社会的科技水平。

第三节　能源工程学的研究内容、方法及特点

一、能源工程学的研究内容

能源工程学以能源的开采、储运、转换、应用以及由此带来的诸如生产安全、环境保护等相关衍生问题为主要研究内容。

能源首先要开采出来才有可能获得应用，其开采工艺和设备是能源工程学历久弥新的课题。

能源的开采地域与能源的使用地域往往会距离很远，而且还需将一次能源转换为可供方便使用的能源形式等，这也是能源工程的研究内容。以石油为例，当石油被开采出来以后，首先需要被储存集中到某一场所，然后被输运到炼油厂进行加工，转化成不同的油品供使用。不考虑石油作为化工原料的广泛用途，仅仅作为产生能量的能源物质载体，石油就被加工成汽油、煤油、柴油、燃料油、液化气等。石油的储存、输运、加工等环节都属于石油工程的范畴，亦即能源工程学的研究内容。当然，仅仅在石油的加工方面，围绕提高油品质量、加大高品质油品产出率、节能减排、安全生产等就需要投入大量人力物力长期研究。

从一次能源转换为生活生产的可用能源是目前大多数情况下能源应用的一个必然环节。太阳能转换为热能或者电能，水能转换为电能、热能的直接利用与合理利用、电能的分配与利用等，都是涉及多学科乃至经济社会发展形态的能源工程的研究内容。在当前形势下，环境已经变成发展所必须考量的问题，能源工程的所有研究，都必须考虑到能源利用对环境的影响，都必须考虑节能减排，新能源工程更应该把这一问题前置考虑。

综上所述，能源工程学的研究内容如图 1-1 所示。

二、能源工程学的研究方法及特点

能源工程学如前所述，它的研究是以能量的传递、转换及其有效利用等过程所涉及的物理、化学基本理论为基础。因此从整体上来说，能源工程学的研

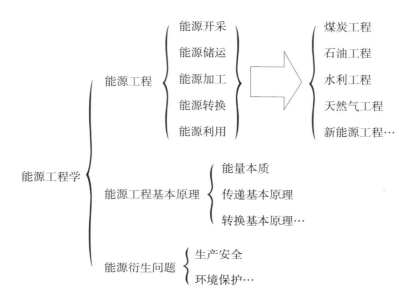

图 1-1 能源工程学的研究内容

究离不开物理学、化学等的研究方法，以物理学的研究方法为例，古希腊著名学者亚里士多德在他写的名著《物理学》一书中，关于物理学研究方法提出："如果一种研究的对象具有本原、原因或元素，只有认识了这些本原、原因和元素，才是知道了或者了解了这门科学"。这段论述，充满朴素的唯物主义思想，指出物理学的研究是从具体事物的感知开始，经过"试确定其本原"的讨论，到认识研究对象的本原、原因或元素。伽利略也从对相对运动、自由落体等许多物理现象研究的过程中，概括了相对完整的物理学的研究方法。包括：由直觉的观察到有目的的科学实验，用数学理论描述和讨论物理规律，正确理解实验作为最后检验标准，承认论证的必要性以及对物理模型合理的抽象。

上述概括的研究方法，结合现代科学研究的发展，可以具体化为三大类，一是实验研究的方法，可以通过实验测定能源利用过程中的物理量，在对实验结果处理的基础上得到跟能量有关的规律；二是理论分析的方法，结合实际问题，抓住主要矛盾，将物理模型抽象简化为数学模型，通过求解控制方程得到物理现象物理量的解，从而得到跟现象有关的规律；三是数值研究的方法，随着计算机技术的飞速发展，对控制方程的数值求解得到迅速发展，超级计算机及大型数值模拟商业软件迅猛发展，都属于数值研究的范围。理论分析、实验研究和数值模拟三种手段各有其适合的应用范围，但三者并不是孤立的，结合起来研究可以得到相互补充、相得益彰的好处。

能源工程学所面对的不同能源种类，从开采到应用都形成了一个独特的工程技术体系，对于不同体系，往往研究方法也不尽相同，但总体上可以概括出能源工程学三个方面的特点：

能源工程学有其基础性研究的一面。任何一项基础理论的突破，包括热力学、传热学、反应动力学、流体力学乃至新材料的突破，必然会给能源工程的发展以极大的促进。因为有了卡诺循环，使得热机发展更完善，推动了石油时代的发展进程。流化床技术已在电站锅炉、工业锅炉和废弃物处理利用等领域得到广泛应用，燃煤污染得到进一步控制。新材料应用的例子更是不胜枚举，单晶硅使太阳能电池成为可能，石墨烯具有高导电性、高韧度、高强度、超大比表面积等特点，有望在锂电池、超级电容等方面得到广泛应用，推动新能源汽车的发展等。

能源工程学也有其工程技术的一面，这是由其目的所决定的。每一个单项的能源工程，都是以这种能源的利用为目的，也唯有工程技术才能使这一目的更好地实现。煤炭工程离不开工程技术的发展，采掘机的发展使得采煤过程更安全、更高产，机械化的输运提高了规模、降低了成本，自动化、信息化技术的应用使设备的效能得到更好的系统性发挥，甚至同时提高了管理效能，降低了物流成本等。

能源工程学还有必须直接面向经济社会发展的一面，它既是为之服务的，又取决于其发展水平。毋庸置疑，能源工程学是因为人类经济社会发展的需求应运而生的。当手工业发展到后期，工业发展初期的时候，薪柴提供的热量不足以满足要求，煤炭的燃烧及其技术和应用就成为一种出路，当化石燃料面临枯竭，造成的环境污染使人类难以承受的时候，新能源技术就成为必然。当然，没有科学技术和工业水平的发展，洁净煤燃烧技术是不可能实现的，新能源汽车也发展不起来，核能、太阳能、生物质能不可能成为一种廉价、安全并从规模上满足人们需要的新能源。

由此可见，能源工程学是一门多学科交叉的工程科学，它的研究会因能源的种类不同而有所差异，但都有直接为人类经济社会发展服务的特征，并以当下科学技术乃至经济社会的发展水平为基础。

第二章 能源工程基本原理

本章从能量的基本概念出发，讨论了能量存在的形式、基本性质、分类及其与环境的关系。重点讨论了能量传递过程中的基本原理和方式、能量转换基本原理和能量可有效利用的基本分析方法。

第一节 概述

一、能量及其基本性质

宇宙间一切运动着的物体都有能量的存在和转化。人类一切活动都与能量紧密相关。所谓能量，广义上说就是"产生某种效果（变化）的能力"，反之，产生某种效果（变化）的过程必然伴随着能量的消耗和转化。在物理学中，能量定义为做功的本领。从哲学上讲，能量是一切物质运动、变化和相互作用的度量。能量是物质的重要属性之一。由于物质运动形式的不同，能量具有不同的性质。具体而言，能量反映了一个由诸多物质构成的系统和外界交换功和热的能力的大小。利用能量从实质上来说就是能量的转化和转移过程。

（一）利用能量的形式

（1）机械能——指物体本身有规则有次序的机械运动所具有的能量。机械能是人类最早认识和利用的能量。包括固体和流体的动能、势能、弹性能及表面张力等。

（2）热能——指物体内部分子随机的不规则运动所具有的能量。分子运动包括分子的转动、移动和振动。热能宏观上表现为温度，反映了分子运动的强度。

（3）光能——指电磁波运动所具有的能量。

（4）电能——指电子运动或带电物体所具有的能量。通常是由电池中的化学能转化而来的，或是通过发电机由机械能转化而来的；反之电能也可以通过电动机转化为机械能，显示出电做功的本领。

（5）化学能——指在原子核外发生化学变化时释放出来的一种能量。按化学热力学定义，物质或物系在化学反应过程中以热能形式释放的内能称为化学能。人类利用最普遍的化学能是燃烧碳和氢。

（6）核能——又称为原子能，指重原子核处于可分裂状态或轻原子核处于可聚合状态所具有的能量。释放巨大核能的核反应包括核聚变和核裂变反应。

能量是人类社会生产和生活必不可少的，无论是对能量的数量还是质量的要求都越来越高。在现代社会中，生产和生活直接所需要的能量主要是热能、电能、光能和机械能四种。在这些能量中，电能可以转化为其他各种能量如光能、机械能等，所以电能常被称为"能量之王"。

能量是自然界中物质存在的一种形式，它的总量在自然界中是不变的。它既不能被创造又不能被消灭，只能相互转化，这就是能量守恒与转化定律。比如机械能可以转化为电能，化学能可以转化为热能，热能可以转化为机械能，光能可以转化为热能和电能等。任何物质都可以转化为能量，但是转化的数量、难易程度不同。

（二）能量的基本性质

1. 状态性

状态指物质系统所处的状况，由一组物理量来表征。例如质点的机械运动状态由质点的位置和动量来确定；由一定质量的气体组成的系统的热学状态可由系统的温度、压强和体积来描述。物质所处的状态不同，能量的数量和质量也不同，能量的质量一般具有做功能力。

2. 可加性

物质的数量不同，所具有的能量也不同，即可相加；不同物质所具有的能量亦可相加，即一个体系所获得的总能量为输入该体系多种能量之和。

3. 传递性

能量可以从一个地方传递到另一个地方，也可以从一种物质传递给另一种物质。一般来说，能量经过传递，对应的状态要发生变化。对于传热过程，热能的传递性可以用式（2-1）表示，即

$$Q=kA\Delta t \tag{2-1}$$

式中：Q 表示在传递过程中的热能（热量）（W）；k 表示传热系数（W/m²·K）；A 表示传热面积（m²）；Δt 表示传热平均温差（K）。

4. 转换性

转换性是能量最重要的属性，也是能量利用中最重要的环节。各种形式的能量可以相互转换，任何能量转化过程都需要一定的转换条件，并在一定的设备或者系统中完成。

5. 做功性

能量可以做功，给人留下的印象不深；相反，很多人认为力可以做功，这是一种错误的认识。物体的动能是以相互做功的方式实现传递、交换和转换的，显然，做功是能量的特性。能量做功时不仅会产生力，而且会产生位移与变形等，力仅是能量做功时的产物之一。能量的做功性就是能量利用能量转换为机械功的能力。做功性既与能量的形式有关，也与能量的状态有关。

6. 贬值性

能量不仅在数量上具有守恒性，在质量上具有品位性，而且在转换与传递过程中具有贬值性。

二、能源的分类与评价

"能源"这一术语，过去人们谈论得很少，正是 20 世纪 70 年代的两次全球性石油危机才使它真正变成了人们议论的热点词汇。从物理学观点来看，能源可以称为物质做功的"本领"。广义来看，任何物质都可以转化为能量，但是转化为能源的数量以及转化难易程度是不同的。对能源有一个通俗的说法是，比较集中而又容易转化为含有能量的物质称为能源，因此能源也可简称为含有能量的资源，能量是物体做功的能力。同时由于科技发展进步，人类对物质性质的认识及掌握能量转化方法也在深化。

能源是一种呈多种形式的，且可以相互转换能量的源泉。《能源词典》(第二版) 把世界上的能源分为 11 种不同类型：化石能源（煤炭、石油、天然气）、水能、核能、电能、太阳能、生物质能、风能、海洋能、地热能、氢能、受控核聚变，这是能源的基本形式。

（一）根据不同的形式，按照不同的角度，把能源划分为各种不同的类型

（1）从是否可再生角度可划分为可再生能源和不可再生能源。前者是指在自然界中可不断再生并可以持续利用的资源，它主要包括太阳能、风能、水能、地热能、生物质能等；后者是指经过亿万年形成的、短期内无法恢复的能源，包括原煤、原油、天然气、油页岩、油砂矿、煤层气等。

（2）从其物理形态是否改变角度可以划分为一次能源和二次能源。前者是

指从自然界取得的未经任何改变或转换的自然能源，如原油、原煤、天然气、生物质能、水能、太阳能、地热能、潮汐能等；后者是指一次能源经过加工或转换得到的能源，如煤气、焦炭、汽油、煤油、电力、热水、氢能等不同形式的能源。

（3）从是否进入商品流通环节角度可以划分为商品能源和非商品能源。前者是指经过商品流通环节并大量消耗的能源，目前主要指煤炭、石油、天然气、电力等常规能源；后者是指不经过商品流通环节而自产自用的传统常规能源，如农村的薪柴、秸秆等。

（4）从对自然环境产生污染程度的角度，可以划分为清洁能源和非清洁能源。对自然环境污染大的能源称为非清洁型能源，包括煤炭、石油等；对自然环境无污染或污染小的能源称为清洁型能源，包括天然气、水能、太阳能、风能和核能等。

（5）按照目前开发与利用状况，可将能源分为常规能源和新能源两类。到目前为止，已被人们广泛利用，而使用又比较成熟的能源，称为常规能源，如煤炭、石油、天然气、水能及传统生物能等。太阳能、地热能、风能等，虽早已被利用，但大规模开发利用的技术还不成熟，广泛应用还有一定的局限性，直到现在才进一步受到人们的普遍重视；其他还有核能、沼气能、氢能和海洋能等，也只是近些年来才被人们所认识和应用，而且在利用技术和方式上都有待改进和完善，这些都可以被称为新能源。

（二）对于评价各种形式的能源，可从以下方面来分析和研究它们的现实性、可用性和经济性

1. 储量

储量是能源评价中一个重要指标，主要针对不可再生资源而言，可以作为能源应用的前提是储量足够丰富。储量又分为探明储量（既不考虑可采率，也不扣除已采出量）、可采储量（按现在或将来技术水平可以开采的储量）和经济可采储量（在最近或将来不仅技术上可行而且经济上也合理的储量）。我国水力、煤炭资源丰富，太阳能、风能、海洋能的储量也比较丰富。但能源储量的分布很不均衡，水力资源主要集中在西南地区，煤炭资源主要在西北地区，太阳能则主要分布在西藏、新疆、华北和东北地区。风能资源主要分布在三北北部风带和东南沿海风带。

2. 能量密度

指单位质量或单位空间或单位面积内可获得某种能量的数量。核能和化石

燃料的能量密度可以达到很高，但太阳能、风能的能量密度则比较低（通常在 100 W/m² 以下）。表 2-1 所示为几种能源的能量密度。

表 2-1　几种能源的能量密度

能源	能量密度	能源	能量密度
风能（3 m/s）	0.02　kW/m²	氘	3.5×1 011 kJ/kg
水能（3 m/s）	20 kW/m²	氢	1.2×105 kJ/kg
潮汐能（潮差 10 m）	100 kW/m²	甲烷	5.0×104 kJ/kg
太阳能（晴天）	1 kW/m²	汽油	4.4×10 kJ/kg
天然铀	5.0×108 kJ/kg	标准煤	2.9×10 kJ/kg

3. 经济性

即开发利用的成本，包括前期的开发费用、设备费用及运行费用等。化石燃料的发电利用往往需要大规模的投资和比较长时间的建设工期。核电站的建造价格比常规火电站更高，但运行费用要低一些。太阳能、风能、海洋能的利用，运行费用很低，但设备费用远高于化石能源利用的设备费。实际上，增大利用规模和降低发电成本是新能源工作的基本内容。目前，太阳能发电和风能发电的成本已经降低到可以接受的价格，如美国太阳能发电的成本在 0.07 美分/（kW·h）左右，而欧洲风电的价格可以达到 0.04 美分/（kW·h）。

4. 可存储性和供能连续性

可存储性是指能源在不用时是否可以存储，需要时是否又能立刻供应。供能连续性是指是否按需求连续不断地供给能量。化石燃料、水能和核能是可以存储和连续供能的。但太阳能、风能和海洋能则不可存储，供能的连续性也不稳定，特别是太阳能，不具备连续供能的能力，通常要使用蓄能设备。

5. 运输费用与运输损耗

化石燃料的化学能可以通过车辆或者管道输送，运输费用往往比较高。水能、太阳能、风能、海洋能等不需要能源的运输费用。电能可以通过高压电远距离输送，相对而言是最方便的输送形式，当然要有线路损耗。变输煤为输电是能源运输的另一种形式。

6. 品位

对于能源需要分析其品位。水力能够直接转变为机械能和电能，它的品位要比必须先经过热转换的矿物燃料要高。在热机中，热源温度越高，冷源温度越低，则循环热效率就越高。因此，热源温度高的能源称为高品位能源。在使用能源时，要适当安排好不同品位能源的合理利用。

7. 环境保护

使用一种能源时，要考虑到环境保护与生态平衡，原子能可能出现的危害性大家都很重视，应用时一定会采取各种安全措施，但对燃烧煤炭的污染危害性国内还没有足够重视。开发利用时，应综合考虑对生态平衡、灌溉与航运的影响。

三、能源与环境

能源作为人类赖以生存的基础，在其开采、输送、加工、转换、利用和消费过程中，都直接或者间接地改变着地球上的物质平衡和能量平衡，必然对生态系统产生各种影响，成为环境污染的主要根源。各种能源对环境的影响主要分为：

（一）化石燃料对环境的影响

1. 化石燃料开采和加工转化对环境的影响

化石燃料的开采、贮运、加工、转化和利用过程中皆会对环境造成各种影响。

（1）煤炭。

①煤炭开采。由于煤田地质情况不同，煤炭开采分为地下矿井开采和露天开采。煤炭地下开采会造成地表沉陷，地表陷落导致相应范围内地面建筑、供水管道、供电线路、铁路公路和桥梁等设施变形以致破坏，土地河流水系状态发生变化，各层地下水流失、混合河道污染。沉陷会使井下安全受到威胁。露天开采主要是占地和破坏地表，有时对地表水和地下水也有影响，破坏自然生态和环境。煤炭开采还有生产事故及职业性伤亡、粉尘及噪声等危害。

②洗煤水和酸性废水污染。洗煤水中的主要污染物是粒度小于0.5毫米的煤泥。有浮选工艺的炼焦煤洗煤水中，还含有少量轻柴油、酚、杂醇等有害物质，高硫煤洗煤水中有较多的硫化物。洗煤水排入河流影响水质、填高河床和影响鱼类生存。煤炭含硫量高于5%时，矿井水的pH值可低于6，还含其他有害物质，造成水体和土壤酸化及污染。

③矿井瓦斯排放污染。矿井瓦斯是井下煤体和围岩涌出及生产过程中产生的气体，主要成分是甲烷。我国多数矿井为瓦斯矿，含有一定浓度瓦斯的空气

遇火能引起燃烧爆炸，威胁井下安全。瓦斯排入地面不仅浪费能源且污染大气，应合理开发利用。

④煤矸石对环境的影响。采煤和洗选中，排放占原煤产量 10%~20% 的煤矸石，全国年排放一亿吨以上，除部分利用，历年积存十余亿吨，再加上露天矿排矸，约占地十余万亩。矸石自燃时放出大量 SO_2 和烟尘等污染大气。

⑤煤炭贮运造成的污染。煤炭贮运中，若运输能力不足、设施不全及管理不善，常在矿区、车站码头造成自燃和流失，煤尘飞扬，污染大气和水域，破坏景观。

⑥煤炭的焦化、气化和液化对环境的影响。煤炭的转化是合理综合利用煤炭的重要途径。转化过程因控制水平等原因，排放气体中含有烃类、H_2S、CO 等污染物。其中多环芳烃是危害大的致癌物质。

排放的污水组成复杂，含有焦油、酚、氰等毒害大的物质，应闭路循环或深度处理。此外转化过程还有一定的废渣污染。

（2）石油。石油开采过程中，污染环境的有泥浆、含油污水和洗井污水。泥浆中含有碱、铬酸盐等试剂，含油污水中酸、碱、盐、酚、氰等污染物都需经处理后外排。石油加工中，炼油排出含油、硫、碱和盐，以及酚类、硫醇等有机物的污水。炼油厂废气含烃类、CO 及氧化沥青尾气等。炼油厂废渣中毒性大的主要是石油添加剂废渣。其中污水影响最大。石油贮运中油品漏失。油船压舱水和清舱水，特别是油船事故溢油，会严重影响海洋环境。

（3）天然气。天然气开采中的污染物主要是硫化氢和伴生盐水的污染，需要进行处理。

2. 化石燃料利用对环境的影响

（1）温室效应。太阳的辐射能量一部分被地球表面和云层反射，一部分被大气尘埃和空气分子所散射而返回宇宙空间，剩余部分则被地球表面（陆地和水体）吸收，使地球表面增温，变暖的地球表面又向上空辐射能量。大气中的二氧化碳、氧气、甲烷等温室气体，吸收太阳辐射近远红外波段，而使自己增温，也使大气的温度呈现增高的趋势，大气愈来愈暖，这就是所谓的"温室效应"。

"温室效应"引起气候和降雨模式变化，能导致广泛的环境危害，许多国家海拔较低的沿海地区将淹没，严重影响农业生产。

（2）酸雨。当大气中二氧化硫、氮氧化物遇到水滴或潮湿空气，即转变成硫酸（H_2SO_4）与硝酸（HNO_3）溶解在雨水中，使降雨的 pH 值降低到 5.6 以下，这种雨水称为酸雨。

由于酸雨造成的湖泊、河流等水质酸化，已经消灭了许多对酸敏感的水生生物种群，并减少了第一性生产者（绿色植物）的产量和破坏了湖泊中的营养食物网络。当湖泊和河流等水体 pH 值降到 5 以下时，鱼类的生长繁殖即会受到严重影响，流域内土壤和湖底河泥中的有毒金属，如铝等即会溶解在水中，毒害鱼类。

酸性物质不仅通过降雨湿性沉降，也可通过干性沉降于土壤，使地面直接吸收二氧化硫气体并氧化为硫酸，使森林资源锐减，便破坏了自然界碳的循环，使得二氧化碳浓度增加。在这种作用下，一方面土壤中的钙、镁、钾等养分被淋溶，导致土壤日益酸化、贫瘠化，影响植物的生长；另一方面酸化的土壤也会影响土壤微生物的活动。

酸雨还加速了许多用于建筑结构、桥梁、水坝、工业装备、供水管网、水轮发电机和通讯电缆等材料的腐蚀。另外，酸雨还严重损害历史建筑、雕刻等文化古迹。

（3）热污染。因城市地区人口集中，建筑群、街道等代替了地面的天然覆盖层，工业生产排放热量，大量机动车行驶，大量空调排放热量而形成城市气温高于郊区农村的热岛效应。

因热电厂、核电站、炼钢厂等冷却水所造成的水体温度升高，使溶解氧减少，某些毒物毒性提高，鱼类不能繁殖或死亡，某些细菌繁殖，破坏水生生态环境进而引起水质恶化的水体热污染。

（二）水电及核能的环境影响

1. 水力发电对环境的影响

（1）对自然环境的破坏。水电站施工的影响会使原有绚丽风光的峡谷、崇山峻岭之中郁郁葱葱的森林受到破坏。大坝修建后蓄水淹没大量土地，会改变当地的自然景观和风景特征，淹没名胜古迹，还可能会引起地质变动。

（2）对生态环境的影响。水库筑坝蓄水，往往造成陆地生物的更新和水生生物的增加，大量野生动植物被掩没，改变了鱼类生存条件，因而打破了原有的生态平衡。对地方病和卫生防疫有一定影响，可能导致血吸虫等疾病蔓延。

（3）对社会经济环境的影响。库区淹没影响：建坝蓄水淹没土地、村镇、古迹和交通设施，造成人口迁移和对农业的影响。

对渔业的影响：一方面水库水面有利于人工养殖。另一方面洄游鱼及喜流水性鱼类发展受抑制。下游有机质减少，影响下游渔业，对航运等其他多方面均有一定影响。

2. 核能利用的环境影响

核电站对环境产生的影响有非放射性影响和放射性影响。非放射性影响主要是指化学物质的排放、热污染、噪声及土地和水资源的耗用等，类似火电站对环境的影响。核电站对环境的主要影响是产生放射性。电站核反应堆在运行过程中，由于核燃料裂变和结构材料、腐蚀产物及堆内冷却水中杂质吸收中子均会产生各种放射性核素。

（三）新能源开发利用的环境影响

所谓新能源，一般是指在新技术基础上加以开发利用的可再生能源，分为五种：太阳能、生物质能、风能、地热能、海洋能。

（1）太阳能利用系统对环境的影响。太阳能在利用过程中既无有毒有害气体的排出，也无废弃物排出，总的来讲，太阳能是清洁无害的。但是，太阳能集热系统吸收太阳能后，减少了地面、建筑物等反射回空间的能量，其结果会影响大气中温度的梯度、云层、风等，进而影响小气候。巨大的集热系统、聚光装置会影响景观。

（2）生物质能源利用对环境的影响。生物质燃烧是传统的利用方式，不仅热效率低下，而且劳动强度大，污染严重。通过生物质能转换技术可以高效地利用生物质能源，生产各种清洁燃料，替代煤炭、石油和天然气等燃料，生产电力，以减少对矿物能源的依赖，保护国家能源资源，减轻能源消费给环境造成的污染。

（3）风能利用及其对环境的影响。风能是由太阳辐射的小部分能量（约2%）转变的动力能。超过 4~5 m/s 时，风能利用有较好的经济效益，可以用来发电，驱动抽水机，利用风力贮存能量，如贮存水的热能等方面。风力是洁净的能源，环境影响主要是噪声，风车布置不当时也会影响美观。

（4）地热利用及其对环境的影响。地热能利用分为两类：第一类是高温地热利用（温度一般在 150℃以上），主要用于发电，根据温度的高低有两种发电方法，即闪蒸法地热电站和双循环地热电站。第二类是地热直接利用。当地热温度较低时（温度一般在 100℃以下），直接热利用效益较好，且利用范围广。

地热利用对环境的影响有下列几个方面：在利用过程中提取热流会引起地面下沉，开发和利用过程中排放的废气主要有硫化氢、二氧化碳和氨，大多数地热水都相对含有溶解物质，使水体汞和砷的含量增高。由于地热电站的热利用率较低，以致冷却水用量多于火电站，因此，热污染较重。

（5）海洋利用及其对环境的影响。海洋储藏了巨大的能量，主要是潮汐能、波浪能、海洋温差能等，由于海洋环境艰险，能源密度小而开发投资大，研究工作尚薄弱，目前开发程度低，短期内尚难大规模开发。

潮汐能是利用海水涨落造成的水位落差推动水轮发电机发电。海洋能开发的环境影响方面，一般认为海洋发电起了消坡器作用，可能干扰海洋循环和海—大气的转换运动，进而影响气候。海洋温差发电可能影响盐分和热量分配，局部影响海洋生态。

第二节　能量传递基本原理

一、热量传递的基本原理与方式

能量的利用是通过能量的传递来实现的，故能量的利用过程通常也是一个能量的传递过程，通过能量交换而实现的能量传递，即传热和做功，传热的三种基本方式是热传导、热对流和热辐射。

（一）热传导

1. 基本原理

物体各部分之间不发生相对位移时，依靠分子、原子及自由电子等微观粒子的热运动而产生的热量传递称为导热（或称热传导）。导热在气体、液体和固体中均能发生；导热的推动力是温度差。

从微观角度来看，气体、液体、导电固体和非导电固体的导热机理是有所不同的。气体中，导热是气体分子不规则热运动时相互碰撞的结果。众所周知，气体的温度越高，其分子的运动动能越大。不同能量水平的分子相互碰撞的结果，使热量从高温处传到低温处。导电固体中有相当多的自由电子，它们在晶格之间像气体分子那样运动，自由电子的运动在导电固体的导热中起着主要作用。在非导电固体中，导热是通过晶格结构的振动，即原子、分子在其平衡位置附近的振动来实现的。液体的导热目前存在着两种不同的观点，一种观点认为类似于气体，另一种观点认为类似于非导电固体。

2. 傅里叶导热定律

傅里叶对物体的导热现象进行了大量的实验研究，揭示出热传导基本定律。

该定律指出：当导热体内进行的是纯导热时，单位时间内以热传导方式传递的热量，与温度梯度及垂直于导热方向的导热面积 A 成正比，与导热体的性质有关。以一维导热为例，傅里叶定律可表示为：

$$Q=-\lambda A \frac{\mathrm{d}t}{\mathrm{d}x} \tag{2-2}$$

式中，Q 为导热速率，即单位时间内通过传热面传递的热量，W；A 为导热面积，m²；λ 为比例系数，称为导热系数，与导热体的导热性能有关，W/(m·K)；$\mathrm{d}t/\mathrm{d}x$ 为温度梯度，传热方向上单位距离的温度变化率，K/m。式中的负号表示热量总是沿着温度降低的方向传递。

(二) 热对流

1. 基本原理

对流是指由于流体的宏观运动，从而流体各部分之间发生相对位移、冷热流体相互掺混所引起的热量传递过程。对流仅能发生在流体中，而且由于流体中的分子同时在进行着不规则的热运动，因而对流必然伴随有导热现象。

就引起流动的原因而论，对流换热可区分为自然对流与强制对流两大类。自然对流 (natural convection) 是由于流体冷、热各部分的密度不同而引起的，暖气片表面附近受热空气的向上流动就是一个例子。如果流体的流动是由于水泵、风机或其他压差作用所造成的，则称为强制对流 (forced convection)。冷油器、冷凝器等管内冷却水的流动都由水泵驱动，它们都属于强制对流。

2. 对流换热基本方程

影响对流换热的因素很多。为了计算方便，工程上采用较为简单的处理方法。根据牛顿冷却定律可知：壁面与流体之间的对流传热速率与其接触面积以及温度差成正比。因此，对流换热速率可写为下列形式：

$$Q=\alpha A \Delta t \tag{2-3}$$

式中：α 为对流换热系数，W/(m²·K)；A 为换热面积，m²；Δt 为流体与固体壁面之间平均温度差，K。

若将式 (2-3) 改写成如下形式：

$$Q=\frac{\Delta t}{\frac{1}{\alpha A}}=\frac{\Delta t}{R}=\frac{传热推动力}{传热热阻} \tag{2-4}$$

由此可见，Δt 又称为传热推动力，而 $\frac{1}{\alpha A}$ 为对流换热热阻 R。式 (2-4) 表明传热速率与传热推动力成正比，与传热热阻成反比。

对流换热系数 α 是一个表示对流传热过程强弱的物理量。在相同的 Δt 情况下，换热系数数值越大，交换的热量越多，传热过程越强烈。

（三）热辐射

1.基本原理

任何物体，只要其热力学温度大于零度，都会不停地以电磁波的形式向外界辐射能量；同时又不断吸收来自外界其他物体辐射的辐射能。当物体向外界辐射的能量与其从外界吸收的辐射能不相等时，物体与外界之间就产生热量传递。这种传热方式称为辐射换热。辐射介质的温度越高，传递的辐射能就越大。当物体与周围环境处于热平衡时，辐射换热量等于零，但这是动态平衡，辐射与吸收过程仍在不停地进行。

热辐射可以在真空中传递，而且实际上在真空中辐射能的传递最有效。这是热辐射区别于导热、对流换热的基本特点。辐射换热区别于导热、对流换热的另一个特点是：它不仅产生能量的转换，而且还伴随着能量形式的转换，即发射时从热能转换为辐射能，而被吸收时又从辐射能转换为热能。

2.斯忒藩-玻耳兹曼定律

在探索辐射规律的过程中，一种称为绝对黑体（简称黑体）的理想物体的概念具有重大意义。所谓黑体是指能吸收投入到其表面上的所有热辐射能量的物体。黑体的吸收本领和辐射本领在同温度的物体中是最大的。

黑体在单位时间内发出的热辐射热量由斯忒藩-玻耳兹曼定律揭示，即：

$$\Phi = A\sigma T^4 \tag{2-5}$$

式中：T 为黑体的热力学温度，K；σ 为斯忒藩-玻耳兹曼常量，其值为 5.67×10^{-8} W$/(\mathrm{m}^2 \cdot \mathrm{K}^4)$；$A$ 为辐射表面积，m^2。

一切实际物体的辐射能力都小于同温度下的黑体。实际物体辐射热流量的计算总可以采用斯忒藩-玻耳兹曼定律的经验修正形式，即

$$\Phi = \varepsilon A\sigma T^4 \tag{2-6}$$

式中：ε 为该物体的发射率，其值总小于 1，它与物体的种类及表面状态有关。

传热过程是工程技术中经常遇到的一种典型的热量传递过程。在许多工业换热设备中，进行热量交换的冷、热流体也常分别处于固体壁面的两侧，例如在冰箱冷凝器和锅炉的省煤器中的热量交换过程就是如此。

稳态传热过程的计算公式为：

$$\Phi = Ak\ (t_{f1} - t_{f2}) \tag{2-7}$$

式中：k 为传热系数，W/(m^2·K)；A 为传热面积，m^2；、t_{f1}、t_{f2} 为冷热流体的温度，K；Φ 为热流量，W。

二、机械能及机械能守恒定律

作用于质点系的力，如果从力做功的特点来区分，有保守力和非保守力之分，保守力的功与物体运动所经过的路径无关，只与运动物体的起点和终点的位置有关。在质点系的动能定理中，功是一切力所做的功，包括外力对质点系所做的功以及系统保守内力和非保守内力所做的功，它们做的功分别用 $W_{外}$、$W_{保内}$ 和 $W_{非保内}$ 表示，即：

$$W_{内}=W_{保内}+W_{非保内} \tag{2-8}$$

所有作用于质点系的力对质点系做的功之和等于质点系总动能的增量。这就是质点系的动能定理。这样，质点系的动能定理表达式可写为：

$$W_{外}+W_{保内}+W_{非保内}=E_k-E_{k0} \tag{2-9}$$

对于每一个保守力，都可以定义为与之对应的势能。已知保守力所做的功等于势能的减小（势能增量的负值）。设在质点系的运动过程中，质点系初态的势能是 E_{p0}，末态势能是 E_p，则质点系内各保守内力所做的功为

$$W_{保内}=E_{p0} \cdot E_p=-\Delta E_p \tag{2-10}$$

将式（2-9）代入式（2-8），得到

$$W_{外}+W_{非保内}=（E_k+E_p）-（E_{k0}+E_{p0}） \tag{2-11}$$

将质点的动能和势能之和定义为质点系的机械能，用符号 E 表示，则

$$E=E_k+E_p \tag{2-12}$$

有了机械能的定义，式（2-10）就可以写为

$$W_{外}+W_{非保内}=E-E_0 \tag{2-13}$$

式（2-13）表明：质点系的运动过程中，外力所做的功与系统内非保守内力所做的功的总和等于质点系机械能的增量。在一个力学过程中，若系统的外力和非保守力都不做功，或者它们的功之和为零，那么 $E-E_0=0$，也就是

$$E=E_0=常量 \tag{2-14}$$

它的物理意义是，如果一个质点系的所有外力和非保守力都不做功或其做功之和为零，则质点系内各物体的动能和势能可以相互转换，但质点系的机械能总是保持常量，这就是机械能守恒定律。

在流体作一维流动的系统中，若不发生或不考虑其内能的变化、无传热过

程、无外功加入、不计黏性摩擦、流体不可压等，此时机械能是主要的能量形式。

机械能通常包括位能、静压能和动能，建立这三种能量之间的守恒关系，可通过理想流体运动方程，在一定条件下积分或由热力学第一定律导得，也可直接应用物理学原理——外力对物体所做的功等于物体能量的增量进行推导。

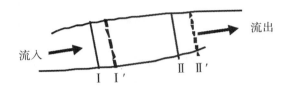

图 2-1　能量衡算

如图 2-1 所示，任取一段管道 Ⅰ–Ⅱ，压力、速度、截面积和距离基准高度分别为 p、u、A、Z_1，经历瞬时 t，该段流体流动至新的位置 Ⅰ′–Ⅱ′，由于时间间隔很小，流动距离很短，Ⅰ 与 Ⅰ′ 处的速度、压力、截面积变化均可忽略不计。Ⅱ–Ⅱ′ 亦然。

Ⅰ′–Ⅱ′ 段流体分别受到旁侧流体的推力 F_1 和阻力 F_2，前者与运动方向相同，后者相反，且

$$F_1=p_1A_1, \qquad F_2=p_2A_2 \tag{2-15}$$

这一对力在流体段 Ⅰ–Ⅱ 运动至 Ⅰ′–Ⅱ′ 过程中所做的功为

$$W=F_1u_1t-F_2u_2t=p_1A_1u_1t-p_2A_2u_2t \tag{2-16}$$

由流量不变方程

$$V=A_1u_1=A_2u_2 \tag{2-17}$$

时间 t 内流过的流体体积

$$\overline{V}=Vt=A_1u_1t=A_2u_2t \tag{2-18}$$

因此，

$$W=p_1\overline{V}-p_2\overline{V} \tag{2-19}$$

该段流体的流动过程相当于流体从 Ⅰ–Ⅱ 移至 Ⅰ′–Ⅱ′，由于这两部分的速度和高度不等，动能和位能也不等。Ⅰ–Ⅱ 和 Ⅰ′–Ⅱ′ 处的动能和位能之和分别为：

$$E_1=\frac{1}{2}mu_1^2+mgZ_1 \tag{2-20}$$

$$E_2=\frac{1}{2}mu_2^2+mgZ_2 \tag{2-21}$$

能量的变化

$$\Delta E = E_2 - E_1 = \left(\frac{1}{2} m u_2^2 + mgZ_2 \right) - \left(\frac{1}{2} m u_1^2 + mgZ_1 \right) \tag{2-22}$$

式中，m 为质量。

根据系统内能的增量等于外力所做的功，即 $\Delta E = W$

$$\left(\frac{1}{2} m u_2^2 + mgZ_2 \right) - \left(\frac{1}{2} m u_1^2 + mgZ_1 \right) = p_1 \overline{V} - p_2 \overline{V} \tag{2-23}$$

$$p_1 \overline{V} + \frac{1}{2} m u_1^2 + mgZ_1 = p_2 \overline{V} + \frac{1}{2} m u_2^2 + mgZ_2 \tag{2-24}$$

式中：$p\overline{V}$ 表示一种能量，称为静压能。

由于 I、II 两个截面是任意选取的，因此，对整个管段的一般式为

$$p\overline{V} + \frac{1}{2} m u^2 + mgZ = 常数 \tag{2-25}$$

将 $m = \rho \overline{V}$ 代入得

$$p + \frac{1}{2} \rho u^2 + \rho gZ = 常数 \tag{2-26}$$

或者

$$\frac{p}{\rho} + \frac{1}{2} u^2 + gZ = 常数 \tag{2-27}$$

上式即为理想流体的机械能守恒式，称为伯努利方程。方程各项均为单位质量流体所具有的机械能，依次称为静压能、动能和位能，单位为 $N \cdot m/kg$。

伯努利方程表明，三种能量之间可以相互转换，但总和保持不变。适用于无支流、无外功输入的不可压缩理想流体。

当流体在水平管道中流动时，Z 不变，上式可简化为

$$\frac{p}{\rho} + \frac{1}{2} u^2 = 常数 \tag{2-28}$$

此式描述了流速与压力之间的关系，即速度增加，压力将减小。与一维连续性方程结合起来，对于分析流体流动过程十分重要。

若考虑流体由 I 处流至 II 处时，流动过程的能量损耗为 $\sum h_f$，则机械能守恒方程的形式为：

$$\frac{p_1}{\rho} + \frac{1}{2} u_1^2 + gZ_1 = \frac{p_2}{\rho} + \frac{1}{2} u_2^2 + gZ_2 + \sum h_f \tag{2-29}$$

机械能守恒方程所揭示的流动过程中压力与速度的关系有重要意义。工程计算中经常用已知速度计算压力，反之亦然。

第三节　能量的转换及有效利用

一、能量转换的基本原理

对自然界存在的各种能源，通常需要经过转换成所需要的形式后再加以利用。能量转换是能量最重要的属性，也是能量利用中最重要的环节。由一次能源向常用形式能的转换及其所用的转换装置如表 2-2 所示。

能量转换过程中必须遵守的基本规律是能量守恒定律，即：在自然界中，一切物质都具有能量，能量有各种不同的形式，既不能创造，也不能消失，只能从一种形式转换成另一种形式。在能量的转换和传递过程中，能量的总和保持不变，这就是能量守恒与转换定律。能量守恒与转换定律是自然界中最普遍、

表 2-2　各种能源间的转换方式

能源种类	转换方式	转换装置
水能，风能 潮汐，波浪能	水能，风能 潮汐，波浪能	水车，风车，水轮机 水力发电，风力发电
太阳能	光能→热能 光能→热能→机械能 光能→热能→机械能→电能 光能→热能→电能 光能→电能	太阳能取暖，热水器 太阳能热机 热力发电装置 热电及热电子发电 太阳能电池，光化学电池
煤、石油等化石燃料 氢、酒精等二次燃料	化学能→热能 化学能→热能→机械能 化学能→热能→机械能→电能 化学能→热能→电能	燃烧装置，锅炉 各种热力发动机 热力发电厂 磁流体发电，热电发电，燃料电池
地热能	热能→机械能→电能	蒸汽透平发电
核能	核裂变→热能→机械能→电能 核裂变→热能→电能	现有的核电站 磁流体发电，热电发电，热电子发电

最基本的规律之一，是人类长期实践经验的总结。

（一）热力学第一定律

热力学第一定律是能量守恒与转换定律在热现象中的应用，它确定了热力过程中热力系与外界进行能量交换时，各种形态能量数量上的守恒关系。

热力学第一定律的能量方程式就是系统变化过程中的能量平衡方程式，是分析状态变化过程的根本方程式。它可以从系统在状态变化过程中各项能量的变化和它们的总量守恒这一原则推出。把热力学第一定律的原则应用于系统中的能量变化时可写如下形式：

$$Q=\Delta U+W \qquad (2-30)$$

式（2-30）是系统能量平衡的基本表达式，任何系统、任何过程均可根据此原则建立其平衡式。

式（2-30）中，$\Delta U=U_2-U_1$，U_2 和 U_1 分别表示系统在状态 2 和状态 1 下的热力学能。W 为外界与系统交换的功。式中热量 Q、热力学能变量 ΔU 和功 W 都是代数值，可正可负。系统吸热 Q 为正，系统做功 W 为正；反之为负。系统的热力学能增大时，ΔU 为正，反之为负。

（二）热力学第二定律

第二定律的建立源于对蒸汽机效率的研究。蒸汽机是一种将热转化为功的机器，它必须在两个热源——高温热源（锅炉）和低温热源（冷却介质）之间运转。经过长期实践，从中归纳出了热力学第二定律。关于热力学第二定律的表达方式有各种各样，主要有以下两种表述：

1850 年，克劳修斯从热量传递的方向性角度，将热力学第二定律表述为：热量不可能自发地、不花任何代价地从低温物体传向高温物体。这里的关键在于"自发地、不花任何代价地"，热量从低温物体传向高温物体是非自发过程，它的实现必须花费一定的代价。

1852 年，开尔文从热功转换的角度提出了热力学第二定律的一种说法，此后不久普朗克也发表了类似的说法。热力学第二定律的开尔文-普朗克表述为：不可能制造从单一热源吸热，使之全部转化为功而不留下任何变化的热力循环发动机。这里的关键是"单一热源""不留下任何变化"。

有人设想制造一台机器，使其从环境大气或者海水里吸热不断获得机械功。这种单一热源下做功的动力机称为第二类永动机。它虽然不违背热力学第一定律的能量守恒原则，但是违背了热力学第二定律，因而热力学第二定律也可以表述为：第二类永动机是不可能存在的。

卡诺循环：

卡诺在力求提高热机效率的研究中，发现任何不可逆因素都会引起功损失。

卡诺循环是工作于温度分别为 T_1 和 T_2 的两个热源之间的正向循环，由两个可逆定温过程和两个可逆绝热过程组成。工质为理想气体时的 $P-v$ 图和 $T-s$ 图，如图 2-2 所示。图中：$d-a$ 为绝热压缩；$a-b$ 为定温吸热；$b-c$ 为绝热膨胀；$c-d$ 为定温放热。若以 η_c 表示卡诺热机循环的热效率，内循环的 $T-s$ 图得卡诺循环的热效率：

$$\eta_c = \frac{w_{net}}{q_1} = 1 - \frac{q_2}{q_1} = 1 - \frac{T_2 \Delta S_{ab}}{T_1 \Delta S_{ab}} = 1 - \frac{T_2}{T_1} \tag{2-31}$$

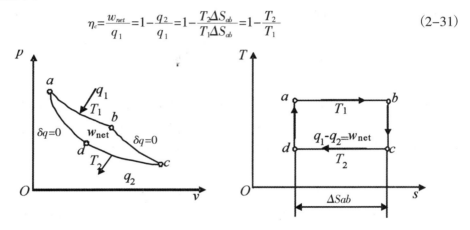

图 2-2　卡诺循环

分析卡诺循环热效率公式，可得出如下几点重要结论：

（1）卡诺循环的热效率只取决于高温热源和低温热源的温度 T_1、T_2，提高 T_1，降低 T_2，可以提高热效率。

（2）卡诺循环的热效率只能小于 1，绝不能等于 1。

（3）当 $T_1 = T_2$，循环的热效率 $\eta_c = 0$。它表明，在温度平衡的体系中，热能不可能转化为机械能，热能产生动力一定要有温度差作为热力学条件，从而验证了借助单一热源连续做功的机器是制造不出的，即第二类永动机是不存在的。

按与卡诺循环相同的路线而循反方向进行的循环即逆向卡诺循环，各过程中功和热量的计算式与正向卡诺循环相同，只是传递方向相反。

采用类似的方法，可以求得逆向卡诺循环的经济指标。逆向卡诺循环的制冷系数为

$$\varepsilon_c = \frac{q_2}{w_{net}} = \frac{q_2}{q_1 - q_2} = \frac{T_2}{T_1 - T_2} \tag{2-32}$$

逆向卡诺热泵循环的供暖系数为

$$\varepsilon_c = \frac{q_1}{w_{net}} = \frac{q_1}{q_1 - q_2} = \frac{T_1}{T_1 - T_2} \qquad (2-33)$$

逆向卡诺循环是理想的、经济性最高的制冷循环和热泵循环。

（三）热力学第三定律

1906 年，能斯特在研究低温下各种化学反应性质时，从大量实验中得出以下结论：任何凝聚物系在接近绝对零度时所进行的定温过程中物系的熵接近不变，即：

$$\lim_{T \to 0K} (\Delta S)_T = 0 \qquad (2-34)$$

上式中脚注 T 表示定温过程。

根据公式（2-34），绝对零度是不可能达到的，叙述成定律的形式为："不可能应用有限个方法使物系的温度达到绝对零度"。这个定律是热力学第三定律的表达方式之一。

绝对零度不可能达到，是自然界中的一个客观规律，这个规律的本质意义为，物体分子和原子中和热能有关的各种运动形态不可能全部被停止。

二、主要的能量转化过程

（一）化学能转换为热能

燃料燃烧是化学能转换为热能的最主要的方式。

在人类历史的现阶段，主要的燃料能源是由化学能产生的热能。在这种能量的产生过程中最重要的发热化学反应是燃烧反应。

各种燃料的可燃成分虽有不同，但基本都是由碳、氢、硫、一氧化碳及碳氢化合物等所组成的。固体和液体燃料主要有碳、氢、硫等可燃成分，气体燃料有一氧化碳、氢、甲烷、硫化氢和烃类等可燃成分。燃料中的可燃成分与氧气相遇，发生强烈化学反应的过程叫做燃烧。燃烧过程的特点是：反应进行得非常迅速，并伴随有发光发热的现象，因此，概括地说，燃烧就是可燃物质与氧发生的一种发光发热的高速化学反应。

燃料开始燃烧的最低温度叫着火温度，即燃烧在充足空气供给下加热到某温度，达到此温度后不再加热，燃料依靠自身的燃烧热继续燃烧（持续 5 min 以上），此温度即称为着火温度或着火点（发火点）。燃料的着火温度随燃料的种类、燃料的形态、燃烧时周围环境的变化而变化，如平摊的燃料其热量难以集中，即使同一种类和形态的燃料，平摊燃料的着火温度比堆积的燃料着火温度要高。

实际燃烧装置中，大多采用空气作为燃烧反应的氧化剂，少数情况下，也可能选用富氧空气或氧气。空气中的主要成分是氧气和氮气，并含有少量的氩、氦、氖、氙和二氧化碳，此外，空气中往往含有一定量的水蒸气。在燃烧计算中一般只考虑空气中的氧、氮和水蒸气，并假定干空气的成分为：氧占 23.2%，氮占 76.8%（按质量），或氧占 21%，氮占 79%（按体积）。大气中水蒸气的含量通常按相应温度下饱和蒸汽的含量计算。在常温和常压条件下，习惯上也可取每千克干空气中含水 10 g，或每标米干空气中含水 0.012 93 kg 计算。

矿物燃料主要是由碳与氢两种可燃元素组成，其他还含有少量的硫、氧以及一些不可燃的物质如氨、灰分和水分等。完全燃烧时，碳、氢和硫的燃烧反应可用下列化学反应方程式表示：

$$C： C+O_2 \rightarrow CO_2 + 407\ 000\ kJ/mol \tag{2-35}$$

$$H_2： 2H_2+O_2 \rightarrow 2H_2O + 478\ 800\ kJ/mol \tag{2-36}$$

$$S： S+O_2 \rightarrow SO_2 + 334\ 900\ kJ/mol \tag{2-37}$$

在不完全燃烧时，由于氧气供应不足，碳将燃烧成一氧化碳，此时燃烧反应式为：

$$C： 2C+O \rightarrow 2CO + 123\ 100\ kJ/mol \tag{2-38}$$

（二）热能转换为机械能

所有的机械能基本上都是由热能或直接由电能转换来的。热能转换为机械能一般要借助于某种形式的热机。热机是一种按照热力循环运行、具有一定的转换效率的动力装置。

根据燃料燃烧地点的不同，热机分为外燃机和内燃机两大类：

燃料燃烧放热和热能转变为机械功，分别在两个以上的主要设备中进行的称为外燃机，如一般的蒸汽动力设备：燃料在锅炉中燃烧放热，并把热量传给水变成高压、高温的水蒸汽，然后将水蒸汽送入第二个设备——汽轮机中，把蒸汽的能量变成轴上的机械功。内燃机是燃料燃烧放热和热能转变为机械功在一个统一的设备中进行的，故称为内燃机。按照这个原则工作的热机种类很多，但目前所说的内燃机专指往复式运动的内燃机，如柴油机、汽油机、天然气机等。

内燃机在国民经济各个部门如工业、农业、交通运输业和国防领域中都得到了广泛的应用，成为现代重要的动力设备。在石油工业中，勘探工作处在野外或在海上流动性大，对于动力设备既要求有足够大的功率，又要求结构紧凑、轻巧、便于搬运和安装、燃料和水的消耗量也要少，因此选择内燃机作为钻井动力设备就比较适宜。

现在以非增压柴油机为例说明内燃机的工作原理：如图2-3所示分为四个工作过程：吸气过程，进气门打开，排气门关闭。活塞由上端向下端运动，将空气吸进气缸。压缩过程，进气门和排气门都关闭，活塞向上运动，活塞把空气压缩得很小，空气的内能更大，温度更高。在压缩冲程末，缸内空气温度已超过柴油的着火点。做功过程，在压缩冲程末，从喷油嘴喷出的雾状柴油遇到热空气立即猛烈燃烧，产生高温高压的燃气，推动活塞向下运动，并通过连杆带动曲轴转动。排气过程，进气门关闭，排气门打开，活塞向上运动，把废气排出气缸。

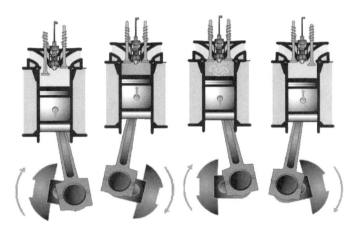

图2-3 柴油机的工作原理简图

柴油机在活塞的四个冲程期间内完成进气、压缩、燃烧、膨胀、排气等五个连续的工作过程，便完成一个"工作循环"。通过这一个循环便将燃料的热能转变为曲轴上的机械功。一个"工作循环"接着一个"工作循环"地进行下去，柴油机也就连续不断地运转。

（三）机械能转换为电能

将机械能转换成电能或将电能转换成机械能的装置，称为机电能量转换装置或机电换能器。机电能量转换装置可分为三类。一是机电信号变换器（简称变换器），如扩音器、扬声器、测速发电机和伺服电动机等。二是动铁换能器。如接触器、继电器、螺管传动机构和电磁吸力装置等。三是连续机电能量转换装置，如发电机和电动机。

1. 电磁感应定律

差不多所有机械能转变为电能的装置都是以法拉第电磁感应效力为其工作原理。1831 年法拉第发现，磁的电效应仅在某种东西正在变动的时刻才发生。例如让两根导线中的一根通过电流，当电流变化时，在另一根导线中将出现电流。一块磁铁位于导线旁边，当磁铁运动时，导线中就出现电流。这就是法拉第所发现的电磁感应定律。

设有一线圈位于磁场中，且有磁力线穿过线圈并与之匝链，则当该线圈中的磁链 φ 发生变化时，便会在线圈中产生感应电动势。当把感应电动势的参考方向与磁通的参考方向规定得符合右手螺旋定则时，用数学公式表达，电磁感应定律可写为：

$$\varepsilon = -\frac{\mathrm{d}\varphi_B}{\mathrm{d}t} \tag{2-39}$$

式中：ε 为电动势，单位为伏特。φ_B 为通过电路的磁通量，单位为韦伯。电动势的方向由楞次定律提供。

2. 电磁力作用

通电导体在磁场中要受到电磁力的作用。当载流导体与磁力线方向垂直时，导体所受力的大小与导体的电流 I、磁通密度 B 及导体在磁场中的长度 L 成正比，即：

$$F = BLI \tag{2-40}$$

式中：F 为导体受的电磁力，N；B 为磁通密度，T；L 为导体有效长度，m；I 为导体中流的电流，A。

导体受力的方向，可用左手定则确定。将左手伸开置于磁场中，让磁力线穿入手心，四指指向电流方向，则与四指垂直的姆指指示的便是导体受力的方向。用来把机械能转化为电能的电机叫发电机。

（四）光能的转换

太阳的辐射能是一种光能，太阳所辐射的是具有一定波长范围的电磁波，自麦克斯韦方程组公布以来，光粒子学说告诉我们，一束辐射射线波可视为一股流动的粒子，这种粒子 1905 年被爱因斯坦命名为"光子"。每一个光子所具有的能量为：

$$E = h\nu \tag{2-41}$$

式中：h 为普朗克常数，6.625×10^{-34}（J·s）；ν 为辐射波的频率，是光速 c

（2.998×10⁸ m/s）与波长 λ 之比，Hz。

1. 光热转化

接收或聚集太阳能使之转化为热能，即太阳能光–热转化是太阳能热利用最基本的方式。其基本原则就是将太阳的热能通过收集装置采集后存储起来，再输送至有热量需求的地方供其使用。其产生的热能可以广泛应用于采暖、制冷、干燥、蒸馏、温室、烹饪以及工农业生产等各个领域，太阳能热水器是目前我国太阳能热利用的主要形式，它是利用太阳能将水加热储于水箱中以便利用的装置。

2. 光电转换（光电效应）

所谓光电效应是物质在光的作用下释放出电子的物理现象。光与物质的作用实质上是光子与电子的作用，电子吸收光子的能量后，改变了电子的运动规律。由于物质的结构和物理性能不同，以及光和物质的作用条件不同，所以，在光子作用下产生的载流子有不同的运动规律，即有各种不同的光电效应。

光电效应分为内光电效应和外光电效应。内光电效应又分为光电导效应和光生伏特效应。

太阳能电池发电的原理是基于半导体的光生伏特效应将太阳辐射直接转换为电能。在晶体中电子的数目总是与核电荷数相一致，所以 P 型硅和 N 型硅对外部来说是电中性的。如将 P 型硅或 N 型硅放在阳光下照射，仅是被加热，外部看不出变化。

至今为止，大多数太阳能电池厂家都是通过扩散工艺，在 P 型硅片上形成 N 型区，在两个区交界就形成了一个 P–N 结。太阳能电池的基本结构就是一个大面积平面 P–N 结。

3. 光–化学转换（光合作用）

光合作用是绿色植物通过叶绿体，利用光能，把二氧化碳和水转化为储存着能量的有机物，并且释放出氧气的过程。现在研究发现光合作用的主要过程是在叶绿体这种微小的细胞器上进行的，所有的光合色素和有关能量转化的酶都在其中。光合作用是绿色植物的一种特殊本领。当今我们的主要能源——煤、石油和天然气，都是光合作用留给我们的古老遗产，我们吃的、穿的和用的也无一不是直接或间接来自于光合作用。

现在人们对光合作用进行了化学模拟研究，这种研究分为人工固碳和光解水制氢两大部分。人工固碳是指模拟植物利用阳光把二氧化碳和水等简单无机物变成碳水化合物，这一模拟一旦成功，即可以使人类实现人造粮食和人造燃料的梦想。光解水制氢是模拟光化合反应中分解水制造氢和氧的机理，利用阳光从水中获取廉价的氢气，现在人们利用半导体法和络合催化光解水法已初步可以放氢、放氧。

（五）核能的转换

核能，又称原子能、原子核能，是原子核结构发生变化时放出的能量。核能释放通常有两种方式：一种是重核原子（如铀、钍）分裂成两个或多个较轻原子核，产生链式反应，释放的巨大能量称为核裂变能；另一种是两个较轻原子核（如氢的同位素氘、氚）聚合成一个较重的原子核，释放出的巨大能量称为核聚变能。下面是 $^{235}_{92}U$ 裂变的两种方式：

$$^{235}_{92}U + ^{1}_{0}n \longrightarrow ^{142}_{56}Ba + ^{91}_{36}Kr + 3^{1}_{0}n \tag{2-42}$$

$$^{235}_{92}U + ^{1}_{0}n \longrightarrow ^{137}_{52}La + ^{97}_{40}Br + 2^{1}_{0}n \tag{2-43}$$

核裂变反应放出的巨大能量与其质量的亏损有关，其能量变化可根据爱因斯坦质能方程进行计算：

$$\Delta E = \Delta m \cdot c^2 \tag{2-44}$$

式中：ΔE 为体系的能量变化；Δm 为反应前后质量的亏损；c 为光速（2.998×10^8 m/s）。

原子弹爆炸的原理就是基于不控制的核裂变反应。若将连续核裂变反应，通过人工控制使链式反应在一定程度上连续进行，将其释放的能量加热水蒸汽，则可以带动汽轮机发电，这是核电站工作的基本原理（受控核裂变）。

三、可用能及其分析方法

热力学第一定律说明了不同形式的能量在转换时数量上的守恒关系，但是它没有区分不同形式的能量在质上的差别。

热力学第二定律指出能量转换的方向性。不同能量的可转换性不同，反映了其可利用性不相等，也就是它们的质量不同。当能量已无法转换成其他形式的能量时，它就失去了利用价值。根据能量可转换性的不同，可以分为三类：

第一类，可以不受限制地完全转换的能量。例如电能、机械能、位能（水力等）、动能（风力等），称为"高级能"。从本质上来说，高级能是完全有序运动的能量。它们在数量上与质量上是统一的。

第二类，具有部分转换能力的能量。例如热能、物质的内能、焓等。它只能一部分转变为第一类的有序运动的能量。即根据热力学第二定律，热能不可能连续地全部变为功，它的热效率总是小于1。这类能属于"中级能"。它的数量与质量是不统一的。

第三类，受自然界环境所限，完全没有转换能力的能量。例如处于环境状态下的大气、海洋、岩石等所具有的内能和焓。虽然它们具有相当数量的能量，但在技术上无法使它转变为功。所以，它们是只有数量而无质量的能量，称为"低级能"。

从物理意义上说，能量的品位高低取决于其有序性。第二、三类能量是组成物系的分子、原子的能量总和。这些粒子的运动是无规则的，因而不能全部转变为有序化能量。

为了衡量能量的可用性，提出以"可用能"或"㶲"（exergy）作为指标。它是指某种形式的能量，在一定环境条件下，通过一系列的变化最终达到与环境处于平衡时所能作出的最大功。或者说，某种能量在理论上能够可逆地转换成功的最大数量，称为该能量中具有的可用能，用 E_x 表示。

"㶲"包含于一切形式的能量中，这些能不仅是指热能，也包括燃料的化学能、电能、机械能等各种形式的能。对电能、机械能这些高级形式的能，㶲即等于其能量本身的数值。引进㶲的概念，就使得对不同形式的能，有了一个统一的质量评价标准。

热能的质量与温度、压力的高低有关，从热能中可能取出的最大的有用功即是可逆地、与外界达到平衡时所做的功。因此，㶲值是一个以环境作基准的相对值。系统与外界处于平衡的状态时㶲值为0；反之，与外界不平衡则必具有正的㶲值，即系统具有做功能力。

设环境温度为 T_0，从绝对温度为 T 的热源取得热量 Q，根据卡诺定理，通过可逆热机，由此热量可能得到的最大功 W_{max} 为：

$$W_{max} = Q\left(\frac{T-T_0}{T}\right) \tag{2-45}$$

此值即为温度 T 时传热量 Q 具有的㶲 E_x，即：

$$E_x = W_{max} = Q\left(1 - \frac{T_0}{T}\right) \tag{2-46}$$

由上式看出，热量在数量上相同，而温度不同时热量转变为出功的本领（即热的质量）则大不相同了。在一定环境温度下的热的传递和转换过程中，温度或有效能（㶲）是评价热能质量高低的极重要的指标。

由热力学知，对开口体系，单位工质所具有的 e_x 可表示为：

$$e_x=(h-h_0)-T_0(s-s_0) \tag{2-47}$$

式中：h，s 为该状态下的比焓与比熵；h_0，s_0 为环境状态下的比焓与比熵。

总㶲值为：

$$E_x=G \cdot e_x=H-H_0-T_0(S-S_0) \tag{2-48}$$

式中：H，S 为该状态下体系的总焓与总熵；H_0，S_0 为环境状态下的总焓与总熵；G 为物质总量。

热量中不能转换为可用功的部分为 $\dfrac{T_0}{T}Q$，它称为"炕"（Anergy），用 An 表示。根据能量守恒，任何一种能量均可看成是由㶲和炕两部分组成：

$$E=E_x+An \tag{2-49}$$

在转化过程中，㶲和炕的总和保持不变。

对热工设备或能源系统作能量分析时，通过对能量形态的变化过程分析，定量计算能量利用、散失等情况，弄清造成损失的部位和原因，以便提出改进措施，并预测改善后的效果。

能量分析有以下四种方法：

（1）统计的方法。通过每天的运转数据，分析影响热效率和单位能耗的各种因素，找出其相互关系。统计分析有以下作用：①可以发现每天操作中突发性的异常现象，②可知装置随运转年限增加，性能下降的情况；③可以预测将来的操作数据的变化趋势；④可作为今后建设设计的资料。随着计算机技术的发展，统计范围越来越广，数据处理也越来越快。

（2）动态模拟的方法。对操作条件给予某一阶梯形的或正弦形的变化，以测定对其他量有何影响，对随时间与随空间的变化情况进行分析。它适合于负荷变动激烈或运转率低的装置，以及生产多品种产品的装置的分析。它可以预测对装置采用自动控制后所能取得的效果。

（3）稳态的方法。用于锅炉、连续加热炉、高炉等热工设备的分析。正常情况下，工况几乎不随时间变化。通过对分析对象的物料及能量平衡测定，可弄清能流情况以及各项损失的大小。它是最常用的方法。

（4）周期的方法。适用于间歇式加热炉等。分析时至少要测定一个周期内的数据，并要考虑装置积蓄能量的变化。其物料平衡及能量平衡的分析方法与稳态法相同。

　　能量平衡分析可分热平衡（焓平衡）及㶲平衡分析两种。在作㶲分析时，需要计及各项㶲损失才能保持平衡。其中不可逆㶲损失项在焓平衡中将无法反映。因此两种分析方法有质的区别。但是，相互之间又有内在的联系。

第三章　能源开采工程

　　煤炭、石油、天然气及水能等常规能源是目前主要的能源来源，对其开采利用的方法、技术、设备、工艺等广泛多样。煤层气、页岩气、页岩油和天然气水合物等非常规能源的开采利用是当前的热点问题。本章主要介绍煤炭、石油、天然气、水能等常规能源和煤层气、页岩气、页岩油和天然气水合物等非常规能源的开采利用工程，系统阐述以上能源开采的方法、技术、设备、工艺、安全与对环境的影响和治理等。

第一节　煤炭开采工程

一、中国煤炭开采现状

　　中国拥有蕴藏量居世界第三位的煤炭资源。在一次能源资源中，煤炭储量占主要地位。成煤时代多，分布面积广，资源总量丰富，煤炭种类齐全是我国煤炭资源的主要特点。到目前为止，在能源生产结构中，仍以煤炭为主，煤炭在我国经济社会发展和能源系统中占有极其重要的地位。

　　（一）我国煤炭开采技术发展现状

　　煤层赋存条件的多样性，需要不同的采煤方法实现安全开采，大、中、小型矿井的生产规模需要有相适应的采煤方法和采煤工艺。20世纪末期以来，高新技术不断向传统采矿领域渗透，我国煤炭开采技术随着社会和科技的发展而不断进步。

　　（1）高效矿井建设成效卓著。我国从20世纪90年代开始瞄准国际先进水平进行高产高效矿井建设工作。

　　根据《煤炭工业发展"十二五"规划》要求，到"十二五"末全国煤矿采煤机械化程度达到75%以上。其中，大型煤矿达到95%以上；30万吨以上中型煤矿达到 70% 以上；30 万吨以下小煤矿达到 55% 以上。千万吨级矿井（露天）达到 60 处，年生产能力达到 8 亿吨。安全高效煤矿达到 800 处，产量 25 亿吨。

（2）用先进开采技术与装备，工作面单产与效率大幅提高。已出现多个千万吨级的矿井或采煤工作面，布尔台矿井设计能力达 2000 万 t/a。

（3）开采深度增加，开采条件复杂，开采难度加大。我国煤炭开采主要以井工开采为主，露天开采产量仅为 5% 左右。远远低于世界主要产煤国露采产量比重（加拿大露采产量比重 88%，德国 78%，美国 61.5%，俄国 56%）。目前，我国煤矿开采深度以每年 8~12 米的速度增加，深井开采问题日益凸显。

（4）矿区环境污染问题未得到实质性改变。煤层气开发利用需进一步提高。另外，煤矸石排放、地表沉陷、地表水损失与地下水污染等现象普遍存在。

（二）我国煤炭开采技术发展趋势

1. 煤炭资源综合勘探与矿井地质保障技术

在资源勘探至煤矿开采的全过程中加强地质条件评价工作，使煤田地质研究与煤矿开采紧密结合。重点发展三维地震高分辨率和三维三分量地震勘探技术，查明 3~5 米落差的断层，控制落差小于 1/2 煤厚的小断层等小构造。推广和完善采空区三维地震勘探和多维多分量地震勘探技术，重点攻克资料处理和解释技术，提高勘探精度，加快研制或引进适合于矿井作业和实时处理的矿井物探仪器。以信息复合技术和 GIS 技术为核心，建立高产高效矿井（工作面）地质条件预测评价系统，实现对矿井开采地质条件的综合评价和量化预测，为综采设计、设备选型和生产决策提供地质依据。

2. 煤炭地质信息化工程

大力发展计算机信息技术，逐步提高煤田地质工作数字化和地质成果信息化水平，为煤炭资源的合理勘探开发战略和煤炭工业的宏观决策提供动态信息。发展煤炭 3S 技术，建立地球信息产业基地；开发煤炭地质计算机辅助系统，建立煤炭资源、环境地质、工程地质和灾害地质动态监测系统和管理信息系统；研制煤炭地质、资源信息、灾害监测与救援网络服务系统，实现煤炭资源、煤质信息、灾害监测与救援等网络化和社会化。

3. 深厚冲积层矿井建设技术

目前，煤炭开采正向深部发展，英、德最深的开采矿井已达 1300 米以上，我国矿井开采深度也以每年 10 米的速度增长。我国已规划建设开发东部特厚冲积层所覆盖地区的 50 个以上井筒，规划煤炭生产设计能力为 50 兆吨/年以上。

以特厚冲积层深井建设和工程建设特殊施工需求为目标，垂深大于 600 米井筒的冻结、注浆施工技术及工艺，钻深能力达 700 米的深井钻井技术，井巷快速掘进机械化配套等"三法一套"技术研究开发将取得新的进展。

4. 新型开采技术与工艺

采煤方法和工艺是煤矿开采技术的主要研究方向之一。根据我国煤炭资源和矿井开采条件，未来几十年间采煤方法和工艺将重点进行以下研究工作，并取得重要进展。

（1）矿井集约化开拓布置技术。随着生产集约化和自动化程度的提高，煤电企业联合进程的加快，在地质条件允许的矿区，应走一井一面的集约化生产模式；而在地质条件不允许的矿区，也可以走多井生产、一井出煤的模式，可大量减少地面设施和简化生产流程、降低管理成本。

（2）短壁开采工艺技术。随着大规模粗放性开采，适合长壁开采的煤炭资源日益减少，但长壁开采后的残留煤柱、不能布置长壁的残采区、不规则块段等煤炭储量在逐年上升，一些城市和村镇的建筑物下、铁路下、水体下压煤量也很大。全国范围内已达近百亿吨，目前多半是弃之不采，白白丢掉，资源的浪费惊人。因此，短壁开采技术在我国将有很大的发展空间。

（3）薄煤层开采技术与装备。在我国薄煤层资源不仅分布广泛，且煤质较好，一些省区薄煤层储量比重很大，如四川省占 60%，山东省 54%，黑龙江省占 51%，贵州省占 37%，其他产煤省份如山西、内蒙古、河北、吉林等也有丰富的薄和较薄煤层资源。搞好薄煤层机械化开采对于煤炭资源保护和利用，对于延长矿井开采寿命和实现高效开采都具有重要意义。在我国应重点研究开发经济实用的薄煤层综合机械化、自动化开采技术，有条件的矿区应当推广全自动化刨煤机综采技术。

（4）煤炭地下气化技术。煤炭地下气化技术作为一种化学"采煤"方法，用于遗留煤柱和难开采煤层，以及劣质煤、高硫煤、"三下"压煤等煤层的开采，可提高煤炭资源利用率，增加产品的附加值，提高企业的效益。随着研究的深入，目前煤炭地下气化技术所遇到的气量、气质不稳定，地下气化的控制问题，低热煤气的利用问题会逐步得到解决。

5. 机电一体化自动化煤矿开采技术装备

煤矿新一代采掘、运输、提升等开采设备总体结构实现机械—电气—控制操纵一体化设计，具备了工况自动监测监控功能，传动系统采用了程序控制调速和软启动，配备了更大功率的驱动系统，生产能力大幅度提高；在操纵和性能上实现了程序控制、离机遥控、自动监测监控，使煤矿传统的采掘、运输等设备功能内涵发生重大突破，为生产过程的自动化监控奠定基础。在工作面采煤机、刮板输送机、液压支架等设备实现单机自动控制功能的基础上，采用红外线引动、位置速度检测、计算机集中控制等方式，使采煤机、刮板输送机、液压支架等设备自动完成割煤、运输、液压支架移设和顶板支护等生产流程，实现了工作面自动化生产。工作面顺槽计算机还可以通过矿井通讯线路、光纤等介质经因特网和矿井及上部管理层实现信息交流与通讯控制。

6. 煤矿矿区和矿井网络化信息化监测监控技术

为适应"一矿一面"的高度集中化生产模式和煤矿生产集团化管理模式，先进采煤国家研制开发了矿井自动化监测控制系统，主要生产环节已基本实现自动化检测监控。全矿井综合自动化监测监控系统是集语言、数据、图像于一体，兼容各种专用监控系统功能的综合监控网络系统，将监测、控制、通信功能合成一网，并发展灵活、方便的无线接入技术。监控系统覆盖全矿井各生产环节，包括现场监测控制层、生产与安全集中控制监视层、信息管理层3个层次，通过各种矿用控制器、传感器、通讯终端、摄像器等实现了对综采工作面和矿井运输、通风、排水等设备和矿井瓦斯、煤尘等安全参数的自动化监测和控制。

7 .煤矿安全生产技术装备和仪器

未来的煤矿应是自动化程度较高，安全事故较少的生产部门。需要开展煤矿重大灾害危险源辨识、评估及分级标准的研究，针对不同的危险等级和危害程度，研究不同的处理技术和管理措施。研究基于全矿井灾害监测的主要灾害的预替技术和安全信息网络监控系统。加速深井降温技术的研究，为深井开采提供必要的技术保障。

8. 煤层气开发和利用技术

开发和利用煤层气对于改善我国的能源结构，保护大气环境，改善煤矿的安全生产条件都具有十分重要的意义。①进一步完善煤层气基础理论，开发适合于我国煤储层特点的测试方法和设备；②研究与开发新的煤层气开采工艺和技术，如未开发煤田的地面煤层气开发技术以及采用注 N_2 和注 CO_2 等提高煤层气采收率的新方法；报废矿井的地面煤层气开采技术；高瓦斯矿井井下瓦斯抽采技术；采空瓦斯地面开采技术等。尤其是高瓦斯矿井井下瓦斯抽采技术和采空瓦斯地面开采技术将会随粉煤矿对安全工作重视程度的提高而得到大量的推广；③开发低浓度瓦斯利用技术。目前我国煤矿年抽放瓦斯约10亿立方米，而利用率不足40%，其余全部空排到空气中，既造成能源的浪费，又造成空气污染。因此，低浓度瓦斯的高效利用技术应当成为今后科研开发的重点。

二、煤炭开采主要方法及分类

采煤方法和工艺的进步和完善始终是采矿学科发展的主题。现代采煤工艺的发展方向是高产效、高安全性和高可靠性，基本途径是使采煤技术与现代高新技术相结合，研究开发强力、高效、安全、可靠、耐用及智能化的采煤设备和生产监控系统，改进和完善采煤工艺。在发展现代采煤工艺的同时，继续发展多层次、多样化的采煤工艺。

采煤方法是指采煤系统和采煤工艺两方面内容的综合。由于煤矿地质条件与开采技术条件的不同，采煤系统与采煤工艺在时间、空间上的配合不同，从而构成多种采煤方法。

煤炭开采方法总体上可分为露天开采和井工开采两种方式。

（一）露天开采

露天开采是煤层上覆岩层厚度不大，采用直接剥离煤层上覆岩层后进行煤炭开采的采煤方法。露天采煤通常将井田划分为若干水平分层，自上而下逐层开采，在空间上形成阶梯状。

（二）井工开采

井工开采是从地面开掘井筒（硐）到地下，通过在地下煤岩层中开掘井巷，设置采面采出煤炭的开采方式。

通常按采煤工作面的布置特征不同，将井工开采方法分为壁式体系和柱式体系两大类。

井下采煤按落煤技术方法可分为机械落煤、爆破落煤和水力落煤三种，前二者称为旱采，后者称为水采，我国水采矿井仅占 1.57%。旱采包括壁式采煤法和柱式采煤法，以前者为主。我国井工煤矿采用的主要采煤方法及其特征如图 3-1 所示。

煤矿应尽可能采用以壁式为主的采煤方法，可以使机械化程度得到较大提高。我国长壁采煤方法已趋成熟。放顶煤采煤的应用在不断扩展，应用水平和理论研究的深度和广度都在不断提高。急倾斜、不稳定及地质构造复杂等难采煤层采煤方法和工艺的研究有很大空间，主要方向是改善作业条件，提高单产和机械化水平。

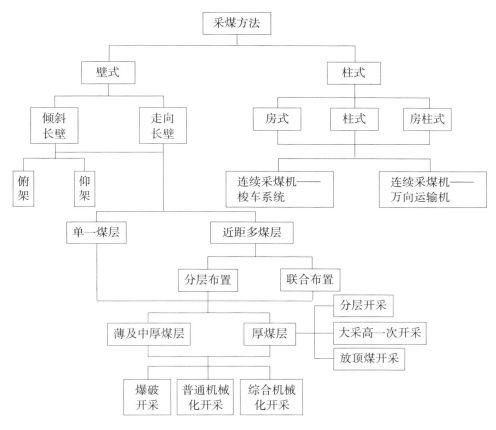

图 3-1 采煤方法示意图

三、采煤生产区系统布置

不同的采煤系统与采煤工艺相结合，就形成了不同的采煤方法。采煤工艺与采煤系统在时间上、空间上相互配合，两者是相互影响和制约的，不同的采煤系统，必须要有相适应的采煤工艺；同样，不同的采煤工艺也要有与其相适应的采煤系统。所以随着采煤机械化的发展，采煤工艺过程发出变化，就要求采煤系统随之进行变革。

（一）单一煤层走向长壁采煤法采煤系统

单一煤层走向长壁采煤法，主要用于开采煤层倾角为缓倾斜或倾斜，煤层厚度为薄及中厚煤层或一次采全厚的厚煤层开采，这种采煤系统比较简单。

1.采区巷道布置

在采区石门接近煤层处，开掘下部车场。由下部车场沿煤层开掘轨道上山和运输上山，两条上山相距 20~25 m，以上部车场与采区回风石门连通。从中部车场，用双巷掘进法，开掘一区段的运输平巷和二区段的回风平巷。当回风平巷和运输平巷掘到采区边界后，就可开掘开切眼进行回采。随着一区段的回采，应及时准备出二区段。

2.采区巷道构成

（1）采区上山巷道。采区上山巷道是为采区内各区段服务的准备巷道。采区上山巷道至少两条，其中一条铺设胶带输送机用于运煤，称为运煤上山或运输上山；另一条铺设轨道用于辅助运输，用来运送材料、设备、矸石等，称为轨道上山。两条上山兼作采区的进风与回风巷。

（2）采区车场。采区车场是采区上山与大巷或区段平巷联接的一组巷道，按其位置不同，分为采区上、中、下部车场。

（3）区段平巷及开切眼。区段平巷及开切眼是直接为采煤工作面服务的回采巷道。其中铺设输送机用于运煤的平巷，称为区段运输平巷；铺设轨道用于辅助运输的平巷，运送材料、设备等，称为区段回风平巷或区段轨道平巷；在采区边界开掘联通区段运输平巷和区段回风平巷的倾斜巷道，称为开切眼。在开切眼中布置开采设备与支架，进行采煤工作即为采煤工作面。

（4）采区硐室。采区硐室是安装机电设备或用于其他用途的准备巷道。上山采区主要有采区绞车房、采区变电所、采区煤仓等。下山开采还必须在采区下部设置采区水仓与泵房。

（5）联络巷道。联络巷道是为了保证采区生产系统畅通，满足通风、运输以及掘进施工的需要，在采区内开掘的大巷联通上山，上山与采区硐室、区段平巷联接，区段之间相连的巷道。

3. 采区生产系统

（1）运输系统。工作面采出的煤，经区段运输平巷、运输上山、采区煤仓装车外运。材料自下部车场，经轨道上山、上部车场、区段回风平巷运至工作面或由采区回风石门，经区段回风平巷运至工作面。

（2）运料排矸系统。在采区轨道上山，上、中、下部车场及区段回风平巷内铺设轨道并与大巷线路连接，用平板车及矿车运料排矸。

（3）通风系统。 新风从采区运输石门进入采区，经下部车场、轨道上山、中部车场，分两翼经区段回风平巷、联络眼到工作面。乏风经区段回风平巷和上部车场进入采区回风石门。

（4）供电系统。采区供电由井底中央变电所，经运输大巷、采区运输石门、采区下部车场运煤上山至采区变电所。降压后分别送往采掘工作面附近的配电点以及上山运送机等用电地点。

（二）厚煤层倾斜分层走向长壁采煤法采煤系统

1.采区巷道布置

在采区走向的中部阶段运输大巷处，开掘采区下部车场，由下部车场向上开掘岩石输送机上山和岩石轨道上山，直至采区上部边界。轨道上山以平甩式车场，运输上山以回风石门与阶段回风大巷相通。

待顶分层回采工作面采过一定距离后，即可由联络眼（靠近采区边界的），在假顶下开掘中分层的超前运输平巷和中分层切割眼。同时，从回风石门开掘中分层的超前回风平巷。随中分层回采工作面的推进，按上述要求的距离，继续掘进中分层超前平巷，从而实现厚煤层在同一区段内和倾斜分层下行垮落法一般同采2个分层，第三分层可作为顶分层的接续面。

2.分层分采的采区巷道布置

分层分采的采区巷道布置，没有共用的区段集中平巷，每一分层的区段平巷都是单独准备的。分层平巷不是利用集中平巷随着采煤工作面推进超前掘进的，而是当上分层采完后采空区垮落基本稳定之后，才在第二分层层位沿着上分层铺设好的假顶（或再生顶板）下掘出第二分层的区段平巷。

3.分层同采的采区巷道布置

所谓倾斜分层，就是沿煤层倾斜，把煤层分为若干个厚度相当于中厚煤层的分层，每个分层分别进行回采。采用顶板垮落法，先采顶分层，再依次回采以下各分层。分层同采的巷道布置比较复杂，因为除了各分层工作面要求的分层运输平巷和分层回风平巷外，还要有区段集中运输平巷和区段集中回风平巷。

4. 生产系统

（1）运输系统。工作面采出的煤，分别在各超前运输平巷内用刮板输送机运到溜煤眼，经区段集中运输平巷的带式输送机，再经区段溜煤眼转至输送机上山的带式输送机，最后到采区煤仓装车外运。

（2）通风系统。新风由阶段运输大巷进入轨道上山下部甩车场和行人联络眼，沿轨道上山和输送机上山而上。一部分新风沿集中运输平巷、溜煤眼、至超前运输平巷。另一部分新风沿集中轨道平巷、经联络眼到顶分层和中分层超前运输平巷，然后一起进入回采工作面。清洗工作面的乏风，由顶分层和中分层回风道，经回风石门，进入阶段回风大巷。采区内掘进巷道所需的风量，是由局部通风机供给。

（三）单一倾斜长壁采煤法采煤系统

倾斜长壁开采时，工作面运输巷和回风巷与矿井大巷直接相联，要求大巷不仅具备矿井开拓巷道系统的功能，同时还要具有采区（盘区）上、下山即准备巷道的功用。

1.大巷数目

（1）两条大巷布置方式。当矿井生产能力小、开采单一薄及中厚煤层时，可采用两条大巷的布置方式（即一进一回）。大巷的主要运输方式采用胶带输送机时，通常采用胶带输送机大巷进风，轨道运输大巷兼作回风，也可由胶带输送机大巷回风，轨道大巷进风。

（2）多条大巷布置方式。当矿井生产能力大，开采煤层群或厚煤层分层开采或有其他特殊要求（如瓦斯、水文、高温等）时，可采用三条或三条以上的大巷布置方式。即一条或多条（分煤层设置）回风大巷，一条或多条（分煤层设置）运输大巷。

2.大巷层位

（1）全煤层大巷布置方式。当煤层顶底板围岩比较稳定、煤质较坚硬、煤层厚度适中时，可采用全煤层大巷的布置方式，即主要运输大巷、辅助运输大巷、回风大巷等均设在煤层中。但由于煤层底板的起伏变化，从排水要求考虑，至少应有一条沿煤层底板按一定坡度布置的大巷。根据实际的使用，常将轨道运输大巷兼作排水大巷，沿煤层底板布置；也可将胶带输送机运输大巷沿煤层底板布置，兼作排水大巷。

（2）煤岩大巷混合布置方式。一般情况下，将轨道运输大巷、排水大巷设在煤层底板岩石中，将其他大巷布置在煤层中；当辅助运输不采用常规电机车牵引的轨道运输时，辅助运输巷和回风大巷沿煤层布置成煤巷，形成以煤巷为主，煤、岩巷结合的布置方式。当煤层厚度大、煤层巷道维护条件差时，可将运输大巷布置在煤层底板岩石中，回风大巷布置在煤层中。开采有自燃倾向的单一煤层或煤层群时，运输大巷、总回风巷应布置在岩层中或无自燃倾向的煤层中。

（3）回风大巷的位置。一般情况下，回风大巷与主要运输大巷平行布置在开采条带的同一侧，回采工作面采取朝大巷方向推进的后退式回采，这样漏风小、工作面斜巷维护容易，维护费用低。

（4）排水大巷的布置。对于仰斜开采涌水较大的矿井，采空区积水对开采工作面本身影响较小，但对相邻区段工作面、下分层工作面及下部煤层工作面的掘进和回采影响较大。为预防采空区积水的威胁和危害，可在开采条带的下方布置一条专门的排水大巷进行泄水。

3.生产系统

（1）主运输设备。对于产量较大的回采工作面，运输巷大多数采用可伸缩式胶带输送机运输，主运输方式已基本实现胶带运输化。

（2）辅助运输设备。能适应巷道有一定坡度要求的辅助运输设备有：单轨吊、齿轨车、卡轨车、无轨胶轮车、胶套轮机车、无极绳纹车等设备。这些新型辅助运输设备随着我国设备生产能力和技术的提高正在逐步推广应用。

（3）掘进设备。倾角在160°左右仰、俯斜综掘工作面已经有成熟的掘进设备。但斜巷掘进工作面的运煤、材料、设备和人员等辅助运输设备能力小，制约着工作面的掘进速度。

四、煤炭开采主要设备

煤矿开采设备是专门用于煤矿开采的设备，由于专业的特点而不同于其他矿山机械。煤矿分为露天开采和井下开采，其设备就自然地分为露天煤矿开采设备和井下煤矿开采设备。

（一）露天煤矿开采设备

露天煤矿机械主要包括土层剥离的连续挖掘机、机械式挖掘机、大型皮带输送机、大型非公路矿用车等。要有凿岩机、电铲、前装机、铲运机、卸卡车、推土机、采区供电移动变电站和移动开关柜等设备。

（二）井下开采设备

煤炭从回采工作面采出到地面，除需要有采煤机、掘进机、刮板输送机、液压支架、转载机、胶带输送机、泵站外，还需要有提升运输、通风排水、监测监控、动力及材料供应等方面的设备，如电机车、绞车、通风机、水泵等。随着煤矿开采综采的增加，综合机械化采煤系统已经成为这一产业的发展趋势，该系统主要包括采煤系统、掘进系统、通风系统、排水系统、供电系统、辅助运输系统和安全系统。

（1）采煤系统：包括工作面的落煤、装煤，将煤由工作面运往井底车场，直到提升至地面。主要设备有采煤机、运输机械，支护设备及提升机等。

（2）掘进系统：掘进系统保证生产的持续进行，即在当前生产同时，要开掘出新的工作面、采区及生产水平以备接替。其包括掘进工作面、矸石运至井底车场由副井提升后送至堆放地。主要设备包括掘进、支护、运输、提升等所用的设备以及风动凿岩机，空气压缩机及其管路等。

（3）通风系统：由进风井巷、回风井巷、通风机和井下通风设施如风桥、风门等构成。

（4）排水系统：由巷道中的水沟、水仓、水泵硐室、水泵及排水管路组成。

（5）供电系统：要求不得中断、以保安全，因此供电电流为双回路，同时进入采区和回风道的电气设备都必须采用矿用防爆型，防止瓦斯爆炸。

（6）辅助运输：包括人员上下和材料、设备的运输。

（7）安全系统：包括预防瓦斯爆炸、瓦斯突出，以及井下火灾和水灾所需要的救治设备、设施、器材、仪表、仪器和监测系统。

五、煤矿开采工艺与特点

采煤工艺是根据煤层的赋存条件，运用某种技术装备，按照一定工序进行采煤工作面回采的作业方法。采煤工作面回采的作业工序包括破（落）煤、装煤、运煤、支护顶板、采空区处理。采煤工作面在一定时间内，按照一定的顺序完成采煤工作各项工序的过程，称为采煤工艺过程。我国矿井开采、采煤工艺方式主要有爆破采煤工艺、普通机械化采煤工艺、综合机械化采煤工艺。

爆破采煤工艺，简称炮采，其技术特征是爆破落煤、人工装煤、刮板输送机运煤，用单体支架支护工作面空间顶板。

普通机械化采煤工艺，简称普采，其主要技术特征是用采煤机械同时完成落煤和装煤工作，而运煤、顶板支柱和采空区处理与炮采工艺基本相同。

综合机械化采煤工艺，简称综采，即破、装、运、支、处等主要生产工序全部实现机械化连续作业的采煤工艺方式，是目前先进的采煤工艺方式。

由于我国煤矿地质条件差异很大，各地区经济发展不平衡，大、中、小型煤矿并存，所以多种采煤工艺方式将长期并存。

（一）井下采煤的工艺与特点

1. 开采顺序和方法

对于倾角10°以上的煤层一般分水平开采，每一水平又分为若干采区，先在第一水平依次开采各采区煤层，采完后再转移至下一水平。开采近水平煤层时，先将煤层划分为几个盘区，立井于井田中心到达煤层后，先采靠近井筒的盘区，再采较远的盘区。如有两层或两层以上煤层，先采第一水平最上面煤层，再自上而下采另外煤层，采完后向第二水平转移。

按落煤技术方法，地下采煤有机械落煤、爆破落煤和水力落煤三种，前二者称为旱采，后者称为水采，我国水采矿井仅占 1.57%。旱采包括壁式采煤法和柱式采煤法，以前者为主。壁式采煤法工作面长，一般 100~200 m，可以容纳功率大，生产能力高的采煤机械，因而产量大，效率高。柱式采煤法工作面短，一般 6~30 m，由于工作面短，顶板易维护，从而减少了支护费用，主要缺点是回采率低。

机械开采工艺可分为间断式开采工艺、连续式开采工艺、半连续式开采工艺。

2. 井工开采的工艺流程

煤矿开采前，首先要进行煤田的总体规划设计，把一个煤田划分为若干个井田开采，而后根据总体规划设计，进行矿井的基本建设工作。一个矿井的基本建设包括两方面的内容：一是从地面开掘一系列的井巷通入地下至煤层，建立井下生产系统；二是修建地面工业广场，建立地面生产系统。矿井投入生产后，其生产环节包括回采、掘进、运输与提升等；辅助生产环节有通风、排水、动力和设备材料供应等。

（1）回采。所谓回采，就是直接从回采工作面采出煤炭。目前，先进的回采工艺是综合机械化采煤，即用滚筒式采煤机、可弯曲刮板输送机和自移式液压支架配套采煤，实现了破、装、运、移、支、回等工序的全部机械化。开始采煤前，输送机靠近煤壁，全部液压支架处于支撑状态。双滚筒采煤机在输送机上部，由下向上采煤。一般是沿牵引方向前滚筒向上割顶煤，后滚筒向下割底煤，装余煤。随着采煤机向上割煤，液压支架紧跟采煤机后逐架前移（降柱、移柱、升柱），及时支护割煤后新暴露出的顶板。最后一道工序是顺序推移输送机。推移输送机地点应滞后采煤机后滚筒 10~15 m，以使输送机的弯曲度不致过大。

（2）掘进。为了能持续地进行回采，生产矿井还需要不断地开掘巷道，否则将造成采、掘失调，生产无法衔接。①运输与提升：运输与提升是用各种运输和提升设备把煤炭和矸石从采、掘工作面运出地面，同时运送各种材料、设备和人员。采煤工作面采下的煤通过区段运输平巷和运输机上山，胶带输送机运往采区煤仓，然后在采区下部装煤车场装车，用电机车经运输大巷和运输石门运到井底车场，翻入井底煤仓，最后用箕斗从主井提升到地面。②通风：为了保证井下人员有足够的新鲜空气，排除、稀释井下有毒有害气体和悬浮在空气中的煤尘和岩尘，调节井下气候环境，通常要靠地面风机房内的主要通风机不断向井下供给新鲜空气。③排水：为了使矿井不被井下的涌水淹没，应把涌出的井下水不断地排出地面，为此，巷道中要设排水沟，井底车场要设主、副水仓和水泵房。水从水沟流入水仓，然后用水泵将其排至地面。④动力和材料：动力供应包括供电和供应压缩空气。供电工作是从地面变电所向井下和地面的各种用电设备供电。压缩空气供应是用空气压缩机对空气加压，然后用风管供给井下风动工具使用。此外，还要不断供给煤矿日常生产所需要的各种设备和材料，如金属材料、建筑材料、坑木、炸药和雷管等。

3. 采掘工作面

采煤工作面是地下采煤的工作场所，随着采煤的进行，工作面不断向前推进，原来的采场即成为采空区。长壁工作面采煤的工序为破煤、装煤、运煤、支护及控顶等五项；短壁工作面只有前四个工序。以滚筒式采煤机为主，组成长壁工作面综合机械化设备，可以完成五个主要工序，称为综合机械化采煤，简称综采，此工作面称综采工作面。

掘进工作面是井巷掘进的工作场所，分为岩巷、煤巷和半煤岩巷三种。掘进工序分破岩、装运和支护三项。掘进方法分两种，一为钻爆法，二为使用掘进机。前者应用范围广但机械化程度低，后者包括全断面岩巷掘进机及悬臂式掘进机两种。煤矿一般广泛使用悬臂式掘进机，包括掘进机、转载机、运输机和支护设备共同组成掘进综合机械化，完成三道主要工序，称为综掘。

（二）露天采煤的工艺与特点

移走煤层上覆的岩石及覆盖物，使煤敞露地表而进行开采称为露天开采，其中移去土岩的过程称为剥离，采出煤炭的过程称为采煤。露天采煤通常将井田划分为若干水平分层，自上而下逐层开采，在空间上形成阶梯状。

露天开采与井工开采在进入矿体的方式、生产组织、采掘运输工艺等方面截然不同。当煤层较厚，且直接暴露于地表或其覆盖层较薄、开采煤层与覆盖层采剥比较经济合理时，一般采用露天开采方式。露天开采的特点是采掘空间直接敞露于地表，为了采煤需剥离覆盖在煤层上及其周围的土岩，采场内建立的露天沟道线路系统除担负着煤炭运输外，还需将比煤炭数量多几倍的土岩运往指定的排土场。

露天开采工艺可以分为机械开采工艺和水力开采工艺。其中机械开采工艺在露天开采工艺中占的比重较大,按主要采用设备的作业特征可分为:间断式开采工艺、连续式开采工艺、半连续式开采工艺。间断式开采工艺:该工艺在开采过程中的采装、运输和排土作业是间断运行的。连续式开采工艺:该工艺在开采过程中的采装、运输和排土作业三大作业环节中,物料的输送是连续的。半连续式开采工艺:在整个生产工艺中,一部分生产环节是间断的,另一部生产环节是连续的。

(三)水下采煤的工艺与特点

水体下采煤技术是涉及采矿、地质、岩石力学等多学科领域。根据地质采矿条件及开采方案设计,进行综合计算、分析和评价,可以为实现水体下安全采煤提供技术保证。我国水体下压煤数量就十分巨大。据不完全统计,我国有125条较大的河流压煤,还有微山湖、太湖、大冶湖和渤海等湖海下压煤,在华北、东北和华东平原地区普遍有第四系的含水砂层覆盖,这些地区的煤田浅部开采都存在含水砂层下采煤的问题。我国的水体下采煤技术经过40余年的研究和实践,积累了经验,发现了规律,编制了规程,在岩层与地表移动理论及与"三下一上"采煤有关的技术领域,都接近或达到了国际先进水平。随着陆地部分煤炭可采储量锐减,进入海下采煤势在必行。

解决水体下采煤问题可以采取三种技术措施:留设安全煤柱、处理水体、采取开采措施。有时单独选用其中的一种,有时则需要其中的两种或三种措施配合使用,这需要根据具体条件而定。安全煤岩柱是指在煤层至水体底面垂直距离很近的条件下,必须在水体和煤层开采上限之间留设一定垂深的岩层块段和煤层。

(1)分层或分阶段间歇开采。分层间歇开采是将厚煤层按倾斜分层或按水平分层的方法开采,减少一次开采的厚度和覆岩的破坏高度,使整个覆岩形成均衡破坏,防止了不均衡破坏对水体的影响,对于厚松散层下浅部开采或安全煤岩柱中基岩厚度较小的条件,分层间歇开采具有更加明显的效果。在倾斜分层走向长壁式开采时,要尽量减小第一、第二分层的采厚,同时增大分层开采之间的时间间隔,上、下分层同一位置的回采间隔时间应该大于4~6个月。

(2)充填开采。采用充填法管理顶板是水体下采煤的最有效措施之一,它还可以大大减小安全煤岩柱尺寸,同时开裂性破坏程度也将有所降低。

(3)分区隔离开采。在采区四周均留设防水隔离煤柱,在运输水平的绕道和石门内设永久性的防水闸门,将采区与外界隔离,缩小灾害的影响范围。

(4)试探开采。试探开采的原则是:先远后近、先深后浅、先厚后薄、先易后难，逐渐接近水体。这样，不仅能确切地了解采动对防水安全煤岩柱的破坏情况，而且能摸索出适合本地区的开采方法和技术措施。

（5）正常等速开采。采用长壁垮落采煤法时，要保持工作面正规循环和连续均匀推进，使工作面空间内顶板保持完整，从而顶板含水层中的水可随着回柱放顶而涌入采空区。

六、煤矿开采与环境治理工程

煤矿开采对矿区生态环境的破坏主要表现为：煤矿开采对土地资源的破坏，煤矿开采对水资源的破坏和污染，煤矿开采对大气的污染，煤矿开采过程中产生的噪声对环境的影响等几个方面。煤矿开采过程中产生的生态环境问题制约了我国国民经济的发展，给矿区人民生活带来不便，所以保护环境刻不容缓。为实现矿区的可持续发展，我们需要从煤矿开采，矿区生态环境保护，矿区土地复垦，矿区煤矿石的治理与利用等各方面下手切实保护好矿区的生态环境。

（一）地表塌陷的防治措施

煤炭开采会诱发地表塌陷，造成水土流失、地面建构物被毁，致使生态环境受到破坏，矿区人民生活生成受到严重影响。对于塌陷区的治理要与矿井矿石废渣治理相结合。在井下回采过程中用矿石直接充填采空区，随采随填，有利于抑制地表塌陷，同时降低矿石的运输成本、提高生产效率。

（1）实行保护性开采。通过改革矿井开拓部署、合理选择开采方法、合理布置开采工作面、采用条带开采等措施，减小地表塌陷破坏。

（2）利用粉煤灰井下充填减小地表下沉。粉煤灰地面排放既占地又污染环境，将粉煤灰用管道充填到采空区或充填覆岩离层带空间，既减少地表塌陷对土地的破坏，又可避免粉煤灰占地污染环境。该方法已在我国一些矿区得到应用，效果较好。

（3）矿石不出井工艺。对半煤岩巷道施行宽工作面掘进，将挑顶和卧底的矿石用人工或机械进行巷旁、支架壁后或采空区充填；对夹石厚的煤层，采用分采分拣工艺，拣出的矿石直接丢弃于采空区。这样既可减少矿石排到地表压占土地，又可使矿石起到支护作用。

对已经形成的塌陷区域，可以从两个方面着手治理。一方面，利用煤矿石充填技术对已塌陷区的土地进行复垦，实现土地可持续利用。另一方面，由于矿区部分塌陷水域大而深，可以大力发展水产养殖业。另外，可在塌陷水域建立水上公园，周围建设休闲或旅游的景点，改善矿区的景观环境，发展当地的旅游经济。

（二）煤矸石的处理和利用措施

煤矸石的大量堆放，不仅占用土地，矸石淋溶于水污染周围土壤、污染地下水，影响生态环境；而且煤矿石中含有一定的可燃物，在适宜的环境下会发生自燃，排放二氧化硫、氮氧化物、碳氧化物和烟尘等有害气体污染大气环境。因此，对煤矸石应加以处理和综合利用，一般从以下几个方面考虑：

1. 煤矸石的处理

（1）整治场地、摊铺矸石及自燃灭火。矸石山的治理，首先应着手对矸石山的坡面坡度进行消减工作，由上至下推散矸石，稳定坡面，修建马道，便于机械施工；砌筑挡墙，防止矸石塌方。

在堆散矸石的同时，对发生自燃的矸石进行灭火工作，堆散高温矸石，使其暴露于表面，促使其降温。针对煤矸石自燃问题，可以采用黄土碾压覆盖为主，辅以局部注浆的综合性灭火方法，即采用局部灌浆、填实孔隙、固化碎块的简便易行方法。

（2）复燃治理。顶部复燃灭火处理的方法采用灌浆封闭法和火源挖出法。矸石山坡面复燃灭火工程可采用下列方法灭火：铺网注浆法；护坡加固法；绿化坡面法。

（3）建造排水沟。由于被裸露的矸石仍有较高的温度，一旦暴露于空气中，容易复燃。为了保护好覆盖封闭效果，非常重要的一点是矸石山马道及斜坡上修筑好排水沟。排水沟设置位置：矸石山顶部平面与坡面的交界处，以避免平台上的雨水冲刷矸石斜坡；矸石山斜坡上构筑马道平台，再在平台上设置排水沟，可将斜坡上的雨水起到分流作用。

（4）减少井下矸石产生量。矸石不出井不但可减少矸石占地、降低运输成本，而且可减轻对环境的污染，具有较好的经济效益和社会效益。在巷道设计、施工工艺设计、矸石转运和井下充填等多个环节，要充分考虑矸石的井下处理，从源头上减少矸石的出井量，从而减少在地面堆积的数量，降低地面处理的工作量。

2. 煤矸石的综合利用

煤矸石的综合利用，是煤炭行业调整产业结构、发展非煤产业的重点，也是节约能源、保护环境，实现煤矿可持续发展的重要措施。矸石的组成及其性质是其综合利用的基础。根据国内外矸石综合利用的理论研究和实践经验，岩性为黏岩类，矿物成分以黏土为主，SiO_2、Al_2O_3、Fe_2O_3 等主要化学成分含量在黏土矿丰度内的矸石是良好的建材产品替代原料；矸石中 Al、Fe、S 或其他元素含量到一定的富矿含量时，可回收利用。根据上述分析，矸石的综合利用途径有：①煤矸石可作为水泥掺和原料，制煤矿石砖、煤矿石加气混凝土、釉面砖等建筑材料制品；②有的煤矿石有一定的发热量，可作为低热值燃料，供沸腾炉使用或建煤矸石电站；③开发煤矸石中的共伴生矿物；④利用煤矸石生产肥料，煤矸石中含有炭质页岩和含碳粉砂岩，有机质含量在 15% 左右，并含有植物生长所需的 B、Zn、Cu、Cd、Mo、Mn 等微量元素，可生产微生物和有机肥肥料；⑤利用煤矸石筑路、填坑、土地复垦，利用煤矸石做充填物治理采煤沉陷区，或用来填筑沉陷的公路、铁路路基、堤坝等，进行土地复垦，恢复生态环境。

（三）煤尘防治

煤炭开采和洗选过程中的煤尘防治是长期困扰人们的重大技术难题。煤尘是重大安全隐患，也是煤矿井下、地面环境污染的重要源头，煤尘防治工程需根据现代化矿井开采、掘进的技术条件和特点，研究井工矿井下煤炭破落及转运过程中煤尘产生的机理和控制技术，建立全面系统的煤尘防治体系。完善井下防尘供水管路系统，在产尘量较大地点应用红外线控制自动喷雾装置和水射流、风流净化器，提高降尘效率，确保矿井自动化防尘喷雾全覆盖。采煤机全部安装内外喷雾系统、支架设置自动喷雾系统，连采机、掘锚机安装外喷雾装置和除尘器，转载点、破碎机全部进行封闭，设置水幕，实现采煤、掘进、运输全过程煤尘防治。

（四）矿区水污染控制措施

矿井水是煤矿排放量最大的一种废水，矿井水排出后，破坏了地下水的自然平衡状态，从而引起地下水水位下降、地表沉降等一系列问题。废水渗入地下，将对地下水资源造成严重污染，危害人类用水和身体健康。煤泥水、浮选废水危害较大，灌溉农田往往会引起农作物减产；排放河流、湖泊会抑制鱼类生长，淤塞河道，影响自然景观；渗入地下会污染饮水水源，易引起胃肠道及神经系统疾病。对矿区水资源破坏与污染的主要防治措施有：

（1）为减少矿井水质污染应以防为主，防治结合。能清污分流的尽量做到清污分流；对矿井污水可视条件先采取井下水仓沉淀和井口过滤等方法处理，最后经水处理厂净化处理，实现矿井水资源化。

（2）超前开采利用疏干水。在煤矿开采前或开采过程中，对即将被疏干或破坏的含水层，选择合适的疏干方式，统筹安排充分利用或储存疏干水，既能满足煤炭开采的需要，又可解决供水水源问题。

（3）建立反渗透帐幕。在开采地段周围设置一道封闭的反渗透围墙，用于防止地下水流入矿坑或井巷，保护地下水不枯竭、不被污染，使地下水仍保持或接近天然状态。

（4）填堵导水通道。对塌陷的地质构造形成的含水层及井巷导水通道，采用回填、注浆等方法封堵；对渗漏严重的河床，采取河流改道、修整河底的方法，既可减少矿井涌水，又可保护水资源。

（5）选择合理的开采方法和措施保护水资源。利用充填、条采等方法减少采煤对覆岩含水层和地表水体的破坏。

（6）就地循环利用。矿井生产中产生的污水通过稀释、混合、沉淀等作用，杂物浓度降低，通过防尘管路做防尘水使用，实现矿井水井下循环。

（7）加强煤矿水资源的管理，合理用水、节约用水、防治污染，实现污水的再资源化。

（五）大气环境污染的防治

造成矿井废气污染的原因是多方面的，主要有煤炭生产过程中释放的煤层气（瓦斯），和用炸药落矿、用柴油机为动力的设备产生 CO 和 NO_x 等有毒气体以及煤炭自燃产生的 CO、CO_2 等。我国每年排入大气中的 CH_4 达 100 亿 m^3，约占世界总排放量的 1/3。CH_4 及 CO、CO_2、NOx、H_2S 等废气污染导致气候条件发生变化，破坏臭氧层产生"温室效应"，还会形成酸雨，严重影响了生态环境。另外，排出的废气还是煤矿井下开采的灾害因素，由它引起的事故造成人员伤亡数占矿井事故的 1/3 左右。为此，必须加强对矿区大气质量的监测，采取综合性措施防治降低矿区废气污染。配备多管陶瓷除尘器、洒水车设备，绿化矿区及周边地区，有效抑制灰尘、煤尘对大气的污染。另外可以对抽放的瓦斯回收利用，以减少对大气的污染环境。

（六）矿区噪声污染的控制

由于矿井工业场地内产噪设备的噪声极大，声源集中，因此可以采取综合治理措施，尽量选用低噪声机电设备，有针对性地进行环境绿化，从而减少噪声对外环境的影响。还要加强个体防护，如使用防声棉耳塞、耳罩、防声头盔等个体防护工具，以在一定程度上降低煤矿噪声的危害。另外，可以有针对性地对高噪声设备，如煤矿通风机、局部通风机、气动凿岩机等进行噪声控制。如设计时可将矿井主要通风机放在远离居民区外或装消声器减少噪声。

第二节 石油开采工程

20世纪以来，随着工业不断发展和科学技术进步，石油成为当今社会最重要的能源之一，它的各种产品如汽油、柴油、煤油、润滑油、沥青、塑料、纤维等已经深入人们生活的各个方面，被人们称为"黑色的金子""现代工业的血液"，极大地推动了人类现代文明的进程。

经过几十年的发展，全球的石油工业现已非常发达，整个石油系统中分工明确，大致要经过三个主要环节，即勘探开采、输送和加工，这三个过程相辅相承，缺一不可。

一、石油的成因和石油地质基本特征

（一）石油的生成

目前，关于石油的生成存在两种说法：①水中的生物如动物、植物（特别是低等的动植物像藻类、细菌、蚌壳、鱼类等）死后埋藏在不断下沉缺氧的海湾、泻湖、三角洲、湖泊等，随后被沉积的泥砂所掩埋，这些尸体在地下高温、高压和缺氧的条件下分解成石油，这种说法被称为有机说；②石油是与有机生命无关的碳和氢在地壳内部的高温、高压下产生化学反应生成的，这种说法被称为无机说。

目前通常以有机说为主。

（二）石油的运移及聚集

石油在地下往往有一套与其相联系的含油地层的组合，即生、储、盖组合。生、储、盖是生油、储油、保护油的盖层的简称。包括有生油层、储油层和盖层的一整套地层，称为一个生、储、盖组合。生、储、盖组合的类型有碎屑岩类生、储、盖组合，碳酸盐岩类生、储、盖组合，碎屑岩类与碳酸盐岩类混合组成的生、储、盖组合等三种类型。

按照有机成因学说，大量的微体生物遗骸与泥砂或碳酸质沉淀物埋藏在地下，经过长时期物理化学的作用，形成了富含有机质的岩石，其中的生物遗骸转化为石油，这种岩石称为生油岩（如图3-2）。

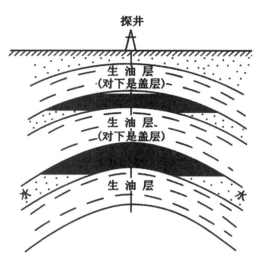

图 3-2　生储盖的配位

油气在生油岩中生成之后，由于生油岩很致密，没有储集能力，因此，生成的油气要向相邻的孔隙性和渗透性较好的储集岩中转移，称为初次运移；进入储集岩层中的油气在构造力、浮力和水动力作用下沿岩层上倾方向运移，遇到有遮挡条件的场所（称为圈闭）就会停止运移，聚集在那里，形成油气藏，称为二次运移。

由于油比水轻，气比油轻，所以，生油层中分散的油气有向上运移的趋势。石油在运移过程中，当流动受到阻碍时，就聚集起来，形成了具有工业开采价值的油藏。

（三）石油地质基本特征

1. 生油层

能够生成石油和天然气的岩层，称为生油岩或生油母岩、生油源岩（简称生油岩）。由生油气岩组成的地层，即为生油层，这是自然界生成石油和天然气的实际场所。沉积岩中的泥岩、页岩、砂质泥岩、泥质粉砂岩、碳酸盐岩等细粒均可组成良好的生油层。根据岩性不同，生油岩分为两大类——泥质生油岩和碳酸盐岩生油岩。这些细粒的生油岩是在较宁静的水体中沉积下来的。这种环境也适于生物的大量繁殖。另外，有机质沉降到海底、湖底后，被细粒岩石埋藏，有利于保存下来。生油岩的颜色以褐、灰褐、深灰、黑色等暗色为主，灰、灰绿色次之。

生油层的分布受岩相古地理条件所控制。生油层皆是有规律地出现，并与一定的岩相带有关。对于湖相来说，较深、深湖相是主要的生油相带。那里沉积了细粒的泥质岩类。由于水体较深，具有静水沉积、水流弱、波浪小、还原环境等有利的生油条件。大量低等生物的繁殖，是形成良好生油层的基础。对海相来说，浅海相或潮间低能相带、潮下低能带的碳酸盐岩层和泥质岩层具备良好的生油条件。这些区域深度不大、水体宁静、阳光充足、生物茂盛，岩石富含生物化石和有机质。我国四川盆地的二叠系和三叠系的碳酸盐岩地层，就是浅海相碳酸盐岩生油层的例子。

2. 储集层

（1）储集层的特性。大量油气勘探及开发实践，表明石油不是储存在地下的油湖、油河之中，而是储存在那些具有相互连通的孔隙、裂隙的岩层内，好像水充满于海绵里一样。具有一定孔隙度和渗透性，能够储存石油等流体，并可在其中流动的岩层称为储集层。储集层具备两个基本特性即孔隙性和渗透性。孔隙度是指储集层岩石中孔隙的总体积占岩石总体积的比值，常用百分数表示。孔隙度是用来计算石油地质储量以及评价油藏好坏的重要参数之一。渗透率是岩石允许流体通过能力的一种量度。严格地讲，自然界的一切岩石在足够大的压力差下都具有一定的渗透性，岩石渗透性的好坏在石油工业中常用渗透率来衡量。

（2）储集层的类型。目前世界上绝大部分的石油储量集中在沉积岩储集层中，沉积岩储集层中又以碎屑岩储集层和碳酸盐岩储集层最为重要，只有少量石油储集在岩浆岩和变质岩中。石油地质学按岩石类型把储集层分为三大类：碎屑岩储集层、碳酸盐岩储集层及其他岩石类储集层。

碎屑岩储集层是世界上各主要含石油区的重要储集层之一。碎屑岩储集层的岩石类型有砾岩、沙砾岩、租砂岩、中砂岩、细砂岩和粉砂岩。目前，我国所发现的碎屑岩油气藏以中、细砂岩为主。

碳酸盐岩储集层单位体积内的储集空间小，但厚度大。以石灰岩、岩储集层为主，其连通孔隙度一般为1%~3%，个别储集层可达到10%。

除碎屑岩和碳酸盐岩以外的各类储集层，如岩浆岩、变质岩、黏土岩等储集层都归为其他类型储集层。尽管这类储集层的岩石类型很多，但在其中储存的油气量在世界油气总储量中只占很小的比例，其意义远不如碎屑岩和碳酸盐岩储集层。国内外都在这类储集层中获得了一定量的油气，这就拓展了研究油气储集层的领域。到目前为止，我国已在火山岩、结晶岩、黏土岩里获得了工业性油气流，并具有一定的生产能力。

3. 盖层

盖层是指位于储集层之上能够封隔储集层，避免其中的石油向上逸散的保护层。盖层的好坏直接影响油气在储集层中的聚集和保存。在地层条件下的烃类聚集都具有大小不同的天然能量，能驱使烃类向周围逸散。因而必须有良好的盖层封闭才能阻止烃类散失，使其聚集起来形成石油藏。

常见盖层岩石有页岩、泥岩、盐岩、石膏和无水石膏等。页岩、泥岩盖层常与碎屑岩储集层并存；盐岩、石膏盖层大多发育在碳酸盐岩剖面中。在构造变动微弱的地区，裂缝不发育，致密的泥灰岩及石灰岩也可充当盖层。

（四）油藏的类型

目前国内外使用的油藏分类方法主要有以下几种：①根据日产量大小分为高产油藏、中产油藏、低产油藏和非工业性油藏；②根据油藏形态可分为层状油藏、块状油藏和不规则油藏。不规则油藏中石油分布无一定形态，如断层油藏、地层油藏和岩性油藏等；③根据圈闭成因可分为构造油藏、地层油藏和岩性油藏等。

二、我国石油资源

据统计，我国有各类沉积盆地超过 500 个，沉积岩面积达 $670×10^4$ km^2。油气资源评价显示，我国石油总地质资源量为 $1000×10^8$ t。其中陆上为 $775×10^8$ t，占 77.5%；海域为 $225×10^8$ t，占 22.5%。可采资源量（140~160）$×10^8$ t。以当量值相比较，我国石油可采资源量略高于天然气可采资源量。另按第三次石油资源评价初步结果，全国石油资源量为 $1072.7×10^8$ t，已探明可采储量 $2256×10^8$ t。其中海洋石油资源量为 $246×10^8$ t，占总量的 22.9%。从有关数据可见，我国石油资源的平均探明率为 38.9%，海洋仅为 12.3%，远远低于世界平均探明率73% 和美国的探明率 75%。按照保守的估计，我国原油剩余可采储量可开采到2063 年。

近几年中国海洋石油发展速度也很快，已经成为中国石油发展的新领域。地球表面约 71% 是海洋。目前海洋石油的勘探开发主要集中在靠近陆地的称为大陆边缘的部分。大陆边缘又分为大陆架、大陆坡和大陆隆三部分。大陆架是指水深 0~200 米的台地部分，面积 2300~2800 万平方千米。专家预测石油地质储量 3000 亿吨，约占世界石油总储量的 40%。大陆坡是指水深 200~300 米及可能更深的海洋盆地斜坡部分，位于大陆架外侧边缘，面积 4400 万平方千米。美国的加利福尼亚州和路易斯安那州的海洋石油就在大陆坡地区。大陆隆为深海区，包括火山山脉，面积约 3.5 亿平方千米，目前专家对在这个地区找油的前景较为悲观。

随着科学技术的不断发展，其发展前景更为广阔，因此海洋将来必定成为世界石油工业发展的新领域。

三、石油的勘探

石油勘探就是寻找油气田的过程，大部分的油气都蕴藏在较深的储油气构造里，因此石油勘探是根据石油地质学的油气田的分布规律，采用各种先进的勘探技术与方法，达到探明油气储量的目标。

由于油气田分布的隐蔽性和复杂性，决定了石油勘探是高投入、高风险、技术密集的复杂系统工程。

（一）石油勘探的基本方法

1. 地质法

地质法是以岩石学、构造地质学、矿藏学等理论为基础，对出露在地面的地层和岩石进行观察、研究，综合分析目标区域的地质资料，了解其生油、储油条件，对含油气远景做出评价，并指出有利的油气目标区。

2. 物探法

物探法是根据地质学和物理学的原理，利用电子学和信息论等许多科学技术领域的新技术建立起来的一种较新的勘探石油的方法。由于物探法主要用于寻找地下可能的储油构造，因此，它是一种间接找油方法。

现代用于石油勘探的物探方法主要有：重力勘探（利用岩石的密度差别）；磁法勘探（利用岩石的磁性差别）；电法勘探（利用岩石的电性差别）；地震勘探（利用岩石的弹性差别）。其中，地震勘探是当前物探的主要方法。

3. 钻探法

物探法能够寻找到适合于储存油气的地质构造，但不能准确判断出这些构造中是不是储存着油气，这就需要进行钻探，直接取得地下最可靠的地质资料，并通过综合分析研究，最终确定地下的构造特点及含油气情况。

（二）石油勘探的基本阶段

根据对地下情况认识的程度和工作特点，可将石油勘探划分为三个阶段：区域勘探阶段、圈闭预探阶段、油藏评价阶段。

1. 区域勘探阶段

区域勘探是在一个盆地或其一部分地区内进行石油勘探的第一阶段，是在一般地质调查和地质填图的基础上进行的。搞清区域地质结构和油气生成、聚集条件，筛选出有利凹陷，评价油气聚集的有利构造带，提出参数井位，为进一步开展的油气预探工作做好准备。区域勘探阶段可划分为建立项目、物探普查、钻参数井和盆地评价四个步骤。

2. 圈闭预探阶段

圈闭预探是在区域勘探的基础上，查明了区域地质和石油地质概况，特别是生油和储集条件之后，在有油气远景的二级构造带或局部构造圈闭上进行的油气勘探工作。

圈闭预探阶段可划分为确定预探项目、地震详查、预探井钻探和圈闭评价四个步骤。

3. 油藏评价阶段

圈闭预探阶段发现油气藏后，需要对所发现的油气藏进行评价，即进入油气藏评价勘探阶段。

油气藏评价勘探阶段可分为项目建立、地震精查、评价井钻探和油田评价四个步骤。

（三）石油勘探发展趋势

寻找石油资源的总趋势是由易到难，从陆地向海洋、从地理条件好的地区向复杂地区、从地质结构简单的背斜油藏向复杂隐蔽的非构造油藏、从中深层向超深层发展。

四、油田开发基础及开发方案

所谓油田开发，就是依据详探成果和必要的生产性开发试验，在综合研究的基础上对具有工业价值的油田，按照国家对原油生产的要求，从油田的实际情况和生产规律出发，制订出合理的开放方案并对油田进行建设和投产，使油田按预定的生产能力和经济效益长期生产，直至开发结束的全过程。

（一）油田开发的方式

随着石油科学和开采技术的发展，油田开发方式也在不断进步，归纳起来有以下几种。

1. 利用天然能量开采

利用天然能量开采是一种传统的开发方式。其优点是投资少、成本低、投产快。只需按照设计的生产井网钻井，无须增加采油设备，石油依靠油层自身的能量就可流到地面。因此，它仍是一种常用的开发方式。其缺点是天然能量作用的范围和时间有限，不能适应油田较高的采油速度及长期稳产的要求，最终采收率通常较低。利用天然能量开发主要有四种方式：①弹性能量开采；②溶解气能量开采；③气顶能量开采；④水压驱油能量开采。

2. 人工加压

把原油从地下开采出来依靠的是油层内的压力。油层压力就是驱油的动力。通过长期的油田开采实践，人们找到了一种保持油层压力的方法，就是人工向油层内注水、注气或注入其他溶剂，从而给油层输入外来能量以保持油层压力。

人工注水就是在油田开发过程中，人为地把水注入油层中或底水中，以保持或提高油层的压力。目前国内外油田采用的注水方式归纳起来主要有四种：边缘注水、切割注水、面积注水和点状注水。所谓注水方式就是注水井在油藏中所处的部位以及注水井与生产井之间的排列关系。

（二）油田开发的阶段

一个油田的正规开发一般要经过三个阶段：

1. 开发准备阶段，包括详探、开发试验等

详探是通过多种方法进行地震细测、打详探资料井和取芯资料井、测井、试油、试采以及分析化验研究等，从而获得对储油层的构造特征、各油层系中油、气、水层的分布关系、储量、油藏天然能量、驱动类型和压力系统、油层边界性质等的确定。

对于准备开发的大油田，经过详探以后，需要规划一块面积作为生产试验区。这一区域应首先按开发方案进行设计，严格划分开发层系，选用某种开采方式提前投入开发，取得经验以指导其他地区。

2. 开发设计和投产阶段，其中包括油藏工程研究和评价注采方案以及方案的实施等

油藏描述是以沉积学、构造地质学和石油地质学理论为指导，以地震地层学、测井地质学和计算机为手段，定性和定量描述在三维空间油气藏类型、内部结构、外部形态、规模大小、储层参数变化及流体分布状况，综合分析各项地质资料，建立油藏地质模型，为油藏工程设计提供地质依据。

钻井、采油、地面建设工程设计要求：根据油层情况设计合理的井身结构、

完井方法，选用适合保护油气层的钻井液、完井液；为实现最佳的油藏工程方案优选采油方式，设计配套的工艺技术，以实现设计生产能力；对油、气、水的集输与计量、注入剂质量等提出具体要求。

油藏工程设计部分根据油田开发原则进行设计，油田开发原则包括：坚持少投入、多产出，并且有较好的经济效益；根据当时当地政策、法律和油田的地质条件、制定储量动用、投产次序、合理采油速度等开发技术政策；保持较长时间的高产、稳产。

3. 方案调整和完善阶段

为了达到延长稳产期、改善开发条件和提高采收率的目的，油田开发都需要选择适当的时机进行必要的开发调整：层系调整、井网调整（包括注水方式和井网密度调整两方面）、驱动方式调整、开采工艺调整和工作制度调整等。

五、石油开采

石油开采是指从油田的发现直到开采终了的全部过程。根据油田的地质储存条件，选择合理的开发方案，通过钻井工程、采油工程、油气集输工程完成石油开采过程。

石油开采过程主要包括以下四个方面：①石油测井；②石油钻井；③石油开采；④油气集输。

（一）石油测井

测井就是在井筒中应用地球物理方法，把钻过的岩层和油气藏中的原始状况和发生变化的信息，通过电缆传到地面，据以综合判断，确定应采取的技术措施。

测井分为生产测井和裸眼井测两种。裸眼测井反映的是储层的静态信息，主要目的是为了寻找油气层。生产测井反映的是油藏的动态信息，主要目的就是为了监测油藏的开发情况，侧重于油藏的开发管理工作。

生产测井技术按照应用范围进行分类可分为：动态监测测井、产层评价测井、工程测井技术等。按照工作原理分类主要有电法测井、声波测井和放射性测井等。

（二）石油钻井

钻井技术是石油工业发展水平的重要标志，是石油勘探、开发的主要手段。

油田勘探阶段要钻探井，用于获取地质资料认识和评价油气状况，落实储量等；油田开发阶段要钻各种开发井，用于石油的开采。在油田开采中，钻井占有十分重要的地位，往往占总投资的 50%。

1. 钻井设备组成

整个钻井设备按功能可分为四个部分：①旋转系统，包括水龙头、方钻杆、转盘、钻杆、钻铤、钻头等（图 3-3）；②吊升系统，包括天车、游动滑车、大钩、和绞车等；③循环系统，包括泥浆池、泥浆泵、除砂器、泥浆振动筛等；④动力系统，包括动力机及相应的传动装置等。

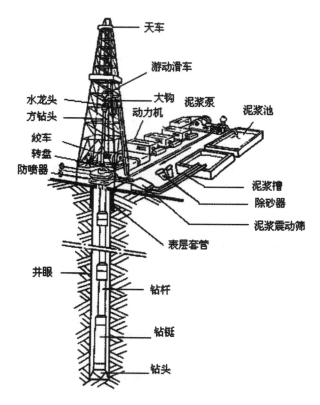

图 3-3　转盘旋转钻机示意图

2. 钻井方法

所谓钻井方法，就是为了在地下岩层中钻出所要求的孔眼而采用的钻孔方法。石油钻井方法由古老的人工掘井、人力冲击钻井法，发展到后来的顿钻钻井法和旋转钻井法；目前普遍使用的是旋转钻井法。另外，近 10 多年来又发展出了一种新的钻井方法——连续管钻升方法。

3. 井型的选择

油井是为了寻找和开发石油而钻的井。在石油勘探开发过程中,对于一口具体的井,由于其钻井目的不同、要求不同等,产生了不同类型。

(1) 按钻井目的的不同而划分的井类型主要有两大类:探井和开发井。探井是为探明地质情况、获取地下地层油气资源分布及相应性质等方面资料而钻的井。它包括地质浅井、地层探井、预探井、详探井等。开发井是指以开发为目的,为了给已探明的地下油气提供通道,或为了采用各种措施使油气被开采出来所钻的井。一般包括浅油气井、油气井、注入井和检查、观察井等。

(2) 按井内管线的不同而划分的井型主要有三种形式:定向井、丛式井、水平井,如图 3-4。

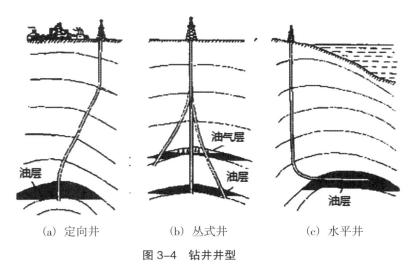

| (a) 定向井 | (b) 丛式井 | (c) 水平井 |

图 3-4 钻井井型

4. 钻井工艺过程

一口井从开始到完成,大致要经历钻前准备、钻进、固井和完井等工序。确定好井位,完成该井的设计之后,开始钻进前的准备工作是非常重要的,是钻井工程的最早一道工序,包括修公路、平井场及打水泥基础、钻井设备和井口及相应工具的准备等。

钻进是进行钻井生产取得进尺的唯一过程,是用足够的压力把钻头压到井底岩石上,使钻头牙齿吃入岩石中并旋转以破碎井底岩石的过程。

另外在钻进过程中,为了钻进得以顺利进行,每次开钻结束后也都需要固井和完井。所谓的固井与完井,是油气井生产前的最后一道工序。固井即是在已钻成的井眼内下入套管,而后在套管与井眼间的环形空间内注入水泥浆,将套管和地层固结成一体的工艺过程。完井是固井后，采用射孔枪发射子弹射穿套管、水泥环、油层，使油层和井筒连通。根据油藏性质的不同，可以采用裸眼、射孔、筛管、砾石充填等完井方法。

（三）石油开采

采油是把石油在油井中从井底举升到井口的整个过程的工艺技术。采油方法基本上可分为两大类：一类是依靠油藏本身的能量使原油喷到地面，叫作自喷采油；另一类是借助外界能量将原油采到地面，叫作人工举升采油或者机械采油。

1. 自喷采油

（1）自喷采油的流动过程。油井自喷生产，一般要经过四种流动过程（图3-5）：①油层渗流，即原油从油层流到井底的流动；②井筒流动，即从井底沿着井筒上升到井口的流动；③油嘴节流，即原油到井口之后通过油嘴的流动；④地面管线流动，即沿地面管线流到分离器、计量站。

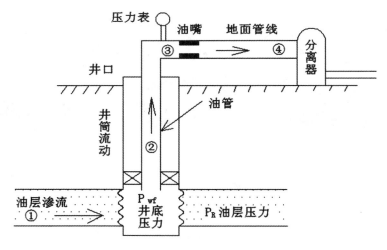

图 3-5　自喷油井生产的流动过程示意图

（2）自喷采油的基本设备。自喷采油的基本设备包括井口设备及地面流程主要设备等。①井口设备。井口设备包括套管头、油管头和采油树。套管头在整套井口装置的下端，其作用是连接井内各层套管并密封套管间的环形空间。油管头是装在套管头的上面，它包括油管悬挂器和套管四通。油管悬挂器的作用是悬挂油管管柱，密封油管和油层套管间的环形空间；套管四通的作用是正反循环洗井，观察套管压力以及通过油套环形空间进行各项作业。采油树是指油管头以上的部分。从井口整体设备外观采看，采油树是指总闸门以上的部分。

采油树包括：总闸门、生产闸门、清蜡阀门、节流装置，如图 3-6 所示，它的作用是控制和调节自喷井的生产，引导从井中喷出的油气进入出油管线。②地面流程主要设备。地面流程设备主要包括加热炉、油气分离器、高压离心泵，以及地面管线等。这一系列流程设备对其他采油方式也具有通用性。

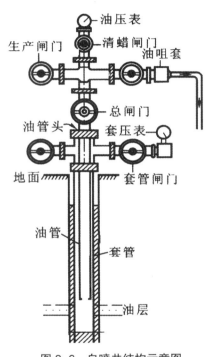

图 3-6 自喷井结构示意图

2. 人工举升

（1）气举采油。气举采油就是当油井停喷以后，为了使油井能够继续出油，利用高压压缩机人为地把天然气压入井下，从而使原油喷出地面。

气举采油基于 U 形管的原理，从油管与套管的环形空间，通过装在油管上的气举阀将天然气连续不断地注入油管内，使油管内的液体与注入的高压天然气混合，以降低液柱的密度，减少液柱对井底的回压，从而使油层与井底之间形成足够的生产压差，使油层内的原油不断地流入井底，并被举升到地面上。

气举采油必备的条件是：必须有单独的气层作为气源或可靠的天然气供气管供气；油田开发初期要建设高压压缩机站和高压供气管线，一次性投资大。

（2）有杆泵采油。有杆泵采油是世界石油工业传统的采油方式之一，也是迄今为止在采油过程中一直占主导地位的人工举升方式。有杆泵采油包括常规有杆泵采油和地面驱动螺杆泵采油，两者都是用抽油杆将地面动力传递给井下泵的，前者将抽油机悬点的往复运动通过抽油杆传递给井下柱塞泵，后者将井口驱动头的旋转运动通过抽油杆传递给井下螺杆泵。

①常规有杆泵采油。有杆泵采油由地面抽油机、井下抽油杆和抽油泵三部分组成。抽油泵由工作筒衬套、柱塞（空心的）、装在柱塞上的排出阀和装在工作筒下端的吸入阀组成。

抽油机是常规有杆泵采油的主要地面设备，如图 3-7 所示，按其基本结构可分为游梁式抽油机和无游梁式抽油机。

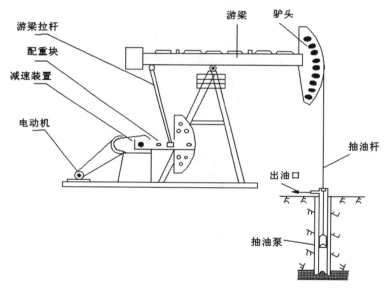

图 3-7　抽油机构成简图

②地面驱动螺杆泵采油。它的工作原理是：动力设备带动驱动头、抽油杆柱旋转，使螺杆泵转子随之一起转动，油层产出流体经螺杆泵下部吸入，由上端排出，实现增压，并沿油管柱向上流动。这种采油方法简便，实际使用时井下也不需要再装泄油装置。由于螺杆泵转子随抽油杆柱下入或起出，螺杆泵转子一旦脱离定子（泵筒），杆与套管之间便连通，于是起到了泄油的作用。该方法适用于产量不太大的中深井和油井。

③潜油电动离心泵采油。潜油电动离心泵采油与其他机械采油相比具有排量大、扬程范围广、生产压差大、井下工作寿命长、地面工艺设备简单等特点。当油井单井日产油量（或产量）100 m³ 以上时，多数都采用潜油电动离心泵采油。

④水力活塞泵、射流泵采油。水力活塞泵是利用地面高压泵将动力液（水或油）泵入井内的。井下泵由一组成对的往复式柱塞组成，其中一个柱塞被动力液驱动，从而带动另一个柱塞将井内液体升举到地面。水力活塞泵的优点是：扬程范围较大、起下泵操作简单，可用于斜井、定向井和稠油井采油；缺点是：地面泵站设备多、规模大。

3. 注水工程

通过注水井向油层注水补充能量，保持油层压力，是在依靠天然能量进行采油之后或油田开发早期为了提高采收率和采油速度而被广泛采用的一项重要的开发措施。

（1）注水技术。

①水质处理。水质处理是在专门的净化站进行的。水质处理过程分为沉淀、过滤、杀菌、脱氧、化验五个阶段。

②污水处理。地下油水采出后首先要进行脱水处理，使油水分离。分离后的水中仍含有大量的浮油和杂质，污水处理的主要任务就是去除这些油和杂质。一般污水处理的过程包括沉降、撇油、絮凝、浮选、过滤、加抑垢剂、加防腐剂和杀菌剂及添加其他化学药剂处理等。化验符合要求后，就可以回注油层了。

③注水井投注程序。注水井完钻后，一般要经历排液、洗井和试注之后才能转入正常注水。排液的目的在于清除进井地带油层内的堵塞物，在井底附近造成适当的低压带，为注水创造有利条件；同时还要采出部分弹性油量，以减少注水井排或注水井附近的能量损失，有利于注水井排拉成水线。洗井的目的是把井筒内的腐蚀物、杂质等杂物冲洗出来，避免油层被污物堵塞，影响注水。试注的目的在于确定能否将水注入油层并获得油层吸水启动压力和吸水指数等，以便根据配注水量选定注水压力。因此，在试注时要进行水井测试、求出注水压力和地层吸水能力。

④分层注水技术。在注水井笼统注水之后，与注水井相连通的高渗透层早已见水，见水层的压力和含水上升，从而干扰和影响了其他小层的出油，其结果是油井含水上升，产油量下降，给油田生产带来了不利的影响。为了改善这种状况，石油工作者创造出了一整套分层注水、油水井配产配注，以及注水井调整吸水剖面等工艺技术措施，极大地改善了注水油田开采的状况。

分层注水管柱由井下油管、封隔器和配水器组成。在多数情况下，分层注水将整个注水井段分为3~4级。

⑤注水井调剂。为了调整注水井的吸水剖面，提高注水井的波及系数，改

善水驱效果，常向地层中的高渗透层注入堵剂，当它凝固或膨胀后，可降低高渗层的渗透率，迫使注入水增加对低含水部位的驱油作用，这种工艺措施称为注水井调剂。

（2）注水地面系统。为保持地层能量，驱动原油，就要注入地层水以使地层有足够的压力。注水地面系统包括供水站、净水站、注水站（装有多级加压泵）、配水间、注水井、污水处理站等。从水源来的水首先要在净化站净化，净化过的水还要经注水站进行加压，然后再由配水间送往各注水井。从地下采出的污水也要经过污水处理站进行再处理，然后回注地层。

4. 油井增产措施

为了实现油田开发目标，在开发过程中往往需要采取一系列增产增注措施来提高油层岩石的渗透率，从而提高油井采收率、油井产量。水力压裂和酸化处理是油井增产的基本措施。水力压裂是用高压大排量泵通过井筒向地层挤注具有一定黏度的压裂液体，形成高压，使油层产生裂缝或使原有的裂缝张开，再加入支撑剂（石英砂），使支撑剂填塞在已形成的裂缝中，使油层的渗透率提高，油井增产。按要求配置的酸液从地面经井筒注入油层中称为酸化处理，酸化处理主要包括碳酸盐地层的盐酸处理和砂岩地层的土酸处理。

（四）石油集输

石油集输是将油田各油井生产的原油进行收集、分离、处理、计量和储存，并分别输送至矿场油库式外输油站和压气站。

石油集输包括集输管网设置、油井产物计量、气液分离、接转增压和油罐烃蒸气回收等，见图3-8。

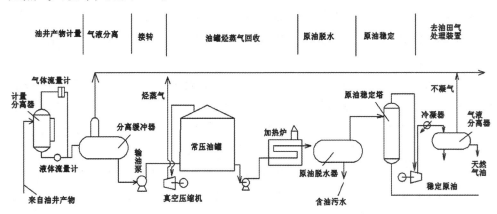

图3-8 油田油气技术工艺流程示意图

六、海洋石油开采

（一）海洋石油开采概况

世界海洋石油资源量占全球石油资源总量的 34%，全球海洋石油蕴藏量 1000 多亿吨，其中已探明的储量约为 380 亿吨。目前全球已有 100 多个国家在进行海上石油勘探，其中对深海进行勘探的有 50 多个国家。

2012 年世界海洋石油生产量达到了 2000 多万桶/日，预计 2015 海洋石油生产量占世界石油产量提高到 34%。世界海洋石油产量的增长速度是世界石油生产总量增速的 3 倍多，预计今后几年海洋石油生产仍将以更高的速率增长。

相比之下，陆上原油生产用了 60 年时间才达到 2500 万桶/日。与陆上原油生产不同的是，海洋石油生产没有经历大幅下降，这些年一直稳步发展，实际上，陆上原油生产在近 20 多年基本保持在一个水平上，海洋石油已经成为世界石油生产增长的主要来源。

深海石油的勘探开发是石油工业的一个重要的前沿阵地，与大陆架和陆上勘探钻井作业相比，深水作业的施工风险高、技术要求高、成本非常昂贵，因而资金风险也极高。始于 20 世纪 40 年代的海上石油工业用了近 30 年的时间实现了在 100 米深水区生产油气，又用了 20 多年达到近 2000 米深的海域，而最近 10 年油气生产已接触 3000 米深的水域。尤其在钻井、浮式生产系统和海底技术方面的改进和创新，大大降低了深水油气勘探开发的资本支出和作业支出。1998 年以来，深水油气勘探开发的平均资本费用呈下降趋势，每桶石油的资本支出已从 10 年前的 6 美元/桶下降到现在的不到 4 美元/桶。深水油气勘探开发项目的综合成本与浅水项目越来越接近。深水油气项目的开发周期（从发现到油气投产）越来越短，20 世纪 90 年代后期发现的油气田一般在 5~6 年内投入生产，而 10 年前至少需要 8 年时间。随着深水基础设施的不断完善，开发周期还可能进一步缩短。

我国 300 多万 km² 的领海是环太平洋油气带主要分布区之一，在海岸带和浅海大陆架上蕴藏着丰富的油气资源。我国近海已发现的大型含油气盆地有 10 个，已探明的各种类型的储油构造 400 多个。根据科学家估算，我国的海底石油资源储量约占全国石油资源储量的 10%~14%，另据中国地质调查局介绍，通过新一轮海洋地质调查并结合我国以往油气资源勘探成果，我国管辖海域又圈定 38 个沉积盆地，经综合评价计算共有油气资源量 351 亿~404 亿 t 石油当量，其中近海海域 11 个沉积盆地油气资源量可达 213 亿~245 亿 t 石油当量。而且各个大海区不断有新的油气田发现，中国海洋油气资源具有良好的开发远景。

但是我国技术水平有待提高，与国际海洋油气开采技术的高科技化相比，我国油气勘探和开发仅限于近海水域，开发规模小，深海开采技术相对落后，海洋油气开发规模较小，竞争能力弱。

海洋油气污染越来越重。石油、天然气及其制品从海洋油气区溢出会对海洋生态系统造成严重污染。保护生态环境，解决油气污染问题成为影响海洋油气生产的一个重要因素。

（二）海洋石油开采技术与工艺

我国大陆架含油气盆地基本上都在 300 米水深以内的海域，因此，只要掌握了目前发达国家的钻井平台制造技术，就可以满足近海石油开发的要求。据一些专家的看法，我国目前的钻井平台制造技术，相当于世界 70 年代初的水平，海上采油技术则刚刚起步。因此，在今后的几十年内，即在开发近海大陆架油气田期间，我国不需要发展深海区的石油开采技术。

但是，在上述适用于浅海的平台技术领域中，也将有一些先进的技术问世。目前，日本、美国等发达国家正在努力提高这方面的技术水平。其中主要的项目有：①发展机械化、自动化钻探作业技术，缩短作业时间，提高经济效益；②在钻机装置的自动化方面广泛应用机电一体化和情报处理技术；③在平台检查、维修用的潜水器控制和通信方面采用与计算机有关的新技术；④发展测量和通信系统，提高平台拖航、系留和安装作业、应力调节以及控制的精度和可靠性；⑤用于小型油田开发的浮式平台，其形式多样化，并可能建造更多技术先进、经济效益好的有储油能力的驳船型平台；⑥水下电缆将广泛采用光纤维。

开采技术和工艺的重大改进有利于提高海洋石油开发的经济效益。我国海上油气田面积大，需要建设许多钢质或混凝土开采平台，因而每一项新技术的推广都会带来重大经济效益。在对外合作中，如果我国的平台建造技术或工艺落后，就难于在竞争中中标，因而大量购买平台设备的资金将流向外国。为此，我国的机械、造船、石油、电子等有关行业，应合作发展我国的平台制造技术，并首先解决替代进口问题。

我国发展海洋石油开采技术，首先要针对我国近海的特点，发展各种适用技术，以满足我国自己开发近海石油的需要。

我国近海油田也有许多特点，必须针对这些特点发展相应的技术。例如：①我国各海域，特别是南海和东海，夏季台风频繁，风大浪高，要求石油平台具有抗台风能力，以避免"爪哇海"号一类的翻沉事故；②我国渤海和黄海北部冬季结冰，曾经发生过流冰冲坏石油平台事故，因此必须发展预防冰害的技术；③我国的渤海沿岸，包括渤海湾、莱州湾、辽东湾的沿岸，是极浅海区，这里有丰富的油气资源；为了开发这些海岸带地区的油气资源，必须发展极浅海的平台技术；④在北部湾海域及其他海域，有一些小型边际油田，使用常规技术难于获得应有的经济效益，因而也必须发展适用的技术和方法。

（三）海洋石油的输送

海上油田生产的石油和天然气，要输往消费地点，一种是用船舶运输，另一种是利用管线输送。对于产量比较大的油气田，使用管线输送油气经济效果最好。因此，随着海洋油气资源开发事业的发展，管道铺设技术也慢慢发展起来。这种技术的核心设备是铺管驳船。自 20 世纪 40 年代至今，海上铺管驳船技术已发展到可以在 190 米水深的水域作业。

七、石油开采与环境

（一）对环境的污染

石油开采需占用、浪费大量的土地资源。采油的钻台、设备，占地是自身设备的几十倍，对土地的毁坏是不可逆的。石油开采能造成地下水位降低，导致水质变差，进而对动植物及人类造成伤害。石油开采会导致山体滑坡、地震的可能性大大增加，从而使地面建筑倒塌的危险大大增加。

石油开采过程对环境造成了一定的影响，而且不同工艺和不同开发阶段，其排放的污染物及构成是不尽相同的。油田勘探开发过程中污染源的总体构成如图 3-9。

（二）石油勘探开发过程中的污染源和污染物及防治措施

1. 物探过程中的污染源和污染物及防治

在油气田地球物理勘探开发过程中，产生的污染较少，主要是破坏地表、影响动植物、产生废弃物及噪声等。

物探过程污染物防治主要包括 5 个方面的内容：减少垃圾的产生、及时回收和再利用；制定严格的生活管理制度；合理施工，尽量保护环境及施工结束后及时清理场地和垃圾等。

2. 钻井过程中的污染源分析及控制

钻井过程中产生大量固体废物、废水、废气，对周围的生态环境造成一定

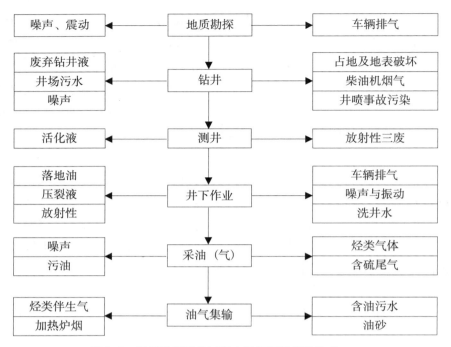

图 3-9 油田勘探开发过程中污染源的总体构成

的危害。

（1）废水污染及控制。钻井过程中产生冲洗水、钻井液废水、岩屑废水等，这些废水通常含有钻井废水中的 COD（化学需氧量）（主要来自各种钻井液处理剂和表面活性剂）、井场油污等。

控制钻井过程的水污染具体做法有：减少废水产量；进行清污分流；防漏；合理选用钻井液及钻井液的回用；改革生产工艺等。

（2）废气污染分析及控制。发动机、锅炉等排出的污染物主要是 SO_2、CO、CO_2、烃类、NO_x。减少柴油机废气污染的措施包括：柴油机功率及台数应与钻机匹配；搞好柴油机维修保养，使柴油机始终保持良好的工作状态；根据季节不同，使用不同标号的油料；精心操作，保证柴油机平稳运行。

（3）固体废物污染源分析及控制。固体废物污染源主要是钻井作业粉尘、含有高 pH 值和盐类及少量毒性的钻井液、钻屑及垃圾。

减轻和预防粉尘的方法有：减少散失；多用罐装，少用袋装；运输中减少扬尘；施工中，避免水泥漏失。

钻井液污染的控制措施：使用无毒、低毒污染钻井液；采用闭合钻井液循环系统；钻井液的再循环利用；合理进行钻井设计；提高钻井液抑制能力；搞好固井；提高钻井液固相控制效率。

对于钻进过程中钻头切削地层岩石而产生的钻屑，最后被排入井场岩屑池中。钻屑加入适当添加剂后可制成建筑材料（如砖等），稍作处理后，可用来铺路、填坑或用于造田。

井队生活垃圾，一般是焚烧处理或填埋处理。

（4）噪声源分析及污染控制。钻井过程的噪声污染主要来自钻井机械设备，如柴油机钻机等。

钻井噪声的污染控制措施有：①柴油机房、发电机房采用特殊的减振、隔声措施或安装隔音棚；②柴油机安装消声装置或减噪设施；③平稳操作，避免特种作业时产生非正常噪声。

此外，一些突发事故如井喷等对环境造成很大的影响。主要通过严格施工，严谨操作来减少事故的发生。

3. 测井过程中的污染源分析及控制

测井过程中主要是辐射物质的放射污染。对此，定期对辐射源及源库进行辐射监测；优先选择半衰期短、中低毒性的同位素；生产前严格检查各设备及相应物品，生产时谨慎操作（防止同位素泼、洒、溅、漏及被盗丢失），生产后及时合理处理相应物品。

4. 采油过程污染和防治

采油过程中主要有采油污水、落地原油及油泥、废气（包括燃料废气和工艺废气）、噪声（主要是机械噪声）。

采油过程通过下列控制措施来防治：

目前各采油厂的采油废水基本上进行集中调度，先回注地层，当不能回注地层时，再进行外排。对含油污水的治理，主要是回注水处理和外排水处理。对于落地原油的处理常采用回收利用。油泥沙既是生产中的废物，又是可用的二次资源，对这些油泥沙进行有组织的收集，并开发研究出适当的方法将其回收利用，不仅能回收大量的能源和减轻污染，而且将产生更大的经济效益。

废气的防治包括燃料燃烧废气和工艺废气两种。对于工艺废气的污染控制措施，各油田目前采用的是密闭集输工艺、原油稳定工艺和天然气回收轻烃。燃料燃烧废气是油田工业废气的主要来源，而采油生产过程往往又是燃料燃烧废气的主要来源。所以，加强这部分废气污染源的管理与控制，对油田大气污染的管理与控制具有举足轻重的作用。首先应加强监测工作，定期检查各类锅炉烟尘和烟气的排放情况，其次，要实行规范操作，提高各种燃料及燃料器的燃烧效率，做到既节约资源，又减少废气排放。

采油噪声的控制主要通过以下几种途径来实现：①选用变频设备，如变频节能泵、变频节能柜等，从源头控制噪声的产生。②通过对现场进行科学规划、合理布局来降低噪声，减轻对人体的危害。③对泵站等噪声源所在地，采取安装吸音隔声设施或对设备安装消声器来减少噪声危害。

关于油气集输与环境之间的关系在下文中提到，在此不再赘述。

第三节　天然气开采工程

所谓的天然气是指自然生成、在一定压力下蕴藏于地下岩层孔隙或裂缝中、多组分、以烷烃为主的混合气体，从广义上讲，天然气可以说是气态的石油。包括油田气、气田气、煤层气、泥火山气和生物生成气等。主要成分为甲烷，通常占 85%~95%；其次为乙烷、丙烷、丁烷等；再次含有非烃气常为 N_2、CO_2、CO、H_2S、H_2 及微量惰性气体（表 3-1）。主要成分甲烷是一种无色、无毒、无腐蚀性的可燃气体。天然气的密度比空气轻，当发生外泄时，只要外泄空间不密闭，泄漏出的天然气会很快在空气中散发掉。与煤炭、石油等能源相比，天然气在燃烧过程中产生的能影响人类健康的物质极少，产生的 CO_2 仅为煤的 40%左右，产生的 SO_2 也很少。天然气燃烧后无废渣、废水产生，具有使用安全、热值高、洁净等优势。

表 3-1　我国某些天然气的组成

油田名称		天然气组成，%（体积）										
		甲烷	乙烷	丙烷	正丁烷	异丁烷	正戊烷	异戊烷	己烷	二氧化碳	硫化氢	氮	其他
大庆油田	1	79.75	1.9	7.6	5.62								5.13
	2	91.3	1.96	1.34	0.90					0.2		0.38	3.92
胜利油田	伴生气	86.6	4.2	3.5	1.9	0.7	0.5	0.6	0.3	0.6		1.10	1.1
	气井气	90.7	2.6	2.8	0.1	0.6	0.5	0.5	0.2	1.3		0.7	
	气井气	97.7	0.1	0.5	0.2	0.1	0.1	0.1	0.1				
大港油田		76.29	11.0	6.0	4.0					1.36		0.71	0.64
台湾铁砧山		88.14	5.97	1.95	0.36	0.43	0.09	0.15	0.14	2.26			0.51

一、我国天然气的资源及分布

中国沉积岩分布面积广，陆相盆地多，形成优越的多种天然气储藏的地质条件。据专家预测，我国天然气资源总量可达 40~60 多万亿立方米。截至 2008 年年底，我国已探明天然气地质储量 63.36 亿立方米，可采储量为 38.69 亿立方米，资源探明率仅为 11.34%，尚有待探明资源量近 50 万亿立方米，勘探潜力巨大；天然气分布相对集中，主要分布在陆上西部的塔里木、鄂尔多斯、四川、柴达木、准噶尔盆地，东部的松辽、渤海湾盆地，以及东部近海海域的渤海、东海和莺—琼盆地，如图 3-10 所示。2011 年我国天然气产量继续增加，首次突破 1000 亿立方米，2012 年达到 1067 亿立方米，比 2011 年增长了 6.5%。

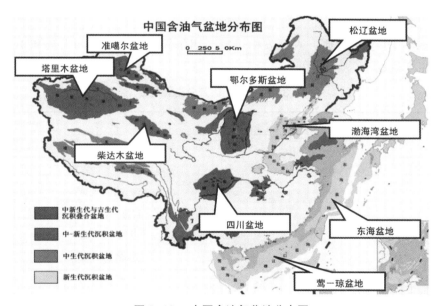

图 3-10　中国含油气盆地分布图

二、天然气的分类

按矿藏特点分为纯气藏天然气、凝析气藏天然气和油田伴生天然气三种。按采出的相态分为干气和湿气两种。按丙烷及以上烃类含量分为贫气和富气两种。按酸性气体含量分为酸性天然气和洁气等。

三、气藏类型

气藏的分类从指标性质上可分为勘探、开发和经济三个系列，常用的有圈闭等九种因素，其中从生产实践和理论分析主要有六种，即圈闭、储层、驱动、压力、相态、组分。其中储层和驱动是主因素，在各类气藏开发中起重要作用，其他因素则决定了气藏某一方面的特性，可视为特征因素。

1. 圈闭因素

按圈闭类型划分气藏通常有构造、岩性、地层、水动力四种基本类型，其中除水动力圈闭外，其他在我国均存在。我国碳酸盐岩气藏中有一定数量的裂缝性气藏，这种气藏以裂缝系统为储集空间，其封闭作用取决于裂缝的延展范围。无论在储渗特点、生产动态或汽水分布上均有其特殊性，因此可以作为一种基本类型列入。

根据简单实用原则，在开发中可按圈闭条件将气藏分为四大类和 10 个亚类，如表 3-2。

表 3-2　按圈闭因素分类的气藏

类	亚类
构造气藏	背斜气藏
	断块气藏
	透镜体气藏
岩性气藏	岩性封闭气藏
	生物礁气藏
	不整合气藏
地层气藏	古潜山气藏
	古岩溶气藏
裂缝气藏	多裂缝系统气藏
	单裂缝系统气藏

2. 储层因素

按储层岩类划分。从我国目前已探明气藏储层岩性看，区分为砂岩和碳酸盐岩类，二者在储渗特征、驱替方式、开采原则等方面均有较明显的差异。在分类中将储层形态考虑在内可分为两类四个亚类，即即砂岩气藏（块状砂岩气藏、层状砂岩气藏）、碳酸盐岩气藏（块状碳酸盐岩气藏、层状碳酸盐岩气藏）。

3. 按相态因素分类

按天然气藏地层条件下的压力—温度相态可分为干气藏、湿气藏、凝析气藏、水溶性气藏、水化物气藏五类。

4. 按驱动因素分类

气藏按驱动方式可分为三类：气驱气藏、弹性水驱气藏、刚性水驱气藏。

5. 按天然气组分因素分类

天然气可按影响天然气组成性质的组分多少进行划分：含酸性气体气藏（含硫化氢、二氧化碳气藏）、含氮气气藏、含氦气藏（将天然气组分中含氦量达到 0.1% 及以上者称为含氦气藏）等。

6. 依据原始地层压力分类

凡气藏原始地层压力在 30 MPa 以上者，称高压气藏；小于 30 MPa 者称常压气藏。

当单个因素（或指标）不足以反映气藏主要开发特征时，为反映影响气藏开发的主要特点，用两种以上因素（或指标）对气藏进行的组合命名、分类称为组合分类。其中储层、驱动因素称为主因素，其他因素称为特征因素。

在只用单因素即可表明气藏某一方面特征时，可用单因素进行分类。当一种因素内包含两种以上指标时，各指标间可互相组合，以全面表述气藏该方面的特征，主要有二元结构组合、三元结构组合、多元结构组合。使用何种组合方式，主要取决于影响气藏开发的因素多少及开采难易程度，也取决于工作及文件编写的需要。

我国大中型气藏以构造气藏为主，碎屑岩储层储量多于碳酸盐岩储层储量，储渗空间以孔隙型和裂缝–孔隙型为主，以不活跃水驱气藏（Ⅰ类）和无水弹性气驱气藏（Ⅱ类）为主，干气气藏储量明显多于凝析气藏和湿气气藏储量，气藏压力以正常压力为主，未开发和试采气田储量占相当大比例，大型和特大型气藏储量具有一定规模，中渗中产级别以上气田数量及储量均占有相当大的比例。

四、天然气的开采

（一）气藏驱动方式

通常用的气藏开采方式主要有气压驱动和弹性水驱，如图 3-11 所示。

（a）气驱气藏 　　　　　　　（b）弹性水驱气藏

图 3-11　气藏驱动开采示意图

一般气藏的压力比较高，采收率也比较高，并且往往以自喷采气为主。气井一般采用油管生产方式，当天然气流动到井口后，通过井口装置和采气树采至地面。采气树是在油管头上，由四通（或三通）、高压闸门、高压针型阀组成的一套总成，其作用是开关气井、控制气井产量和压力的大小、测量井口压力等，它也是下井底压力计、实施气井动态监测的入口。

按照不同的地质特点和开采特征（如压力、产量、产油气水和气质情况等），可以把常规气藏气井开采划分为无水气藏气井、有水气藏气井、低压气藏气井开采。

（二）气井的开采

1. 无水气藏气井的开采

无水气藏是指气层中无边底水和层间水的气藏。这类气藏的驱动主要靠天然气弹性能量，进行消耗方式即弹性水驱方式开采。在开采过程中，除产少量凝折水外，气井基本上产纯气。具有如下开采特征：

（1）气井的阶段开采明显。主要分为四个阶段（图 3-12）：产量上升阶段、稳产阶段、产量递减阶段和低压小产阶段。前三个生产阶段为一般纯气井开采所常见，而第四个阶段在裂缝孔隙型气藏中表现得特别明显。

（2）气井有合理产量。气驱气藏是靠天然气的弹性能量进行开采的，因此充分利用气藏的自然能量是合理开发好气藏的关键。

（3）气井稳产期和递减期的产量、压力能够进行预测。

（4）采气速度只影响气藏稳产期的长短期，而不影响最终采收率。

2. 有边水、底水气藏气井的开采

这种活跃边水、底水存在的气藏，如果开采措施不当，边水或底水会过早侵入气井使气井早期出水，这不仅会严重加快气井的产量递减，而且会降低气

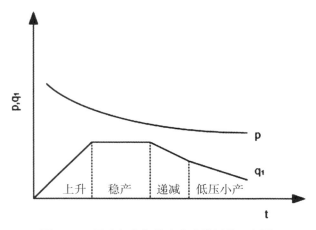

图 3-12 无水气藏气井生产阶段划分示意图

藏的采收率。

气井出水的早晚主要受四个因素影响：一是井底距原始气水界面的距离。二是气井生产压差。三是气层渗透性及气层孔缝结构。四是边底水水体的能量与活跃程度。

出水的形式不一样，其相应的治水措施也不相同，根据出水的地质条件不同，采取的相应措施归纳起来有控水、堵水、排水采气三个方面。

3. 低压气藏气井的开采

气藏气井的开发和开采是衰竭式开采，因此，随着天然气的不断采出，气井压力将逐渐降低。在气藏开采的中、后期能量消耗较多，气藏处于低压开采阶段。

对这类处于低压条件下开采的气田或气井，应采取一些有效措施，使其恢复正常生产和正常输气。目前常采用以下几种工艺措施：高、低压分输工艺；使用天然气喷射器开采；建立压缩机站，通过区块集中增压或者单井分散增压采气；负压采气工艺技术。

五、海洋天然气开采

（一）国内外海洋天然气开采的概况

陆地上的油气资源已远远满足不了人类对能源的追求，人类慢慢把目光由陆地转向海洋。海洋覆盖了地球表面的 71%，其海底储存了大量的天然气。截至 2010 年统计，人类已探明的天然气可采储量为 $1.8876 \times 10^{14} \mathrm{m}^3$，储采比约 60

年，已探明的海洋天然气可采储量仅为 $0.4 \times 10^{14} m^3$，占可采储量的 21.3%。2010 年全球海洋的天然气生产总量约为 $1.8 \times 10^{12} m^3$。

目前世界海洋天然气生产主要集中的国家有美国、英国、挪威、丹麦、马来西亚和荷兰等。中国是天然气地下储量最丰富的国家之一，世界排名占第 8 至第 9 名，根据国家资源部、国家发改委联合组织的第三次石油天然气资源调查初步结果表明，中国海洋天然气总储量为 $1.579 \times 10^{13} m^3$，占到天然气总量的 29%。至 2010 年已探明的海洋天然气可开采储量为 $0.57 \times 10^{12} m^3$，仅占已探明可开采天然气总量的 16.6%。最新统计 2010 年中国生产天然气总量为 $9.448 \times 10^{10} m^3$，其中来自海洋天然气产量仅为 $1.220 \times 10^{10} m^3$。

中国近海天然气资源主要分布在南海北部大陆架西区、东海西湖凹陷及渤海海域。目前已经发现了莺歌海盆地、琼东南盆地、东海盆地西湖凹陷、渤海湾盆地中凹陷、珠江口盆地文昌 A 凹陷等五个含气区。中国深海天然气资源主要集中在南中国海。

从上面的一系列数据表明，海洋天然气的勘探、开发和利用任重道远，尤其在中国，为保证天然气的可持续开采，加大勘探力度，尽早发现其他可开采储量刻不容缓。另外，海洋天然气生产量也很低，至 2010 年也只占总量的 12.7%，所以提高海洋天然气生产能力也是当务之急。

（二）海洋天然气勘探技术

前面提到世界已探明的海洋天然气储量仅占海洋天然气总储量的 28.6%，中国更少，只占 3.6%，大量的未发现的天然气等待着我们去勘探、开发和利用，如南海，与南海 $2 \times 10^6 km^2$ 水域面积相比，中国油气勘探队只考察了 $1.6 \times 10^5 km^2$ 的海域面积，其他大量海域面积仍无涉足。海洋天然气的勘探与陆地天然气勘探相比，主要有以下几个特点：虽然在勘探方法上，陆地上的油气勘探方法与技术在海洋油气勘探中都是适用的，但是受恶劣的海洋自然地理环境和海水物理化学性质的影响，许多勘探方法与技术受到了限制。目前海洋油气勘探一般分两个阶段，第一阶段为初步勘探阶段，包括盆地评价、区块评价与圈闭评价、发现油气藏等。可以用非地震方式，如海洋遥感光学仪器、海洋重力仪、核子旋进磁力仪、海洋电法勘探仪等，进一步对海底沉积物做地球化学分析。最后用地震方法，埋设震源，现在普遍使用非炸药震源，如气枪震源和电火花震源等，采用建模技术、高效可控震源采集技术、四维地震采集技术、高密度与大排列采集技术等进行层析成像分析、多波多分量处理分析、全三维属性体解释及多学科一体化统合研究，进行勘探海底的油气藏分布发现油气田。

第二阶段为进一步勘探阶段，主要通过进一步的钻探工作，扩大含油气面积，并计算油气田的探明储量，进行评估决定是否有商业开采价值。

在钻井工程上，海上钻井工程设备的结构要复杂得多，并且必须使用钻井平台。而且钻井过程要考虑风浪、潮汐、海流、海水、海啸、风暴潮、海岸泥沙运动等的影响，还要考虑海洋的水深、海上搬迁拖航等因素的影响，在系统配制、可靠性、自动化程度等方面都比陆地上钻机要求更苛刻，所以勘探投资大幅增加，一般是陆地勘探投资的3~5倍。虽然说投资高，但由于交通运输方便，海洋油气勘探具有极高的工作效率，勘探准确率较高。

海洋天然气勘探必须向深海方向进军。一般认为水深在400 m以内，为浅海常规水深作业，在400~1500 m水深为深海水域作业，大于1500 m则称为超深水作业。首先深海天然气资源很丰富，未来油气储量的40%将可能在海洋深水被发现，据统计在2001~2010年全世界投入的海洋油气开发项目中，水深大于500 m的就占了50%，水深大于1200 m的超深水项目达到25%。深海天然气的勘探与开发存在"四高"特点，即高新技术、高风险、高技术和高回报。我国在深海天然气开发方面远落后于美国、英国、法国、俄罗斯、荷兰、挪威等海洋科技发达国家，特别在整体技术上有较大差距，但个别或部分技术却已崭露头角，达到了国际先进水平。

未来深海天然气勘探开发的发展方向主要表现在4个方面：①测井采集向阵列化和集成化发展。变单点测量为阵列测量，以适应复杂储层非均质的需要；变分散项目的测量为高精度组合测量，以适合质量和效率的需要。②随钻和套管井电阻率测井系列不断完善，应用范围不断增加，以适应复杂井况探井和老井测井评价的需求。③测井评价从目前的单井解释和多井评价，发展为以测井为主导的地质认识约束下的具有多学科结合特征的油气藏测井评价技术，为油气勘探开发提供重要保障。④以Internet为依托的网络测井采集和评价技术将会发展，以解决复杂井的快速评价。

（三）海洋天然气生产技术

目前制约海洋天然气开采进程的关键技术有高压高温酸性气藏开采技术、天然气地面集输技术、天然气井测试系统、气井排液采气技术等。淘汰常规排液采气工艺，而采用非常规排液采气工艺将成为今后天然气开采作业中的主要排液主式。未来采气工程技术装备将面临新的挑战，人工举升朝着深井、高压、长冲程、低冲次、高寿命和适应低渗低产井经济开采方向发展；完井技术向智能化、自动化、集成化方向发展，实现实时监测油气藏和井筒数据；油气井设计向集成系统发展；油气井控制从地面控制、干扰作业向井下智能控制、无干扰作业发展；注水向实时监测和控制方向发展；天然气开发向耐高温、耐高压、耐腐蚀、长寿命、高可靠性、智能化方向发展；大力推广不压井作业，可采用连续管作业机实施；海洋天然气开采主要发展趋势是深水化、大型化、设计更优化、配套更先进；数这；数字化油气田的关键技术即遥测技术、可视化技术、智能钻井技术等待突破，急需转变开采方式；水平井作为转变增长方式的主体技术，开采技术配套急需攻关；套损井比例居高不下，修复技术难度增大；海上气田相继投入开发，采气工程技术准备不足。

（四）海洋天然气对环境造成的影响

海洋天然气固然给人类带来了更多的能源，但它也会对全球气候和生态环境甚至人类的生存环境造成严重的威胁。地球大气层的温室效应造成的异常气候（全球变暖）和海面上升可能正威胁着人类的生存，而甲烷气的温室效应为二氧化碳气温室效应的 20 倍，大量的甲烷气如果释放，将对全球环境产生巨大的影响。另外，固结在海底沉积物中的水合物，一旦条件发生变化，释出甲烷气，将会明显改变海底沉积物的物理性质。其后果是降低海底沉积物的工程力学特性，引发大规模的海底滑坡，毁坏一些海底的重要工程设施，如海底输电或通信电缆、海洋石油钻井平台等。水合物的崩解造成海底滑坡，而海底滑坡又进一步激发水合物的崩解，如此连锁反应，将造成雪崩式的大规模海底滑坡，并使大量的甲烷气逸散到大气中去，造成极大的灾难与经济损失。

六、油气开采安全工程

油气开采过程中也出现过一些"井喷"等安全事故，使得人员的生命及国家财产、公共安全受到严重损害，也对社会造成了恐慌和心理压力，所以油气开采过程中的安全问题尤为重要。

（一）影响安全的因素

针对油气开采的安全，需进行国内外事故资料及现场调研，对事故计算机、环境和现场进行模拟，从而分析事故，从而对事故危险性分级，进行油气田开发安全规划技术研究和应急管理、安全生产监管机制方面的研究。

油气开采过程中影响安全的两个因素主要包括：

（1）自然因素。许多油气开采处于地质复杂的地段，地形起伏大且纵横跨度大，山体基岩破碎，一旦自然条件成熟，如地震、山体滑坡或泥石流，就会对工程整体结构造成冲击。此外，我国许多地区尤其是川渝地区的天然气田，天然气含硫量高，容易对地下井架结构进行腐蚀，使得井架承载压力的能力逐渐降低，承载压力的能力下降到一定程度后就会出现井身倒塌、管道破损，继而发生事故。

（2）人为因素。人为操作失误也是油气开采发生事故的重要原因之一，在作业过程中工作人员未按规章制度操作，疏忽大意，技术不过关等都为事故埋下隐患。发生事故后，其影响程度大小直接与当地的应急管理能力、当地居民的安全意识以及工作人员的救灾行动能力等因素息息相关。

（二）安全工程相应措施

（1）注重油气开采选址。油气开采选址不仅要考虑当地的自然环境，还需要考虑社会环境。自然环境上，要选择适合油气开采的、地层条件稳定的地区，此外，其地形地貌、气象气候条件，以及水文、土壤植被分布等也都需要纳入到参考因素中；社会环境上，需要对当地的人口分布、人口密度、居住区环境，以及当地的经济发展状况、经济结构等进行细致的调查。结合自然环境和社会环境各因素，最终根据开采本身的需要选择一个较适宜的地址进行作业。

（2）改进开采的技术和设备。油气开采是一项专业性强、难度大的工程，技术的好坏不仅影响油气开采是否能顺利实施并创造经济价值，还影响工程建设过程中是否会构成安全隐患，是否会造成重大灾害事故。此外，设备也是需要考虑的重要因素之一，好的工程设备可以抵御外界恶劣环境的破坏，设备的选择需要考虑生产强度、天然气成分等因素，好的开采设备不仅能够在高负荷的工作强度下正常工作，还可以承载高压，抵抗酸性腐蚀。

（3）加强管理与协调能力。管理松懈、组织协调能力不够也是导致油气开采发生事故的重要原因之一，近年来我国许多油气开采事故都与管理及协调的缺乏有关。油气开采程序复杂，要求工作人员时刻保持警惕，时时把安全意识放在心上，然而，许多地方的油气田地面工程中不注重对工作人员的管理，技术监督和考察体制缺失或不健全。油气田地面工程管理部门应该将安全意识和技术管理放在首位，严格监督工作人员的技术操作，加强工作人员的技术学习和深造，上下协调，管理透彻严明，一旦发现安全隐患，应该及时处理并进行原因分析。

（4）加强与当地政府的沟通。油气田地面工程直属上级油气田企业，与当地政府形成管理上的脱节，油气开采一旦发生事故，不仅影响当地正常的生活、生产秩序，还需要当地政府和人民的大力支持。油气开采建设单位需要与当地政府加强沟通，保持密切联系，协同管理、互助合作。

（5）加强对当地居民的安全教育宣传。油气开采一旦发生事故，其危害蔓延速度之快让人无法及时应对。相关部门平时应该加强对当地居民的相关知识教育，尤其是防火救火教育和防止硫化氢侵害的教育，让大家认识到油气开采的特点和危害性，平时加强与当地居民的沟通和谈话，主动给当地居民购置防火、防硫化氢用品，并建立有效的预警机制。

（6）完善当地基础设施建设。油气开采一旦发生重大事故，当地居民需要紧急疏散，外界救援设备和人员需要第一时间到达，但我国许多天然气井附近的交通设施陈旧、电信设备落后，无法满足需要，给应急管理工作的展开增加了难度。油气田应该主动承担起社会责任，完善当地基础设施建设，不仅为应急管理的开展提供保障，而且还可以方便当地居民，满足其日常生活和工作的需要。

七、天然气开采与环境

天然气在开采阶段与石油相比要对环境影响小一些，主要表现在对土地或农田的占用、废气废水及废渣的排放。

为合理开发石油天然气资源，防止环境污染和生态破坏，加强环境风险防范，我国于2012年颁布了《石油天然气开采业污染防治技术政策》。它要求，到2015年年末，行业新、改、扩建项目均采用清洁生产工艺和技术；工业废水回用率达到90%以上。同时，油气田的工业固体废物资源化及无害化处理处置率要达到100%，还要遏制重大、杜绝特别重大环境污染和生态破坏事故，逐步实现对行业排放的烃类污染物进行总量控制。主要采取的减少环境污染的措施包括以下几个方面：

（一）清洁生产

油气田建设应总体规划，优化布局，整体开发，减少占地和油气损失，实现油气和废物的集中收集、处理处置。油气田开发不使用含有国际公约禁用化学物质的油气田化学剂，逐步淘汰微毒及以上油气田化学剂，鼓励使用无毒油气田化学剂。在油气勘探过程中，宜使用环保型炸药和可控震源，应采取防渗等措施预防燃料泄漏对环境的污染。在钻井过程中，鼓励采用环境友好的钻井液体系；配备完善的固控设备，钻井液循环率达到95%以上；钻井过程产生的废水应回用。在井下作业过程中，酸化液和压裂液宜集中配制，酸化残液、压裂残液和返排液应回收利用或进行无害化处置，压裂放喷返入罐率应达到100%。酸化、压裂作业和试油（气）过程应采取防喷、地面管线防刺、防漏、防溢等措施。在开发过程中，适宜注水开采的油气田，应将采出水处理满足标准后回注；对于稠油注汽开采，鼓励采出水处理后回用于注汽锅炉。

（二）生态保护

油气田建设在保证安全生产的前提下也要保证减少废物产生和占地。在油气勘探过程中，应根据工区测线布设，合理规划行车线路和爆炸点，避让环境敏感区和环境敏感时间。对爆点地表应立即进行恢复。在测井过程中，鼓励应用核磁共振测井技术，减少生态破坏；运输测井放射源车辆应加装定位系统。在开发过程中，伴生气应回收利用，减少温室气体排放，不具备回收利用条件的，应充分燃烧，伴生气回收利用率应达到 80% 以上；站场放空天然气应充分燃烧。燃烧放空设施应避开鸟类迁徙通道。在油气开发过程中，应采取措施减轻生态影响并及时用适地植物进行植被恢复。井场周围应设置围堤或井界沟。应设立地下水水质监测井，加强对油气田地下水水质的监控，防止回注过程对地下水造成污染。位于湿地自然保护区和鸟类迁徙通道上的油田、油井，若有较大的生态影响，应将电线、采油管线在地下敷设。在油田作业区，应采取措施，保护零散自然湿地。

天然气开采过程中要及时进行废气处理。废气处理（又称废气净化）就是废气在对外排放前进行预处理，以达到国家废气对外排放标准的工作。一般废气处理包括有机废气处理、粉尘废气处理、酸碱废气处理、异味废气处理和空气杀菌消毒净化等方面。

最后，油气田退役前应进行环境影响后评价，油气田企业应按照后评价要求进行生态恢复。对受到油污染的土壤宜采取生物或物化方法进行修复。

第四节　水能开发工程

一、中国水能资源储量、分布及特点

2005 年复查结果表明，我国大陆水力资源理论蕴藏量在 1 万千瓦及以上的河流共 3886 条，水力资源理论蕴藏量年电量为 60829 亿千瓦时，平均功率为 69440 万千瓦；技术可开发装机容量 54164 万千瓦，年发电量 24740 亿千瓦时；

经济可开发装机容量 40180 万千瓦，年发电量 17534 亿千瓦时。按技术可开发量计算，至今仅开发利用 20%。

表 3-3 我国水能资源概况

主要指标	2005 年复查	1980 年普查
理论蕴藏量装机（亿 kW）	6.94	6.76
理论蕴藏电量（亿 kW）	6.08	5.92
技术可开发装机（亿 kW）	5.42	3.78
技术可开发电量（万亿 kW·h）	2.47	1.92
经济可开发装机（亿 kW）	4.02	—
经济可开发电量（万亿 kW·h）	1.75	—

水能资源蕴藏量是通过河流多年平均流量和全部落差经逐段计算的水能资源理论平均出力。一个国家水能资源蕴藏量之大小，与其国土面积、河川径流量和地形高差有关。我国国土面积小于俄罗斯、加拿大和美国，年径流总量又小于俄罗斯、巴西、加拿大和美国。中国水能蕴藏量之所以能超过这些国家而居世界首位，其决定性因素，在于中国地形高低悬殊，河流落差巨大。

全国水能蕴藏量，划分为十个流域（片）统计，如表 3-4 所示。

表 3-4 全国各流域水能蕴藏量

流域	理论出力（万 kW）	年发电量（亿 kWh）
长江	26 801.77	23 478.4
黄河	4 054.8	3 552
珠江	3 348.37	2 933.2
海滦河	294.4	257.9
淮河	144.96	127
东北诸河	1 530.6	1 340.8
东南沿海诸河	2 066.78	1 810.5
西南国际诸河	9 690.15	8 488.6
雅鲁藏布江及西藏其他河流	15 974.33	13 993.5
北方内陆及新疆诸河	3 698.55	3 239.9

据统计，中国水能资源可能开发率，即可能开发的水能资源的年发电量与水能资源蕴藏量的年发电量之比为 32%。

（一）中国水能资源特点

中国水能资源有三大特点：

1. 资源总量十分丰富，但人均资源量并不富裕

以电量计，我国可开发的水电资源约占世界总量的 15%，但人均资源量只有世界均值的 70% 左右，并不富裕。到 2050 年左右中国达到中等发达国家水平时，如果人均装机从现有的 0.252 kW 增加到 1 kW，总装机约为 15 亿 kW，即使 6.76 亿 kW 的水能蕴藏量开发完毕，水电装机也只占总装机的 30%~40%。水电的比例虽然不高，但是作为电网不可或缺的调峰、调频和紧急事故备用的主力电源，水电是保证电力系统安全、优质供电的重要而灵活的工具，因此重要性远高于 30%~40%。

2. 水电资源分布不均衡，与经济发展的现状极不匹配

从河流看，我国水电资源主要集中在长江、黄河的中上游，雅鲁藏布江的中下游，珠江、澜沧江、怒江和黑龙江上游，这七条江河可开发的大、中型水电资源都在 1000 万 kW 以上，总量约占全国大、中型水电资源量的 90%。全国大中型水电 100 万 kW 以上的河流共 18 条，水电资源约为 4.26 亿 kW，约占全国大、中型资源量的 97%。

按行政区划分，我国水电主要集中在经济发展相对滞后的西部地区。西南、西北 11 个省、市、自治区，包括云、川、藏、黔、桂、渝、陕、甘、宁、青、新，水电资源约为 4.07 亿 kW，占全国水电资源量的 78%，其中云、川、藏三省区共 2.9473 亿 kW，占 57%。而经济相对发达、人口相对集中的东部沿海 11 省、市，仅占 6%。改革开放以来，沿海地区经济高速发展，电力负荷增长很快，目前东部沿海 11 省、市的用电量已占全国的 51%。这一态势在相当长的时间内难以逆转。

3. 江、河来水量的年内和年际变化大

中国是世界上季风最显著的国家之一，冬季多由北部西伯利亚和蒙古高原的干冷气流控制，干旱少水，夏季则受东南太平洋和印度洋的暖湿气流控制，高温多雨。受季风影响，降水时间和降水量在年内高度集中，一般雨季 2~4 个月的降水量能达到全年的 60%~80%。降水量年际间的变化也很大，年径流最大与最小比值，长江、珠江、松花江为 2~3 倍，淮河达 15 倍，海河更达 20 倍之多。这些不利的自然条件，要求我们在水电规划和建设中必须考虑年内和年际的水量调节，根据情况优先建设具有年调节和多年调节水库的水电站，以提高

水电的供电质量，保证系统的整体效益。

(二) 我国水能资源开发利用现状

水电是可再生的清洁能源，是国家优先发展的符合可持续发展要求的产业。我国有丰富的水能资源，据全国水能普查成果，可开发水电装机容量 3.78 亿千瓦，年发电量 1.92 万亿千瓦时，居世界首位。但资源分布不均匀，以西南地区最多，仅川云贵三省就占全国的 50.7%，而用电负荷主要集中在东部沿海地区。由于水能资源分布和电力分布的不均衡，致使水能资源的开发利用程度不高。我国水电资源从理论上是 6 亿多千瓦，但是可开发的不足 4 亿千瓦。应该尽可能地将水电资源开发利用起来，从而代替一部分矿物燃料，如若能全部开发将相当于每年节约 6 亿吨标准煤。水能资源非常可贵，因为矿物能源最终是要被消耗殆尽的，而水能资源则是可再生的清洁能源。我国现状水资源开发利用率为 20%。但河流间差异很大，特别是南方河流水能资源丰富但开发程度低，是我国近期开发利用的重点区域。

(三) 我国水电资源开发前景

我国的水能资源主要分布在西部地区，占 3/4 以上，但目前开发率仅为 8%。尤其是云南省，全省水电可开发装机总容量约 90 GW，占全国水电可开发装机容量的 23.8%，居全国第二位。省内水资源主要分布于金沙江、澜沧江、怒江、珠江、红河和伊洛瓦底江等六大水系，是我国西部最具水电开发潜力的主要省份。但是云南省的工业基础相对落后，水电资源主要位于交通不便的崇山峻岭之中，开发难度较大。随着西部大开发战略的实施，西电东输工程必将激活西部丰富的水力资源，促进我国水电事业的发展。发挥云南等省的地区优势，将其建设成我国的水电能源基地，实现西电东输，既可以满足当地经济发展对电力的需求，又能优化全国的能源结构。我国的小水电资源十分丰富，理论蕴藏装机容量约为 150 GW，可开发容量约为 70 GW，相应年发电量约为 $2 \times 10^5 \sim 2.5 \times 10^5$ GWh。小水电除了具有大水电的不污染大气、使用可再生能源而无能源枯竭之虑、成本低廉等优点外因其资源分散，对生态环境负面影响小，技术成熟，投资少，易于修建，因而适宜于农村和山区，特别是发展中的农村和山区，因此水电开发前景十分广阔。

二、水能资源开发方式

水资源开发利用又可分为河川径流（简称地表水）水资源开发利用和地下

水资源开发利用。一般以河流为单元时只统计地表水资源开发利用，流域为单元时综合统计或分别统计，但不特别指出时（如综合利用率），也仅是指地表水资源开发利用，比如一条河流的开发利用就是指该河流的地表水资源开发利用。

水力资源的开发方式是按照集中落差而选定的，大致有三种基本方式：即堤坝式、引水式和混合式等。但这三种开发方式各适用一定的河段自然条件。按不同的开发方式修建起来的水电站，其枢纽布置、建筑物组成等也截然不同，故水电站也随之而分为堤坝式、引水式和混合式三种基本类型。

水能可以借助发电机组转变为电能。为了利用天然水能发电，必须首先设法获得足够的水头和能量。为了最充分最有效地利用天然水能，就必须采取适当的工程技术措施去集中落差和调节径流。

所谓水能开发利用方式，通常是指采用哪种技术措施来集中落差而言。由于天然水能存在的状况不同，有坝式、引水道式和混合式三种基本方式。

水力发电开发方式包括：①根据集中落差方式不同分为：坝式、引水式、混合式。②根据径流调节方式不同分为：蓄水式、径流式。③根据天然来水调节程度分为：无调节、日调节、年调节、多年调节。

三、水能开发工艺及设备

随着现代社会经济的发展和水利科学技术的进步，人类对于水能资源开发利用的程度越来越高，调配水资源、利用水能、开发水利的强度越来越大。水能是一种可再生资源，是清洁能源，是指水体的动能、势能和压力能等能量资源。广义的水能资源包括河流水能、潮汐水能、波浪能、海流能等能量资源；狭义的水能资源指河流的水能资源。水能资源最显著的特点是可再生、无污染。开发水能对江河的综合治理和综合利用具有积极作用，对促进国民经济发展，改善能源消费结构，缓和由于消耗煤炭、石油资源所带来的环境污染具有重要意义，因此世界各国都把开发水能放在能源发展战略的优先地位。

水力发电是将水能直接转换成电能。水力发电的基本原理就是利用水力（具有水头）推动水力机械（水轮机）转动，将水能转变为机械能，如果在水轮机上接上另一种机械（发电机）随着水轮机转动便可发出电来，这时机械能又转变为电能。水力发电在某种意义上讲是水的势能变成机械能，又变成电能的转换过程。

构成河流水能的两个基本要素是河中水量（或流量）和河段落差（水面高

程差）。要开发利用一个河段蕴藏的水能，首先要把沿河分散的落差集中起来，形成可资利用的水头。其次，由于河中天然流量变化甚大，需要采取人工措施（建造水库）调节流量。所以，开发利用水能的方式就表现为集中落差和引用流量的方式。但集中落差是首要的。根据开发河段的水文、地形、地质等条件的不同，集中落差主要有以下几种基本方式：

（一）坝式开发

在河流狭窄处，拦河筑坝或闸，坝前拦水，在坝址处形成集中落差，这种水能开发方式称为坝式开发。用坝集中水头的水电站称为坝式水电站，如图3-13所示。坝式水电站的水头取决于坝高，显然坝愈高，水电站的水头也愈大。目前，世界上坝式水电站的最大水头已接近300 m。水头较高的坝式水电站，其厂房常布置在坝的下游面，不挡水，故称坝后式水电站。

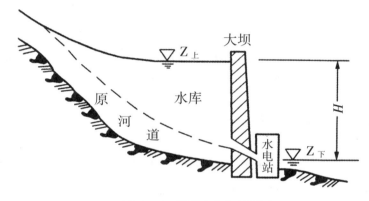

图3-13　坝式水电站示意图

坝后式水电站的一般特点是水头较高，厂房本身不承受上游水压，与挡水坝分开。我国已建成很多大、中型坝后式水电站。至于厂房的位置，根据坝址处的地形、地质、坝的形式等条件，有各种布置形式。

坝式开发的显著优点是由于形成蓄水库，可用以调节流量，故坝式水电站引用流量大，电站规模也大，水能的利用程度较充分。目前，世界上装机规模超过200万kW的巨型水电站大都是坝式水电站。此外，坝式水电站因有蓄水库，综合利用效益高，可同时解决防洪和其他部门的水利问题。

但是，由于坝的工程量较大，尤其是形成蓄水库会带来淹没问题，造成库区土地、森林、矿产等的淹没损失和城镇居民搬迁安置工作的困难，要花淹没损失费，所以，坝式水电站一般投资大，工期长，单价贵。

坝式开发适用于河道坡降较缓，流量较大，有筑坝建库条件的河段。

（二）引水道式开发

在河流坡降较陡的河段上游，筑一低坝（或无坝）取水，通过修建的引水道（明渠、隧洞、管道等）引水到河段下游附近来集中落差，再经压力水管、引水通道水轮机发电。这种开发方式称为引水道式开发。用引水道集中水头的水电站称为引水（道）式水电站。引水道可以是无压的（如明渠、无压隧洞等），也可以是有压的（如有压隧洞、压力管道等）。这种引水道式开发是依据引水道的坡降（或流速）小于原河道的坡降（或流速），因而随着引水道的增长，逐渐集中水头。显然，引水道的坡降愈小，引水道愈长，集中的水头也愈大。当然，引水道的坡降不宜太小，否则引水流速过小，引取一定流量时就要求很大的过水断面，从而造成引水建筑造价的不经济。

与坝式水电站相比，引水式水电站的水头相对较高。目前最大水头已达2030 m（意大利劳累斯引水式电站），但引用流量较小，又无蓄水库调节流量，水量利用率较差，综合利用价值较低，电站规模相对较小（最大装机容量达几十万千瓦）。然而，因无水库淹没损失，工程量又较小，所以单位造价也往往较低。

引水道式开发适用于河道坡降较陡、流量较小的山区性河段。要特别注意利用下列天然地形条件：

（1）有瀑布或连续急滩的河段，用不长的引水道可获得较大水头；

（2）在河道有大弯曲的颈部，可用截弯取直引水方式，获得相当大的水头；

（3）当相邻河流高差很大而又相隔不远时，可在相距最近处采取跨河引水方式，获得相应水头。如云南以礼河与金沙江两河高差1350 m，最近处相距12 km，已建跨流域开发的以礼河梯级水电站。

截弯引水和跨河引水，常采用有压引水道（隧洞）集中落差。图3-14为有压引水道式水电站布置图。有压引水道式水电站，有压管路系统比较长，为减小水锤升压和改善机组调节保证条件，往往要采取调比措施，在有压引水道末端建调压室（井或塔），或在厂房内装调压阀（空放阀）。

（三）混合式开发

在一个河段上，同时用坝和有压引水道结合起来共同集中落差的开发方式，叫混合式开发。坝集中一部分落差后，再通过有压引水道（隧洞）集中坝后河段的另一部分落差，形成电站总水头。这种开发方式的水电站称为混合式水电站（图3-15）。

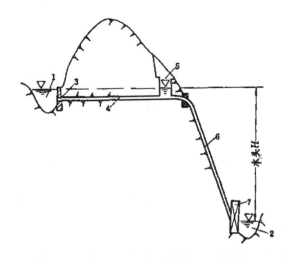

注：1-高河；2-低河；3-进水口；4-有压隧洞；5-调压室；6-压力钢管；7-水电站厂房。

图 3-14　有压引水道式水电站

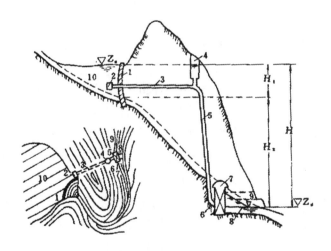

注：1-坝；2-进水口；3-隧洞；4-调压井；5-斜井；6-钢管；7-地下厂房；8-尾水洞；9-交通洞；10-蓄水库。

图 3-15　混合式水电站

　　混合式开发因有蓄水库，可调节流量，它兼有坝式开发和引水道式开发的优点，但必须具备合适的条件。一般说，河段上部有筑坝建库的条件，下部坡降大（如有急滩或大河湾），宜用混合式开发。如四川狮子滩、福建古田溪和广东流溪河等水电站都属混合式开发。古田溪和流溪河水电站为地下厂房。古田溪坝壅高水位 50 m，再打一条长 1.9 km 的隧洞用截弯引水方式又集中 9 km 长河湾的 78 m 落差，得到水电站总水头 128 m。

(四) 抽水蓄能式水电站

抽水蓄能发电是水能利用的另一种形式。它不是为了开发水能资源向系统提供电能，而是以水体为蓄能介质，起调节电能的作用。抽水蓄能式水电站的工作包括抽水蓄能和放水发电两个过程。其建筑物的组成中必须有高低两个水池，以有压引水建筑物相连。蓄能电站厂房位于水池处，如图 3-16 (b) 所示。其在日负荷图上的工作状态，如图 3-16 (a) 所示。当夜间用电负荷低落，系统内火电厂出力有多余时，该电站就吸收系统的剩余电量，带动水泵，将低水池中的水抽送到高水池，以水的势能形式贮存起来 (抽水蓄能过程)；等到系统负荷高涨，火电厂出力不够时，就将高水池中的水放出来推动水轮机发电，以补火电的不足 (放水发电过程)。显然，由于能量转换经过了电能到水能再到电能的往复过程。损失增大，所以，抽水蓄能电站消耗的系统电能 E1，大于它所发出的电能量 E2，其总效率 (即 E2 与 E1 之比) 是比较低的，一般在 0.6~0.7 之间。但是，它消耗的是系统的多余电能，提供的是电力系统急需的峰荷电能，两者的作用和价值不同。同时，通过它调节电能的作用，使火电厂机组工作均匀，提高效率，节省燃料消耗，并改善系统的供电质量。在一定条件下，建造抽水蓄能式水电站来调节电能，起到调峰填谷的双重作用，是经济合理的。

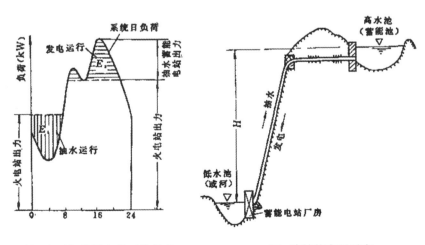

(a) 在日负荷图上的工作状态   (b) 建筑物布置示意

图 3-16 抽水蓄能式水电站

抽水蓄能电站的机组组合，最早是 4 台型机组，即电动机和抽水机及水轮机和发电机机组。1927 年后发展为 3 台型机组，即发电时由水轮机转动发电机，抽水时发电机用作电动机驱动抽水机。1931 年创制出可逆式机组，即发电用的水轮机亦可作抽水机来抽水，这样，即为 2 台型的机组组合。

四、水能开发与生态环境保护

(一) 水能开发和保护环境与生态的关系

水能资源开发对生态效应的影响除了局部生态环境、气候变化，更多的要从流域的角度，将流域视为一个整体综合分析水能资源开发可能对流域上下游或某一河段生态环境的影响。水能资源开发利用的合理性及其与生态环境的协调性等诸多因素越来越为大家所重视：国家环境保护总局在《关于有序开发小水电切实保护生态环境的通知》（环发〔2006〕93 号）中明确指出："一些项目在设计和运行中未充分考虑和保障生态用水，造成下游地区河段减水、脱水甚至河床干涸，对上下游水生态、河道景观及经济生活造成了不利影响。"在《关于水生态系统保护与修复的若干意见》中，强调要"通过水资源的合理配置和水生态系统的有效保护，维护河流、湖泊等生态系统的健康，积极开展水生态系统的修复工作，逐步实现水功能区的保护目标和水生态系统的良性循环，支撑经济社会的可持续发展"。因此，开发利用水能资源必须处理好和保护环境与生态的关系。

1. 开发利用水能应按流域综合规划要求，科学合理和适度有序地进行

开发水能修建水利水电工程，引起对环境与生态的影响，涉及水资源综合利用（防洪、发电、航运、供水、灌溉等）、干流与支流之间的关系及其对上下游的影响等问题，如不制定流域综合规划，仅从某一条河流甚至某一河段或一个梯级电站发电效益最大出发进行开发水能资源，可能给流域水资源综合利用和环境与生态保护造成极不利的影响，甚至不可挽回的损失。因此，开发利用水能资源必须在流域综合规划的指导下，科学合理和适度有序地进行。我国水能资源大部分集中在大江大河上中游干支流，可结合大江大河综合治理，开发利用其上中游的水能资源，修建一批大中型水利水电工程，形成一些具有调节性能的水库，以发挥防洪、发电、航运、供水、灌溉和跨流域调水等综合效益，实施水资源优化配置，达到水资源综合开发利用的目标。

2. 开发利用水能资源要重视保护和修复环境与生态

西部地区水能资源丰富，是我国水电开发的重点地区，该地区处于我国大

江大河的上游，其环境与生态状况将直接影响这些河流中下游的环境与生态，是中下游地区的生态屏障和生态平衡的源头。该地区水土流失严重、石漠化加剧、地质灾害频繁，环境与生态十分脆弱，环境与生态一旦破坏，修复十分困难。因此，在开发利用水能资源时，要充分认识保护环境与生态的重要性，始终把保护和改善环境与生态放在水利水电工程建设的首位，应深入研究分析修建水利水电工程对环境与生态产生的不利影响，根据其影响性质和影响程度，采取不同的对策措施，尽量减少对环境与生态的不利影响，并达到保护和修复环境与生态的目的。

（二）水资源不同开发方式对生态环境的影响

利用河流水能来发电，首先要有水头，即要求在水电站的上下游有一定的落差。在通常情况下，水电站的水头是通过适当的工程措施，将分散在一定河段上的自然落差集中起来，按照集中落差的方式可分为筑坝式、引水式和混合式。研究表明，水能资源开发对生态环境的影响与其开发方式有关，下面将从水能资源开发方式分析水能开发对生态环境的影响。

1. 筑坝式开发对生态环境的影响

筑坝式水电站是指在河道上兴建挡水建筑物以壅高水位而集中发电水头的水电站。由挡水建筑物形成的水库常可调节径流，其调节能力取决于调节库容与入库径流比值的大小。由于水库的调节作用，下游河道水位及流量变化基本上受人工控制，原有天然河道的水流特性大部分丧失，而成为半人工河流。洪水期间，水库削减洪峰滞蓄洪水总量的作用非常显著。库水和发电后下泄水具有稳定的供水和灌溉条件。在城市供水方面，水库改善了抽水站的取水条件并利用势能使之降低造价；水库可以降低水中的含沙量、色度、氧化度等，使自来水厂净化简便；水库使河水水量、水质季节性变化减小，保证水厂运行的稳定、均衡，促进地区经济的发展，改善当地居民的生活环境，提高生活质量；在农田灌溉方面，天然状态下的河流水资源，由于径流量的季节性变化，不可能保证流域内灌溉面积大幅度增加。筑坝式开发形成的水库，可调节径流使灌溉面积大大增加，并使作物产量大幅度提高。

筑坝式水电站具有抵御自然灾害的功能。水库运行可以调节河川径流，控制水位，有效地保护生态环境，减少水灾和旱灾对人类及动、植物的破坏，减少水土流失和土壤侵蚀，减少洪水造成的污染扩散和疾病流行，为人类提供相对稳定、安全的生活和生产环境。

大坝建设的淹没、阻隔、径流过程的变化导致河流生态系统破坏，对水生生态系统有较大影响，主要表现为：原有物种所适应的天然径流和水文条件的栖息地丧失；河流作为生物和营养元素交流廊道的功能不复存在；沿岸带连接高地和水域生态系统的"过滤"作用降低。工程规模的大小、位置不同，影响的空间也不同，一些大型的水利水电工程可能对全流域生态系统形成影响，导致下游河岸的侵蚀和海水入侵、河口地区营养物质的来源减少、海岸后退等问题。对调节性能好的水电站，其库水位变幅较大，低水位时减少了利用水头，有时会影响通航。另外，水库淹没农田、森林、村庄及名胜古迹等，水库地带居民移居问题突出，且损失较大。

2. 引水式开发对生态环境的影响

引水式电站是利用天然河道落差，由引水系统裁弯取直来集中发电水头。引水式水电站的主要优点为：落差大，水头高；库容小，淹没范围小、损失少。但是，引水式电站通过裁弯取直引水发电，造成原河道坝址与水电站间河段水量减少，甚至断流，形成减水河段或脱水河段。随着引水流量的加大，下泄流量的减少，减水河段内水深、流速、水面宽、水面面积相应减小，对河道内水生生态造成不利的影响。因此，为了保护减水河段的生态环境，应下泄一定的生态基流。

3. 梯级开发对生态环境的影响

水能梯级开发可提高水资源的利用率，协调水资源综合利用之间的矛盾，获得梯级效益。梯级连续开发，可优化安排各级水电站的施工进度，施工期互相搭接，施工高峰又互相错开，利用上游水库蓄水时机减少下游电站的施工导流流量，减少施工队伍转移的费用和时间，提高施工设备和场地的利用率，可缩短总体工期，减少总投资。流域内各梯级电站之间构成该流域的梯级电站系统。流域电站系统同内部各组成要素的有机联系、机制协调、协同与整合内外部资源，不仅优化调度水能资源，还将使各电站的人力、资金、设备等资源实现共享，使协同和整合后的资源达到"1+1>2"的效果，从而提高整体经济与社会效益。梯级开发对生态环境影响突出的特点就是具有累积性。有些生态环境因子的变化，不仅受一个工程的影响，而且还受到梯级其他工程的影响，这些影响具有叠加、累积性质。

4. 水能资源开发对生物多样性的影响

水能资源开发，在一个流域上建设一座或多座水库，水库库区形成许多库湾，生长了多种水生植物和动物，成为人工湿地，为湿地动、植物提供了生存条件，因此在库区和库周会增加多种适合湿地环境的动、植物物种，提高局部区域的生物多样性价值，增加水域的综合功能。水能资源开发时，应深入了解上游地区生态与环境的敏感点，充分考虑所在河流生态、资源、环境和人文等方面的制约因素，尽可能减免水能开发对生态环境的影响。

水能资源开发对生物的影响是一个长期而复杂的过程，筑坝后自然生境的破坏，人工环境的产生，一些生物会通过自身的调整逐步适应新的环境，继续生存和发展，另外一些生物会不适应新的环境而出现物种退化或消亡。生态系统中任何生物的存在都有其特定的地位和作用，不同生物之间相互依存，一种生物的消亡，必然影响其他生物的存亡和整个生态系统的完整性。所以，大坝及水库对生物的影响及生物对水库建设的响应是一个十分复杂的过程，需要长期观测和研究才会有定量的成果。

第五节　非常规能源开采工程

一、煤层气开采

煤层气，是指赋存煤层中以甲烷为主要成分、以吸附在煤基质颗粒表面为主、部分游离于煤孔隙中或溶解于煤层水中的烃类气体，是煤的伴生矿产资源，属非常规天然气，是近一二十年在国际上崛起的洁净、优质能源和化工原料，也是人们常叫的"瓦斯气"。

当前，在全世界的煤层气工业界，已大量采用的成熟开发方式是压力衰竭法，即利用不同方法使煤层中的气体压力降低。随着气体压力的降低，煤层气由吸附态经过解吸变为游离态，游离态煤层气通过各种裂隙（缝）流入煤层气井，直至煤层中气体压力很低。压力衰竭法包括地面垂直井、采动区井、煤矿井下水平井等开采方式。这3种方式在我国都不同程度地被采用，由于技术进步，现已出现了注气增产、羽状水平井等先进的煤层气开发方式，可以大大提高煤层气的采收率，这些技术目前仅在美国、加拿大等少数国家的局部地区进行过试验，尚未被大规模采用。基于这些情况，当前我国煤层气资源评价所依据的开发技术是压力衰竭法，以地面垂直井为主要开采方式。

（一）钻采工艺技术

开采煤层气常用的有三种布井方式，即针对煤层的垂直钻井、水平钻井和针对采空区的钻井。

垂直井是从地面打钻穿过煤层进行采气，是目前主要的钻井方式（图3-17）。这种开采方式产气量大、资源回收率高、机动性强，可形成规模效益。但它要求有利的地形条件及厚度较大、渗透性较好的煤层或煤层群。

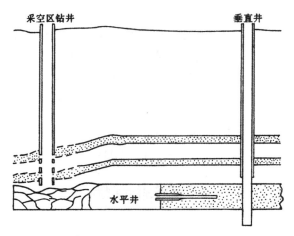

图3-17　煤层甲烷井类型图

水平井有两种：一种是从巷道打的水平抽放瓦斯井；另一种是从地面先打直井再造斜，沿煤层钻水平井（排泄井或称丛式井），在煤层内打若干水平分支时，又称为分支水平井或羽状水平井。水平钻井的方向与面割理方向垂直，适于厚度大于1.5 m的厚煤层，成本较高。

采空区钻井：从采空区上方由地面钻井到煤层上方或穿过煤层采空区。采空区顶板因巷道支柱前移而坍塌，产生新的裂缝使瓦斯从井中涌出。如果采空区顶部还有煤层并成为采空区的一部分，瓦斯涌出量更大。产出气体中混有空气，热值降低。由于产出气中含氧高，不宜管道输送，产量下降较快的井宜就地利用。

钻井类型分类如下：

按煤层层数分类：根据一口井开采的煤层层数分为单煤层井和多煤层井。单煤层井井筒只与一个煤层连通，多煤层井井筒与多个煤层连通。

根据钻井类别分类：有资料井（取心井）、试验井（组）、生产井和检测井四种。资料井主要通过钻区探井取准煤心作含气量等参数测试、试气，并用单项注入法求取煤层渗透率。试验井（组）是通过井（组）降压试采，评价工业性开采价值。开发过程中以采气为目的的井称生产井。监测井主要用于生产过程中压力监测。

（二）钻井工艺

煤层气井类型和钻井工艺的选择取决于煤储层的埋深、厚度、力学强度、压力及地层组合类型、井壁稳定性等地质条件。

1. 钻机类型

浅煤层钻井一般采用旋转或冲击钻钻井，用空气、水雾、泡沫液做循环介质，也可以使用轻便自行式液压钻机、顶部驱动钻机和小型车载钻机或普通钻机，宜采用非泥浆体系循环介质。浅煤层区地层压力低，不必采用泥浆控制压力，采用空气钻井，钻速高，基本费用低，在欠平衡和极欠平衡方式下钻进，对地层伤害小，采用空气钻进和泥浆钻进相结合的方法，即先利用空气钻井液直至泥浆贮备池装满采出水，再改用采出的水做钻井液到贮备池排空，如此交替直到完钻。

深煤层区一般采用常规旋转钻机。由于地层压力高，不能采用空气钻井技术。如美国西部含煤盆地的某些层段压力超高，具井喷危险，所以在大多数情况下，采用泥浆系列，利用泥浆密度控制可能发生的水涌和气涌。还可在预测煤层深度范围内，放慢钻速，发现钻井异常立即停钻，上提钻具，用小排量循环；进行煤层取心时，采用低钻、低转速和低泵压。钻厚煤层时，采取每钻进0.3~0.6 m上提一次钻具，进行多次循环等措施，及时防止和解决钻井过程中常遇到的煤层坍塌、严重扩径、卡钻和出水。

2. 欠平衡钻井技术

在钻井过程中，利用自然条件和人工方法在可控条件下使钻井流体的压力低于要钻地层的压力，在井筒内形成负压。这一钻井过程和工艺叫作欠平衡钻井。欠平衡钻井是继水平井之后又一钻井新技术革命，欠平衡钻井在提高勘探开发水平、降低钻井成本、保护储层等多方面都有其自身的优势。

煤层气钻井的另一个重要特点是要求在每口井的最低开采层段以下打一个大的"井底口袋"，"井底口袋"直径约为20 cm，深度一般在30~60 m之间，用于安置人工举升设备，加速排水，降低井底压力至煤层吸附气解吸产出的临界点。此处便于聚集回流到井筒中的煤粉等碎屑物质。

（三）完井

煤层气井完井有三种基本方式，即裸眼完井、套管完井、混合完井。此外，还有针对深部低渗煤层的水平排孔衬管完井。

1. 裸眼完井

裸眼完井是钻到煤层上方地层，下套管固井，再钻开生产层段的煤层，产气煤层保持裸眼，这种完井方式是煤层气井中费用最低的一种。但增产作业时，井控条件降低，煤层坍塌会导致事故。此种完井方式一般用于单煤层井。

2. 套管完井

套管完井是对煤层上方地层和产气煤层均下套管，然后在产气煤层处射孔或割缝的一种完井方式。

3. 混合完井

混合完井即裸眼完井与套管完井方式在同一口井中使用。依地层条件而定，一般用于多煤层，最深部煤层采用裸眼完井，上部煤层均采用套管完井。该方法综合了裸眼完井与套管完井的特点，保证有一煤层不受水泥污染，且减少部分套管、水泥和射孔或割缝费用。

4. 水平排孔衬管完井

水平排孔衬管完井适用于深层低渗厚煤层，一般适用于厚 1.52 m 以上的煤层。其优点是能够提供与煤层的最大接触面积，尤其是各向异性煤层，有利于提高产量，促进煤层气解吸采出，提高总脱附气量和采收率。缺点是在钻井完井过程中易发生裂隙系统堵塞、闭合等现象，伤害煤层渗透率。

（四）煤层气的开采技术

煤层气的开采技术主要包括地面排水降压开发煤层气、提高煤层气采收率技术（Enhanced Coal Bed Methane Recovery，ECBM）、煤储层压裂技术等。

1.地面排水降压开发煤层气

（1）洗井。洗井是在完井之后或在压裂前进行。目的是清洗完井后留在井筒的各种碎屑物，如煤粉、泥岩和页岩等岩屑、残留水泥等，以避免这些碎屑物对地层造成的伤害。

洗井方法包括清水洗井和高速气流洗井。清水洗井分正洗与反洗。高速气流洗井通常用空气或氮气，也有正洗与反洗之分。

（2）排水采气工艺技术。煤层气排水采气要求：①排液速度快，不怕井间干扰；②降低井底流压，排水设备的吸液口一般都要求下到煤层以下；③要求有可靠的防煤屑、煤粉危害的措施。目前开采煤层气排水的方法有：游梁式有杆泵、电潜泵、螺杆泵、气举、水力喷射泵、泡沫法、优选管柱法等。

（3）煤层气开发地面设备。煤层气井一般是在较低的井底压力条件下采气。在完成人工举升排水之后，还需要一整套地面设备，包括气、水分离设备和集气增压设施等。

从井中采出的气体到达地面后，压力一般不足 1.5 个大气压，需要采取低压采集、脱水、高压输送方式才能将气体送到用户。

2. ECBM 技术

ECBM 技术主要有两种方法：即（1）注入增加 CO_2 提高煤层气产能的技术，称之为 CO_2-ECBM；（2）注入 N_2 降低 CH_4 分压。CO_2-ECBM 不仅可以提高煤层气的采收率，而且还可以封存温室气体 CO_2。

由于从废气中分离 CO_2 的成本较高，且注入 CO_2 在后期采煤过程中会造成二次污染。因此，纯 CO_2-ECBM 的商业化较为困难。但是在薄煤层地区或名胜古迹、风景旅游区，即煤炭资源限制开采地区有一定的应用前景。

以 N_2 和 CO_2 为主要成分的烟道气可作为注入气来降低成本。N_2 不像 CO_2 强吸附于煤的内表面，可穿透煤层而随 CH_4 一起从生产井中采出。但增加了后期的处理费用，相对于纯 N_2 而言，烟道气中 N_2 穿透煤层的速度相对较慢，而且与 CO_2 一起可较大幅度提高煤层气的产能。

实行烟道气注入提高煤层气的产能应满足：①丰富的煤层气资源，这是实施技术的首要条件；②廉价且充足的 CO_2 供应能力，是保证该技术实施的基础；③煤层气的市场潜力；④政府对温室气体排放的态度；⑤项目的经济性。

3. 煤储层压裂技术

煤储层压裂技术是目前煤层气开发普遍采用的增产措施。这是因为人工压裂形成的诱导裂缝降低或消除了煤层的近井眼伤害，强化了煤层中的天然裂隙网络，扩大了有效"井眼半径"和煤层气解吸渗流面积，加强了井眼稳定性，在井眼周围形成了有效的煤层气渗流通道，有效地提高了煤层气井的产能。

压裂措施最关键的技术就是破裂压力和瞬时关井压力的设计。破裂压力，又称为裂缝延伸压力，即延伸一条已经存在的裂隙所需的压力，一般高于闭合压力（开启一条裂缝所需的流体压力，该压力与垂直裂缝壁面的应力大小相等，方向相反。这一应力对应于原位应力中的最小主应力）。瞬时关井压力指水力压裂停泵时刻压力。对于低渗煤储层来说，瞬时关井压力接近于闭合压力。

煤的力学性质决定了其在压裂时易形成短而宽的复杂裂缝。常见的压裂裂缝有：①水平裂缝。在煤储层埋藏较浅，最小主应力为垂向应力时形成的；②"T"裂缝。对于单一煤储层，压裂裂缝将局限于煤层内，可形成顶部为水平裂缝，中下部为垂直裂缝的复杂裂缝系统，对于多层薄煤层，可开成一组垂直的压裂裂缝；③延入围岩的裂缝。在对厚煤层压裂时，压裂后期，垂直裂缝将向围岩延伸。因此，在进行压裂设计时要考虑钻井、测井、完井、原地地应力、压裂液、支撑剂等方面的资料，以求做出最佳设计。

二、页岩气开采

页岩气是指那些聚集在暗色泥页岩或高碳泥页岩中，以吸附或游离状态为主要存在方式的天然气。它与常规天然气的理化性质完全一样，只不过赋存于渗透率、孔隙度极低的泥页岩之中，气流的阻力比常规天然气大，很大程度上增加了页岩气的开采难度，因此被业界归为非常规油气资源。页岩自身的有效孔隙度很低，页岩气藏主要是由于大范围发育的区域性裂缝，或热裂解生气阶段产生异常高压在沿应力集中面、岩性接触过渡面或脆性薄弱面产生的裂缝提供成藏所需的最低限度的储集孔隙度和渗透率。通常孔隙度最高仅为 4%~5%，渗透率小于 1×10^{-3} μm。

页岩气开发是一个系统、庞杂的工程，其技术要求高、资金投入多。技术进步是页岩气产量提高的关键，其中水平钻井和水力压裂技术是页岩气开发的核心技术，此外还包含了页岩气井测井、录井、固井、完井、监测等多种技术。

（一）水平钻井技术

页岩气生产井一般都采用水平井，直井一般仅作为探井。水平井可以获得更大的储层泄流面积，单井产量大、生产周期长，特别适用于页岩这样的产层薄、孔隙度小、渗透率低的储层开发，具有直井无法比拟的效果。水平井目前已经广泛应用在美国页岩气开发中。1992 年，Mitchell 能源公司在 Barnett 页岩中完成第一口水平井后，水平井开始在页岩气中应用；2002 年，Devon 能源公司收购 Mitchell 能源公司后，开始在 Barnett 页岩大规模打水平井；截至 2008 年，整个 Barnett 页岩中共有生产井 10000 口左右，其 2/3 的井为水平井。水平井中获得的页岩气最终采收率大约是直井的 3 倍，在 Barnett 页岩核心地区，水平井的月最大产量达到直井的 4 倍。页岩气井水平钻井的技术有空气欠平衡钻井技术、控制压力钻井技术及旋转导向钻井技术。

1. 空气欠平衡钻井技术

空气欠平衡钻井是以空气作为循环介质进行欠平衡钻井，它能够克服井壁坍塌和液体钻井液对储层的伤害，很好地克服钻井作业过程中的卡钻、井漏、井塌等问题，提高钻井速度，减轻地层伤害，提高油气井产能，节省作业成本。空气欠平衡钻井在 Barnett 页岩钻井中曾取得了良好的钻井效果。

2. 控制压力钻井技术

控制压力钻井是通过控制钻进过程的压力使得钻井作业最优化，缩短非生产时间和减少钻井事故，有效控制地层流体侵入井眼，减少井涌、井漏、卡钻等多种情况，特别适用于当钻遇含气量较大且裂缝发育的页岩地层时，避免气体溢出量剧增带来的安全隐患。Weatherford、Halliburton 等公司是该技术的代表，已进行过页岩气井的控制压力钻井技术研究和现场试验应用，取得了较好的应用效果。

3. 旋转导向钻井技术

旋转导向钻井技术是基于旋转导向系统的钻井技术，它能够从地面连续导向钻井，根据作业者的要求实时调整井眼轨迹，具有摩阻与扭阻小、机械钻速高、钻井成本低、井眼轨迹平滑、压差卡钻风险低等优点，是目前页岩气井水平钻井技术的前沿技术，也是水平钻井技术的发展方向。其旋转导向系统按其导向方式可分为推靠钻头式和指向钻头式两种，目前 Baker Hughes、Halliburton、Schlumberger 等公司的技术是旋转导向技术中的代表。

（二）水力压裂技术

页岩气井钻井完成后，90%以上的井需要经过酸化、压裂等储层改造措施后才能获得比较理想的产量。其根本原因在于页岩基质渗透率很低，勘探开发困难。水力压裂是目前用于页岩储层改造的主要技术，包括多级压裂、清水压裂、同步压裂、水力喷射压裂及重复压裂等技术。

1. 清水压裂技术

1997 年之前广泛使用大型水力压裂，而 Mitchell 能源公司在 Barnett 页岩开始使用清水压裂，最终采收率提高了 20%以上，作业费用减少了 65%。作业者使用清水压裂对先前凝胶压裂后产量减小的井重新压裂，达到了同初始速度相近的生产速度，并能增加 60%可采储量。目前清水压裂中使用的是混合清水压裂液，即在传统的清水压裂液中加入了减阻剂、凝胶、支撑剂等添加剂，集成了清水压裂和凝胶压裂的优点，改变了以往依靠交联冻胶延长裂缝的手段，既达到了增产效果，又减小了对地层的伤害。不过由于压裂液以清水为主，在黏土含量大的页岩层段容易造成井壁坍塌。此清水压裂适用于黏土含量适中，天然裂缝系统发育的储层。

2. 多级分段压裂技术

对于水平井段长、产层多的井，常根据储层的含气性特点进行多级分段压裂。多级压裂技术是页岩气井水力压裂应用最广泛的技术，目前美国页岩气井有 85%的井是采用水平井和多级压裂技术结合的方式进行开采，它适用于水平井段较长、页岩层段较多的井。新田公司在 Woodford 页岩中的部分开发井采用了 5~7 段式的分段压裂，增产效果显著。

3. 同步压裂技术

同步压裂技术是两口或两口以上的井同时压裂，它在短期内增产效果明显，作业时间短，节省成本，适用于页岩气开发中后期井眼密集时压裂作业。2006年，同步压裂技术首次应用在 Barnett 页岩中并获得成功，成为 Barnett 页岩开发中后期常用的水力压裂技术。

4. 水力喷射压裂技术

水力喷射压裂的应用不受完井方式的限制，可在裸眼及各种完井结构水平井实现压裂，缺点是受到压裂井深和加砂规模的限制且技术要求高。重复压裂能够有效地改善单井产量与生产动态特性，它不但可以用来恢复低产井的产能，对于那些产量相对较高的井提高产量时也同样适用。

5. 其他技术

（1）套管完井技术。页岩气井的完井可采用裸眼完井或套管完井。裸眼完井能够有效避免水泥对储层的伤害，工艺相对简单，成本相对较低，但是容易发生井壁垮塌，因此裸眼完井后期压裂作业难度大，对水力压裂技术的要求高。套管完井井筒稳定，在储层改造时能够选择性地射孔，优化增产作业。套管完井后，可以采用连续油管压裂对页岩储层进行改造。

（2）固井技术。页岩气井固井可以分为常规水泥固井、泡沫水泥固井和酸溶性水泥固井三种。常规水泥固井就是使用传统的水泥浆进行井作业的方法，成本低、技术成熟。泡沫水泥完井有良好的防窜效果，能解决低压、易漏、长封固段复杂井的固井问题，而且水泥侵入距离短，可以减小储层损害。酸溶性水泥与盐酸接触时，水泥就会依随溶解度和接触时间而溶解，水泥溶解度高达92%，便于清除，防止堵塞射孔孔洞和压裂裂缝。当需要密度更低的水泥浆时，酸溶性水泥还可以泡沫化，形成泡沫酸溶性水泥，使之具有泡沫水泥和酸溶性水泥的双重优点。

（3）压裂检测技术。页岩气井实施压裂改造措施后，需要有效的方法来确定压裂作业效果，获取压裂诱导裂缝导流能力、几何形态、复杂性及其方位等诸多信息。综合裂缝监测技术是基于地面倾斜监测、井下倾斜监测和微地震监测三种技术的裂缝监测诊断技术，该技术可直接地测量因裂缝间距超过裂缝长度而造成的变形来表征所产生裂缝网络，评价压裂作业效果，实现页岩气藏管理的最佳化。

（4）页岩气随钻测井技术。页岩气井的随钻测井技术根据实时记录测量的近钻头的地质参数，识别容易造成卡钻的高压层，反映井下裂缝的发育情况，识别破碎带和地层岩性等，确定钻头在地层中的空间位置，使钻井工程师能够实时引导钻头沿着设计的井眼轨迹或目的层钻进，提高钻井效率。目前根据水平井随钻测量技术研发的 FMI 全井眼微电阻率扫描成像测井系统已经广泛地应用于页岩气水平井钻井中。

（三）超临界 CO_2 技术

超临界 CO_2 技术开采页岩气是一种最新的技术，超临界 CO_2 流体具有气体的低黏、高扩散性和液体的高密度特性，在页岩气开发方面具有很强的技术优势及经济优势。

超临界 CO_2 钻井技术是利用超临界 CO_2 作为钻井流体的一种新型钻井方法，钻井过程中利用高压泵将低温液态 CO_2 泵送到钻杆中，液态 CO_2 下行到一定深度后达到超临界态，利用超临界 CO_2 射流辅助破岩来达到快速钻井的目的。超临界 CO_2 钻井液主要优势是破岩门限压力低、破岩速度快，而且密度可调范围大，在为井下马达提供动力的同时还能使井筒保持欠平衡状态，因此得到了国内外专家的广泛关注。超临界 CO_2 流体的密度较大，与液体接近；其黏度较低，接近于气体。

超临界 CO_2 与连续油管技术结合进行钻井，可以大大延长连续油管的使用寿命。当连续油管使用水射流破岩时所需要的系统压力较高（水射流破岩门限压力高），而超临界 CO_2 射流破岩能够降低整个钻井系统的压力，因此可以延长连续油管的使用寿命。

三、页岩油开采

页岩油是指以页岩为主的页岩层系中所含的石油资源。其中包括泥页岩孔隙和裂缝中的石油，也包括泥页岩层系中的致密碳酸岩或碎屑岩邻层和夹层中的石油资源。在固体矿产领域页岩油是一种人造石油，是油页岩干馏时有机质受热分解生成的一种褐色、有特殊刺激气味的黏稠状液体产物。油页岩矿的开采方法可用露天开采或井下开采，这根据矿藏情况和开采的经济技术条件选定。其中，对于油页岩矿藏倾角较缓、矿层较厚、覆盖层较薄的情况适宜于露天开采；对于页岩埋藏较深、倾角较大、页岩层薄、层多、规模较小的页岩矿一般采用井下开采。

目前，世界上绝大多数油页岩用于干馏提炼页岩油和直接作为燃料燃烧发电，只有少数用于其他方面。而油页岩干馏分为地面干馏和地下干馏两种。

（一）地面干馏

地面干馏包含油页岩开采、热分解成油母以及加工油母生产精炼原料以及有用的化学药品等，其中有"地下开采，地面干馏"和"地面开采，地面干馏"两种通用方法。对于前者，将开采的油页岩矿石运输到地面、粉碎然后在地面容器中加热来生产燃料液体和气体；对于后者，露天开采的油页岩经粉碎后干馏加工。处理后的矿渣在矿场或其他地方堆放。

1. Petrosix 气体燃烧干馏器

该技术最初由 Cameron 公司开发并运用于美国，为实现工业化推广，巴西将内部蒸馏器内径扩建至 11m。Petrosix 气体燃烧干馏器是目前世界上生产能力最大的油页岩地面热分解反应器，日处理能力可达 7800 t 页岩，相应能产出 3870 bbl 页岩油、120 t 燃料气体、45 t 液化石油气和 75 t 硫。该干馏器包括上层热分解部分和下层焦炭冷却部分。在处理时，首先将开采的页岩运到破碎机里碾成碎片后通过传送带到达干馏装置，进行高温加热，此时页岩将以石油和天然气的形式释放有机质；然后使油蒸汽冷凝得到产品并通过气流以小液滴的形式将其从干馏器中运送出，而页岩气体还要经过提取轻油以提高纯度，最后在气体处理单元被加工成燃料和液化石油气。Petrosix 气体燃烧干馏器最显著的特性在于：生产过程中耗水量少；操作灵活性强，设计简单；热损小，热效率高；产率高；对环境和人体健康产生的不利因素少。

2. 阿尔伯达省的 Taciuk 处理技术

该技术是 1976 年开发的，最初运用于加拿大阿尔伯达（Alberta）的油砂处理，后来被进一步拓展到油页岩和污水处理领域，它主要采用的是卧式旋转炉装置，热效率和产率均很高，在澳大利亚得到了商业性示范，已成功生产超过 1.5×108 bbl 的页岩油。作为一项特殊的热处理技术，工业用途广泛，适用于汽化、回收存在于许多原料中的有机质。最近，该技术作为可从油页岩和油砂中提取石油的方法，环保、经济、高效，在美国推广使用，并且利用犹他州的油页岩近期在设备制造厂和阿尔伯达对其反应器进行了测试，同时计划在短期内将该反应器运送到犹他州以进一步开展试验。该技术将气体循环和来自于旋转炉中循环热固体的直接或间接热传递有效结合了起来，可实现能量的自给，并减少了处理过程对水的需求，避免了废弃页岩中碳的残留，降低环境污染。在我国和约旦王国的其他工程项目中也有类似技术的应用。

3. 立式干馏生产装置

我国抚顺不断增加立式干馏生产装置的数量，在页岩油产量上取得了显著成绩。到 2005 年，处理设施就包括了超过 120 个的干馏单元，其每个单元日处理油页岩的能力为 100 t，并按实际生产能力编组，使每 20 个干馏单元共用一套冷凝系统。但该干馏生产装置在设计中将氮气引入到裂解气中，会产生低热值的气体，且上层燃烧室内引入氧气会降低热分解效率，减少页岩油采收率。为扩大生产规模，目前，我国正在评估 Petrosix 气体燃烧干馏器和阿尔伯达的 Taciuk 处理等其他油页岩开发技术。

4. Kiviter 和 Galote 干馏器

爱沙尼亚油页岩工业中应用两种地面干馏器，早期开发的 Kiviter 干馏器是立式的，适合于处理块状页岩以及燃烧天然气，日处理油页岩能力为 1000 t。新的 Galoter 干馏设计是一种卧式流化床干馏器，日生产能力大约为 3000 t，为降低能源投入，实现较高的产能，在其干馏处理中，用页岩碎屑作为固体加热的载体。虽然其处理过程比 Kiviter 干馏器复杂许多，但稳定性得到提高，最近实现了一年 6200 h 连续作业。

5. 生态页岩囊内处理技术

生态页岩囊内处理技术是美国犹他州红叶资源公司（Red Leaf Resources, Inc.）开发的一种开采油页岩的创新性技术，它是将地表采矿和低温加热结合起来，在采矿池内进行"烘烤"。该技术基于一个低成本的地下囊形结构以构成高温处理区，通过天然气、煤层甲烷或其自给气体的燃烧产生热气在管道内循环加热囊体，开采碳氢化合物资源；为提高能量利用率，热气的余热还可供邻近囊体加热使用。该处理技术具备开采中不使用水资源、可快速回收废弃矿物、能保护地表与地下水、不存在含水层干扰等优点，且能产出高品质的油或化工原料，CO_2 排放量少。不过该技术需要利用标准的采矿设备。

（二）地下干馏

地下干馏是指直接在油页岩的天然沉积环境中加热干馏油页岩资源，产出的油气被导出到地面上来，冷凝获得页岩油及不凝气，也称之为原位开采技术。原位开采不但不需要进行采矿和建设大型的尾气处理设施，而且可开发深层、高厚度的油页岩资源，具有产品质量好、采油率高、占地面积少和环保等优点。国内外许多大公司及研究机构在这方面做了大量的研究，已初见成效。原位开采技术主要有壳牌石油公司的地下转化工艺技术（ICP）、美孚石油公司的 ElectrofracTM 技术、IEP 公司的 GFC 技术、太原理工大学的对流加热技术、雪弗龙的 Crush 技术和 EGL 技术、LLNL 的射频技术和 Raytheon 公司的 RF/CF 技术等。

1. 壳牌公司的地下转化工艺技术（ICP）

ICP 是一种真正原位开采技术，采用垂直钻井方法，将加热工具经钻孔移植地下进行加热，并直接采用传统抽油方法或蒸汽回收技术将产物带到地表。在一定的工作区域内，分别钻生产井、加热井、监测井、疏干井，其中加热井石用来插入巨型加热棒，利用电或者天然气作为加热能源，持续缓慢加热 2~4 年时间，使地下油页岩的温度缓慢达到 380℃~400℃，油页岩中的干酪根在此温度下完全转化成油气释放出来。缓慢的加热能更有效地促使岩层出现微细破裂，从而提高岩层渗透率，加快油气从加热井到生产井的流动速度。加热井的深度可达 1000~2000 m。生产井即抽油井，主要是用来抽出地下形成的油气，往往在一个区域，抽油井的数量明显少于加热井。疏干井主要用于地下水的疏导作用。监测井则被用于地下加热温度、地下水质（pH、EH 等数据）、地下微生物等情况的监测。ICP 技术干馏的产物近 1/3 为天然气、2/3 为轻质油，含硫仅 0.8%。可直接用作航空煤油、柴油等，后期加工提炼流程相比传统工艺更为简便。

ICP 工艺主要包括以下部分：

（1）建立冷冻墙。为了阻止地下水流入油页岩开采区，该工艺利用了冷冻墙技术，即先在开采区周边钻一系列井，建立环形封闭管道系统，注入–45e（–45℃）的冷冻液，使周围的地下水冷冻，形成外围冷冻墙保护周围地下水不受污染。建立冷冻墙之后，将开采区的地下水全部抽走，以减少加热过程中能量的消耗。

（2）加热页岩层。钻加热井，安装加热棒进行传导加热和裂解油页岩，促使其内部的干酪根转化为高品质的油或气。

（3）采出干馏油气。按照常规油气开采的方法，将地下干馏的高品质的油气采集到地面进行加工，生产石脑油、煤油等成品油。

（4）钻探监测井。用来监测水文、地质、温度、压力和水质等参数。

该工艺的突出优点是：提高了资源开发利用效率；减少了开采过程中对生态环境的破坏，即少占地、无尾渣废料、无空气污染、少地下水污染及最大限度地减少有害副产品的产生。尽管该项技术还没有商业化推广，但关键的工艺、设备等技术问题已经解决，并在美国科罗拉多州进行了中试试验。但该工艺也存在一些缺点：电加热工艺复杂、故障多、难排除，加热元件及功率小、耗电多、波及面积小、成本高、温度场呈球状分布、损失大，油气迁移动力小、难以采出、导致回收率较低。据有关专家称，由于电加热能耗太大，在工业应用阶段拟改用气体加热。

2. 埃克森美孚公司的 ElectrofracTM 技术

ElectrofracTM 工艺先利用平行水平井对页岩层进行水力压裂，向油页岩矿层的裂缝中填充导电介质，形成加热单元。导电介质通过传导把热量传递给页岩层使页岩层内的干酪根热解，产生的油气通过采油井采到地面上来。同时，伴生矿碳酸氢钠也遇热发生反应生成碳酸钠，用水抽提出来作为副产品。

该工艺的特点：采用了压裂技术增加了页岩层的渗透性，可开采致密性油页岩资源；生产副产品碳酸钠，提高了经济效益；没有保护地下水，容易造成水污染；采用平面热源的线性导热方式，有效地提高了热效率。

3. IEP 的 GFC 技术

该工艺流程为：利用高温燃料电池堆的反应热直接加热油页岩层，使其中的有机质热解产生烃气，然后导入到采油井，被抽到地面上来。除了部分气体作为燃料被通入燃料电池堆外，其余大部分烃气经冷凝后获得石油和天然气。另外，在启动工艺装置预热油页岩时期，需要向燃料电池中通入天然气作为启动燃料。工艺正常运转后，能量自给自足。

4. 太原理工大学的对流加热技术

利用高温烃类气体对流加热油页岩开采油气技术是太原理工大学发明的一种原位开采技术。通过在地面布置群井，采用压裂方式使群井连通，然后间隔轮换注热井与生产井，将 400~700 e（℃）高温烃类气体沿注热井注入油页岩矿层，加热矿层使干酪根热解形成油气，并经低温气体或水携带沿生产井排到地面，油气水分离后，再进行单独的气体分离形成油气产品，并将烃类气体通入储罐，经加压和升温到设定压力、温度后注入油页岩矿层，循环实施油页岩油气的开采。

该技术的特点是：利用群井压裂制造裂缝，采用群井压裂方式，产生巨型的沿矿层方向的裂缝，使群井内所有钻井沿油页岩层连通，增加了油页岩层的渗透性，提高了采油效率；利用高比热系数流体，提高了加热油页岩矿层的速度，利用热容系数高的烃类气体代替热容系数低的水蒸气，提高了加热速度，缓解了对水的需求；间隔轮换注热井和生产井，采用注热井与生产井间隔轮换的方法，保证了油页岩矿层均匀升温和油气的均匀开采。

5. 雪弗龙 CRUSH 技术

2006 年，雪弗龙公司和 LosAlamos 国家实验室联合开发了 CRUSH 技术，并将设计的含有 2~5 个四点井网单元的工业试验模型，进行实验室室内实验和小规模的现场试验。目前主要研究注入高温 CO_2 加热油页岩层技术。该技术首先对页岩层进行爆破压裂，提高 CO_2 与干酪根接触的表面积，将 CO_2 以对流的方式从竖直井导入，通过一系列水平裂缝加热页岩层。生成的烃气经垂直井采出。该技术是基于 20 世纪 50 年代 Sinclair 油气公司利用垂直井间自然和引导的裂缝开采地下干酪根的试验开发的。康菲石油公司和阿克伦大学的研究表明：CO_2 是一种能使页岩油很好回收的载体，并申请了专利。该技术需要大量水，并进行现场生产，对环境破坏较大。

6. EGL 技术

EGL 技术由 EGL 公司提出开发并申请了专利，目前处于小型试验阶段，未进行大规模的商业化开采。该技术主要利用对流和回流传热原理来加热油页岩层，主要由加热系统和采油系统两部分组成。加热系统是一个封闭的环形系统，主要由几个平行的水平井组成。向环形系统中通入高温天然气或丙烷、干馏气带入热量来加热油页岩层。竖直井主要用于收集热解生成的油气，并输送到地面上来。

该技术的特点为：采用了闭路循环，未向地层注入流体，提高了能量利用率，减少了对环境的影响。能量自给自足，除了启动装置时需要天然气等燃料外，一旦该工艺正常运转后就可利用自身产生的干馏气来作为加热井的燃料。但关于地下水的测试与分析，干馏前和干馏过程中脱水的问题尚未研究。

7. Prtroprobe 公司的空气加热技术

该工艺流程先将压缩空气与干馏气通入燃烧器进行燃烧，加热到一定温度，消耗掉部分氧气，然后通入到油页岩地层中加热油页岩使其中的有机质生成烃气，最后把生成的烃气带到地面上来。采出的烃气冷凝后得到轻质油品。

工艺特点：通入的高温压缩空气在地层中可压裂油页岩，增加油页岩的孔隙度，使生成的烃气很容易地从油页岩地层中导出来；该工艺有 4 种产品：氢气、甲烷、轻油、水；产生的部分轻质烃气通入燃烧器进行燃烧，加热即将通入地层的空气，能量自给自足；产生的 CO_2 等气体又被打回油页岩矿层中，污染小，环保；可开发深层（深可达 900 m）的油页岩矿；开采后的油页岩仍能保持 94%~99% 的原始结构完整性，避免了地面塌方。

8. MWE 的 IGE 技术

工艺流程：先将高温蒸汽注入油页岩地层中，对流加热油页岩，与油页岩换热后，把热解生成的油气载到地面上来，冷凝、回收。分离后的不凝气被加热到一定温度后通入到地层与油页岩换热。工艺特点：工艺只涉及气态流动，避免了液态石油的黏滞；利用单一垂直中心井，减少了操作成本，提高了经济效益，降低了环境影响；高压蒸汽只在油页岩层内循环，减少了向采油区渗透的地下水；该工艺还可用作提高石油的采收率；该工艺在超过 150 m 深和 8 m 厚的绿河油页岩地层中开发才具有经济效益。

9. LLNL 的射频技术

20 世纪 70 年代后期美国伊利诺理工大学提出利用射频加热油页岩。该技术利用垂直组合电极缓慢加热大规模深层的页岩层。后来由 LawrenceLivermore 国家实验室（LLNL）进行开发。LLNL 提出利用无线射频的方式加热页岩，克服了传导加热需要大量的热扩散时间的缺点。具有穿透力强、容易控制等优点。

10. Raytheon 公司的 RF/CF 技术

Raytheon 公司的 RF/CF 技术是一项利用射频加热和超临界流体做载体的专利转化技术。其工艺流程为：先将射频发射装置置于地下油页岩层中，进行加热，然后把向页岩层中通入超临界 CO_2 热解生成的烃气载到采油井，被抽到地面上冷凝、回收。冷凝后的 CO_2 又打回地层中循环利用。

四、天然气水合物开采

天然气水合物是在高压低温条件下形成的。地球上 27% 的陆地（主要在多年冻土区）和 90% 的海域都具备其形成的压力和温度条件。从含碳量估算，天然气水合物中的含碳总量大约是地球上全部化石燃料的 2 倍。

（一）天然气水合物开采法

1. 地震勘探法

地震勘探法是目前进行天然气水合物勘探最常用、最重要的方法。由于天然气水合物胶结沉积物层造成的速度异常，会在地震反射剖面上显示出一个独特的反射界面——似海底反射层（Bottom simulating reflector，BSR）。BSR 一般呈现出高振幅、负极性、平行于海底和与海底沉积构造相交的特征，极易识别。目前在秘鲁海槽、中美洲海槽、北加利福尼亚和俄勒冈滨外、南海海槽以及南极大陆等地发现了 BSR 的存在，同时通过深海钻探已经证明这些具有 BSR 的地层确实存在天然气水合物。值得注意的是，天然气水合物与 BSR 并不存在一一对应的关系，利用 BSR 作为天然气水合物存在的唯一标识有很大的局限性。而 AVO（Amplitude Versus Offset）技术正被应用于天然气水合物的真假 BSR 识别。

2. 测井法

测井法是根据地球物理资料提取钻孔剖面中可能含有的天然气水合物带的物理特征，作为识别天然气水合物的依据。其常规测井技术具有以下特征：

电阻率测井具有相对高的电阻率偏移；井径测井显示特大的井眼尺寸；声波时差测井表现出时差降低；中子孔隙度测井显示中子孔隙度增加；密度测井显示密度降低；射线测井表明 API 值明显偏高。还有一些特殊的测井技术，例如：介电测井、钻井同时记录（LWD）技术、地层微电阻率扫描技术（FMS）、核磁共振（NMR）等。这些特殊的测井技术可以提高天然气水合物的识别和评价质量。

3. 地球化学法

由于天然气水合物极易受温度压力的变化而分解，海底浅部沉积物中常常形成天然气地球化学异常，这些异常可以作为天然气水合物存在的识别指标。天然气水合物的地球化学异常主要表现在以下方面：底层海水中甲烷的含量升高、二氧化碳的 C 值降低、He 含量异常；SMI（Sulfate methane interface）变浅、硫酸盐梯度变大；海底沉积物中的孔隙水氯度减小、O 值增大、B 与 Li 含量降低、B 与 Li 值升高；沉积物中烃类气体含量高等。对于高原冻土带的天然气水合物，则主要通过冻土土壤样品的酸解氢、酸解甲烷、酸解乙烷、酸解丙烷和热释汞的异常以及 CO_2 排放烟囱作为勘探的依据。

4. 钻孔取芯法

钻孔取芯法是证明地下天然气水合物存在的最直观和最直接的方法。在保压条件下，将含水合物的岩芯取出来，在降压和升温条件下测定其中所含的气体量及气体浓度，计算获得水合物含量；利用水合物分解所引起的取芯段温度异常识别，确定水合物的分布及含量特征。目前已在墨西哥湾、布莱克海岭等地取得了天然存在的含天然气水合物的岩芯。钻孔取芯的方法还有活塞式岩芯取样法、恒温岩芯取样法等。

5. 标型矿物法

标型矿物通常是某些具有特定组成和形态的碳酸盐、硫酸盐和硫化物，它们是成矿流体在沉积、成岩以及后生作用过程中与海水、孔隙水、沉积物相互作用所形成的一系列标型矿物。

6. 其他方法

可控源电磁法（Controlled source electromagnetic method，CSEM），是根据电阻率的增大判断天然气水合物的存在；海底地形柔量法（Seafloor compliance method）的原理为：海底压力为海底变形的转变函数，与剪切模量有很大的关系，天然气水合物的存在可以加大剪切模量；高精度的海洋磁力梯度测量技术用于验证地震剖面中泥底辟构造存在的真伪，为准确圈定天然气水合物存在的富集区提供了有效的技术支持。

（二）天然气水合物的开采技术

1. 热激法

热激法是将蒸汽、热水或其他热流体从地面泵入天然气水合物地层，使温度上升，水合物分解而形成天然气。热激法的主要缺点是热损失大、效率低。近年来，为了提高热激法的效率，人们采用了井下加热技术。微波开采天然气水合物气藏就是其中之一。将微波发生器置于井下对储层直接加热或将微波沿勘探井向下传到多连通器中的功分器，并与开窗侧钻的多分支井内的天线相连，微波就能由天线向地层辐射，使储层中的天然气水合物分解成天然气和水。Cranganu 提出了一种新的开采方法，即条件性热激法，该方法无须从地表注入其他热流体，而是将气体燃料混合物由解吸气体排出的同一井筒中注入，燃料燃烧所放出的热量足以满足水合物分解所需的能量，达到节约能源的目的。

2. 降压法

降压法是指通过钻探等方法降低天然气水合物层下面的游离气聚集层位的平衡压力，破坏水合物气藏的稳定性，使水合物分解而析出天然气。其最大的特点是不需要昂贵的连续激发。另外，通过调节天然气的提取速度可以控制水合物的分解。当水合物层下面存在自由气藏时，降压开采是最有效的方法。苏联麦索雅哈气田的开采实践证明了这一点。

3. 化学试剂法

化学试剂法是以某些化学试剂（如甲醇、乙醇、乙二醇、盐水、氯化钙等）改变水合物形成的相平衡条件，降低水合物的稳定温度，促进水合物分解。近年来人们又发现了另外两种新型抑制化学技术，即以表面活性剂为基础的反聚结技术和阻止晶核生成的动力学技术。该方法最大的缺点是速度慢、费用高，且由于海洋中水合物的压力较高，回采气体较困难。

4. CO_2 置换法

CO_2 置换法的原理是：甲烷水合物所需的稳定压力较 CO_2 高，在某一压力条件下，甲烷水合物不稳定，而 CO_2 水合物却是稳定的，这时 CO_2 进入到天然气中，与水形成水合物，同时所释放的热量可用于分解天然气水合物。用 CO_2

水合物来置换天然气水合物的研究已经开展起来，并在实验室获得成功。

5. 水力提升法

水力提升法的基本思路是：在海底用集矿机对天然气水合物进行收集，并进行初步泥沙分离，然后采用固、液、气三相混输技术，将固态水合物及输送过程中分解出来的气体提升到海平面，利用海面的高温海水对水合物进行分解并获得气体。

第四章　能源储运工程

　　能源储运工程（energy storage and transport engineering）是连接能源生产、加工、分配、销售诸环节的纽带，也是能源生产和利用之间不可或缺的重要环节。能源储运工程分为能源储存和能源运输两部分。因各类能源的形态、性质不同，其储运的方式及设施各有不同。本章包括煤炭、石油、天然气、热能、电能等部分，主要从储存设施、输送方式等方面进行阐述。

第一节　煤炭的储运工程

　　我国煤炭资源生产与消费在空间上呈现出错位性分布。我国煤炭资源生产主要集中在经济不太发达的中部、西部地区；而煤炭消费地主要集中在经济比较发达的东南沿海、华东和华北地区。煤炭的赋存量与经济发展呈逆向分布将使"北煤南运，西煤东调"的煤炭输运格局长期存在。也就是说，煤炭供需平衡的关键要依靠煤炭运输环节来解决。地下的煤炭被开采后，由皮带运输机经过工作面、顺槽、采区巷道的运输由大巷进入煤仓、由主井提升到地面，再到矿井地面，进行地面煤炭运输、地面排矸、洗选、加工处理等，再由运输工具输运到各地。常用的煤炭运输工具主要有船舶、火车、汽车。三种工具运输煤炭时都有一个共同的特点就是敞开式运输。

　　煤炭运输是由铁路运输、公路运输、海洋运输、内河运输、管道运输等部门组成的统一体系。各类运输都有其优点和缺点，各具不同的技术经济性能，在整体中互相联系、互相支持，发挥各运输部门的长处。实践证明，有时煤炭运输要靠几种运输方式完成，必须组成综合运输网。煤炭行业和其他行业一样，对运输业的要求是：费用低、速度快、连续性大、灵活性高。其中最主要的是运费低和速度快两项，这样可以减少运输过程的劳动消耗，从而减少产品在运输中的追加价值，加速产品的流通过程。

一、皮带运输机输煤

煤矿是一种连续型生产的企业，从工作面到地面储煤仓，形成了不间断的生产链，其中皮带运输机在这条生产链中担负着重要的运输任务。煤矿用皮带输送机主要是指在煤炭采掘、生产、转运、加工过程中使用的皮带输送机。煤矿皮带运输机是现代煤矿井下主要的运输工具，也是矿井的咽喉设备。煤矿用皮带输送机具有运输量大、工作环境复杂、承载能力强，以及运输距离较长等特点。在我国的主要产煤区山西、内蒙古、新疆等地使用广泛。煤矿用皮带输送机不仅可以在煤炭生产加工过程中使用，同样也适用在其他矿产的生产加工过程中使用。可以有效减少能耗，提供经济效益，相比汽车运输方式更能节省能源和保护环境。

煤矿用皮带输送机部件组成跟普通皮带输送机相同，都是由以下部件组成：输送带、托辊、滚筒、机身支架、拉紧装置、清扫器、溜槽、导料板、制动器、逆止器、保护装置以及驱动装置。其中，驱动装置包括：电动滚筒驱动、电机减速机驱动两种方式。

二、煤炭铁路运输

铁路是我国煤炭运输的主要方式，而煤炭历来是铁路运输的主要货物。我国铁路煤运量一直占煤运总量的60%以上，煤炭运输量占铁路货运总量的49%左右。由于我国煤炭资源主要分布在西北方，而煤炭消费主要在东南方，从而形成若干从北向南、由西向东的运煤铁路大通道。煤炭铁路运输体系是以山西、内蒙古、河南为主要核心，表现出较强烈的中心—辐射的特征。铁路运输的组织原则是"一卸，二排，三装"。

（一）卸车

卸车组织在铁路运输系统环节中占据着重要的位置，铁路运输的装运最终都将在卸车站进行卸车。卸车组织不仅仅涉及煤炭运输能否有充足的货源组织和能否及时、安全运输到达卸车站的问题，还涉及与港方衔接。协调煤炭装船运输的重要任务。影响卸车组织的因素主要有铁路和站场，卸车设备（翻车机、翻车机房和拨车机）、铁路车辆、机车牵引、列车调度指挥以及路、港、矿信息交互。

1. 卸车方式

散货卸车方式主要有翻车机卸车、螺旋卸车机卸车、链斗卸车机卸车与底开门自卸车卸车四种卸车方式。翻车机是一种专用卸车机械，翻卸敞车效率最高，其优点是卸车效率高，机械化程度高，环保性能好，卸料干净，对煤的块度适应性强；缺点是车辆易造成损坏，设备投资大，系统复杂，维修技术要求高。螺旋卸车机卸车的基本方法是将螺旋分层插入物料中，由螺旋斜面将物料从敞车的侧边门推出。其系统主要有螺旋卸车机，坑道漏斗，坑道收料皮带机，铁路停车线，移动牵引绞车等。其优点是卸车效率较高，对车型适应性好，设备简单，维护方便，要求管理水平不高；缺点是煤卸不干净，需人工清理车底；受煤槽长，基坑开挖量大，回填工程量大，卸煤时煤尘对环境影响大。链斗卸车机是由安装在门架内的两排垂直提升的斗子组成，由下端的斗子抓取物料，提升到上端，抛入横向的皮带机上，从皮带机的任何一端抛出。其优点是造价低，要求地面没有坡度，以保持机架在工作时的稳定性；缺点是机械磨损大，维修费用高，能耗大，清车量大，扬尘性大，对货种适应性差，在港口仅作辅助设备。底开门自卸车是一种卸车效率很高的散货专用列车，卸车时可打开专用列车两侧的底部门，列车边行进边卸货至铁道两旁的收货槽或货堆，货槽的底部设有漏斗和皮带机，可将物料运出卸货点至堆场（常设坑道。）优点是卸车效率高，卸载方式简单，车厢内无剩余物料，劳动定员少，厂内管理简单；缺点是需要固定专用车，要进行自卸式专用车辆的投资，受煤槽长，基坑开挖量大，回填工程量大，综合投资大，卸煤时煤尘对环境影响大。

2. 卸车流程

卸车流程是指重车达到车站与空车发出之间的作业流程。卸车流程的简化与否直接决定着列车在站停留时间。新建设卸车站或扩能改建的车站均采用环线卸车流程作业模式。车站采用环线型线路，重车到达车站后，直接进入翻车机房内进行翻卸，翻卸完毕后直接由本务机连挂，回送空车。该方法大大缩短了中间环节的占用时间，同时也减少了调车作业，从而缩短了停留车时间，提高了卸车效率。

（二）装车

铁路快速装车系统是一种将散装物料按规定的质量快速连续地称量并装入列车车厢的系统，具有一次称量、一次装载、速度快、精度高等特点。当前在大型煤矿、非煤矿山等企业使用已经非常广泛。我国煤矿的重车称量与装车同步进行，一种方式是轨道衡置于跨线煤仓仓口或胶带输送机卸料口下方，边装车边称量，通过称量控制装车;另一种方式是跨线多煤口装车线，轨道衡置于跨线煤仓出口，人工预装车后称量，多退少补，往返几次才能达到准确装车。随着电子称重业的发展，目前国外已采用大型定量仓快速装车系统，预先在定量仓中按车皮标重自动预装仓，待列车车厢行进经过定量仓仓口时，自动按车厢标重装车，实现快速、准确装车。

1. 快速装车系统

快速装车系统是我国在 20 世纪 80 年代从国外引进的一种新型列车装载系统，它能够快速地将煤炭连续装载到行进中的火车车厢中，特别适合大型采矿企业产品的装车外运。在采矿业比较发达的美国、南非等国家，快速装车系统非常普及。快速装车系统是以自动控制的方式快速并连续地将固体物料按设定的重量装载到以一定速度行进的列车中的一种高效定量装车系统。相对于简易装车系统以及使用装载机装车的集装站，其优点是自动化程度高、装车速度快、装车精度高、装车质量好、环保性能优。

快速装车系统由装载系统〔包括缓冲仓、定量（称重）仓以及装载溜槽等塔楼设备〕、给料系统（包括胶带机、给煤机）和采样系统（包括煤炭采制样及分析化验设备）三部分组成，每个系统都有自己的 PLC 远程控制站和供配电设施。

2. 采用煤矿用微机电子轨道衡实现单点装车系统装车过程自动化

系统原理：联挂列车车厢依次进入煤仓下，当计算机判别到第 1 节车厢到位时，发出控制信号，启动给定煤仓下带式输送机和给料机，通过胶带秤检测煤流流量，自动控制列车调车绞车运行速度，保证列车通过卸料口时，能按确定输煤量准确装车。胶带机输送的煤经双向溜槽后进入车厢，通过车厢轨轮上轨道衡台面位置的逻辑判别，达到预定要求后，自动改换双向溜槽到前溜槽口装车。当本车厢第 4 个轨轮上轨道衡台面后，定重控制双向溜槽向后一节车厢卸煤（第 2 节车厢），使列车顺利通过车节，同时自动称重计量，记录该车毛重。依此类推。当装最后一节车厢时，按预设时间提前关闭给料机，待最后一节车厢第 4 轮上台面后，定重或定时关闭带式输送机，并收回溜煤槽，等待下一次装车。最后，通过统计报表软件将称量结果按序打印，并累计。

3. 采用煤矿装车增补技术实现跨线多煤口装车线装车过程自动化

系统工作原理：联挂列车由调车绞车牵引，通过大型储煤仓按体积预装车，装车量控制在额定装载的 95%，列车后的车厢依次经过电子轨道衡，自动称得重量后，由微机系统自动去皮得到实际装车量和欠装量，同时将欠装量信号传给位于电子轨道衡上方的煤量自载增补系统；在重车继续行进通过增补系统时，微机控制增补系统定量仓卸料闸门自动开启，以向该车厢按实际欠装量补煤，补煤后装车准确度优于 0.5%，符合铁路运输要求，整车称量精度优于 GB/T17167《企业能源计量器具配备和管理导则》规定的 0.3% 的要求；最后自动打印输出单节车厢报表和整列车的实际装车量。

（三）铁路重载运输

重载运输是指在先进的铁路技术装备条件下，扩大列车编组，提高列车重量的运输方式。按重载列车的作业组织方法区分，铁路重载运输有以下三种模式：单元式重载列车，组合式重载列车和整列式重载列车。其中，我国采用的主要为整列式重载列车，列车由不同形式和载重的货物车辆混合编组，用大功率单机或多机重联牵引，达到规定重载标准。

采用重载列车输送煤炭，不仅大大提高运输能力与输送效率，同时也增强了企业的经济效益，更重要的是对缓解全国煤电油运紧张状况、加快产区煤炭外运、促进国民经济持续健康快速发展具有重要意义。正因为如此，铁路重载运输是铁路未来发展的方向之一，也是铁路现代化的标志。

三、煤炭公路运输

在国内外露天开采中，汽车运输应用十分普遍。在加拿大和澳大利亚几乎所有的矿都采用汽车运输，美国的绝大多数露天矿也都是汽车运输。在国内的露天铁、有色金属和非金属露天矿应用汽车运输也极为广泛。随着中国现代化建设事业不断推进，汽车运输在露天煤矿也得到很大发展。自卸汽车，特别是大型后卸式汽车，已成为世界大型露天矿场的主要设备。甚至是在采用坑内破碎和带式运输的深露天矿，也采用汽车向坑内破碎机转运矿岩。世界金属露天矿大约有 80%~90% 的矿岩采用汽车运输。

煤炭系统过去只有少数几个露天矿（如宁夏大峰煤矿、云南可保煤矿等）采用汽车运输，而且汽车吨位较小。近年来，新建或改扩建的霍林河、伊敏河、平朔安大堡、格尔、元宝山及抚顺西露天等采用汽车运输或联合运输的大型露天煤矿已经投产，进一步提高了汽车运输在露天煤矿所占的比重。露天煤矿的主要运输工具有重卡自卸车、重卡型矿用车、刚性矿用车和铰接式卡车，其中重卡自卸车是最重要的运输工具，占到运输任务的 85% 以上。重卡自卸车一般行驶在路况较好的公路上，允许的行驶速度较高，一般在 80 公里/小时以上，是大型货物的主要的运输设备。重卡型矿用车是一种非公路用（工矿）车。主要在年产量 300 万吨以下的中小型露天煤矿使用。刚性矿用车是指露天矿山为完成岩石土方剥离与矿石运输任务而使用的一种非公路用重型自卸车，适用于一些大型项目（如矿山、水利工程、铁路、隧道等）。铰接式自卸车是指驾驶室和车体之间具有铰接点及摆动环的自卸车，是一种适宜在恶劣天气及空间限制的工作条件下工作的工程汽车。

由于成本和运价等因素，理论上讲，公路煤炭运输只适合区域内近距离的运输。事实上，公路煤炭运输作为铁路和水路煤炭运输的重要补充，在主要的煤炭生产基地和煤炭中转港腹地，一直有部分中、短距离的公路直达运输或公路集港运输。跨地区公路煤炭运输主要集结在山西、内蒙古等地区。大规模的长距离煤炭运输并不是公路运输方式的优势所在，然而近几年来，随着经济发展对煤炭需求的大幅度增长，铁路运力不断趋紧，公路煤炭运输发展较快。

四、煤炭水路运输

水运是实现"北煤南运"的重要方式，中国煤炭的发展将直接影响到未来一段时间水运系统的建设和调整。中国水路煤炭运输，国内运输方面主要分四个大的通道，一是煤炭北煤南运的海运通道，二是长江煤炭运输通道，三是京杭运河通道，四是西江煤炭运输通道，还有就是煤炭进口煤炭水路通道。

煤炭主要下水港包括：沿海有北方七港，即北路：秦皇岛港、天津港、黄骅港、京津港；中路：青岛港；南路：日照港、连云港。北方七港煤炭下水量占沿海煤炭总下水量的一半以上。内河煤炭下水港有长江四港（南京港、武汉港、芜湖港、枝江港）及京杭运河上的徐州港和珠江水系的贵港。"铁水联运"是北煤南运的主要方式，因此海运能力在煤炭运输系统中的重要性仅次于铁路。不过，与捉襟见肘的铁路运输相比，由于各地港口和运输船队建设已经实施市场化运作，因此我国煤炭的海运能力和港口建设增长迅猛。

2009 年，中国首次出现煤炭净进口。从未来的发展趋势看，进口煤炭运输将成为新的发展趋势，而水路运输则是进口煤炭最重要的运输方式，这种趋势的变化将直接影响到运输流向和运输格局的变化，对该趋势应保持重点关注。从未来可能进口来源地来看可能集中在澳大利亚、俄罗斯和印度，而又尤以澳大利亚煤炭对中国水路煤炭进口影响最大。

煤炭码头系统的基本组成主要分为基础设施和装卸机械设备。其主要的基础设施有：铁路、泊位、翻车机房、堆场和转接塔等；主要的装卸机械设备有：翻车机、堆取料机、进出场皮带输送机和装船机等。另外还包括一些相关的辅助设施有：装车设施、除尘设施和计量设施。

（一）传统煤炭港口码头工艺系统作业流程

传统煤炭港口操作工艺系统包括翻车机倒煤、堆取料、皮带转接、配煤、装船等。煤炭码头的主要功能是对煤炭的运输中转及储存等，作业流程主要依据其实现功能的单元（如煤炭运输及中转单元有火车、皮带、船舶等；储存单元有堆场）和码头的实际情况来确定。对于煤炭港口物流功能活动也因为交易中的不同需要而不同，所以根据煤炭在港口中物流活动的起点和终点的不同，煤码头的作业主要包括车场作业、场船作业和直装作业。

1. 车场作业

车场作业流程是指车辆和堆场之间的煤炭输送流程，当煤炭是出口时，输送设备把煤炭从车辆输送到码头堆场，这叫作卸车进场作业流程；反之进口时，输送设备把煤炭从码头堆场输送到车辆，这叫作进场装车作业流程。卸车进场作业流程和出场装车作业流程统称为车场作业流程，它们共享相同的输送设备，因此要通过合理的管理，协调两者的作业，以提高整个码头的通过能力。

2. 场船作业

场船作业流程是指堆场和船舶之间的煤炭物料输送流程，当煤炭出口时，装船线配合堆场设备把煤炭从堆场输送到前沿船舶，这叫作出场装船作业流程；当煤炭进口时，卸船线配合堆场设备把煤炭从前沿船舶输送到堆场，这叫作卸船进场作业流程。出场装船作业流程和卸船进场作业流程统称为场船作业流程，它们也是占用相同的输送设备，如果不有效协调装船和卸船作业，将会影响码头的通过能力。

卸船作业既可采用连续性机械，如链斗式卸船机、斗轮式卸船机，也可采用间歇式机械，如装卸桥、带斗门机等；煤炭输送采用皮带输送机系统，这一系统由卸船机皮带机、堆场取料系统皮带机、装船系统皮带机组成；堆场系统可采用堆取分设布置，选用取料机和堆料机，也可采用堆取合一布置，选用堆取料机；装船系统可采用固定式或移动式装船机。卸船过程中清仓机械的使用有利于清除舱内物料并提高卸船效率，可以选用兼有推和扒作业功能的推扒机作为辅助机械，提高清仓效率；同时，需在堆场中配备若干铲斗车。

3. 直装作业

直装作业的流程包括船船直装和车船直装。船船直装流程是指将船舶上的货物直接卸船后，通过输送设备把货物直接送到别的泊位进行装船，而不需要进出堆场，这种流程也叫作卸船进船流程。车船直装流程是指出口时传送带连接装船线，把煤炭通过翻车机后，不通过码头堆场直接输送到码头前沿船舶，这叫作出口车船直装流程；进口时，传送设备把煤炭不通过堆场直接卸船装车。

（二）封闭筒仓式煤炭码头的装卸工艺与布置

1. 封闭筒仓式煤炭码头的总平面布置

封闭筒仓式煤炭码头的装卸工艺设计与平面布置有满足煤炭通过能力的煤炭专业泊位以及筒仓堆场。作为码头生产作业系统中的重要环节，封闭式堆场除满足煤炭堆存需要外，还必须配备与其生产需求相匹配的、物料进出筒仓的整套装卸工艺系统。装船作业考虑运量发展和到港船型实际要求，几个泊位设置几条作业线。

2. 封闭筒仓式煤炭码头的主要装卸设备

封闭筒仓式煤炭码头的主要装卸设备有活化振动给煤机、移动卸料小车、旋转布料机、输送机系统、仓顶进仓作业线的密封设备。

3. 封闭筒仓式煤炭码头的装卸工艺

与传统煤炭码头装卸工艺系统显著不同的是，封闭筒仓式煤炭码头采用圆筒仓来储存煤炭，而不是将煤炭堆存在露天堆场。其装卸工艺可以简述为：火车—翻车机—皮带机—卸料设备—布料设备—圆筒仓—出仓设备—皮带机—装船机—船舶。

五、水煤浆管道输送

水煤浆（CWs）是由质量份额 60%~70% 的煤粉、30%~40% 的水和少量添加剂混合构成的液固两相悬浮体，是一种新型的煤基流体燃料。它具有和石油一样的流动性和稳定性。可方便地实现储存、管道输送、雾化和燃烧。由于水煤浆可作为代油燃料和气化原料，具有节能、环保和综合利用煤泥等多种效益，受到各国工业界的高度重视。水煤浆制备工艺通常包括选煤（脱灰、脱硫）、破碎、磨矿、加入添加剂、捏混、搅拌与剪切，以及为剔除最终产品中的超粒与杂物的滤浆等环节。经过多道严密工序，筛去煤炭中无法燃烧的成分等杂质，仅将碳本质保留下来，成为水煤浆的精华。它具有石油一样的流动性，热值相当于油的一半，被称为液态煤炭产品。

水煤浆管道输送是一种新兴的现代化固体物料输运方式，具有效率高、成本低、占地少、污染小、安全可靠等优点，广泛用于煤炭、冶金、化工、远距离输送等工业领域，在煤的燃烧和气化等洁净煤技术领域应用尤为广泛。中国煤炭资源分布集中在"三西"，即山西、陕西及内蒙古西部。有 63%的煤炭要从"三西"调出，中国长期存在北煤南运、西煤东调的格局。煤炭的管道运输投资少、建设周期短、营运费低、为全密闭输送，不污染环境。水煤浆经管道输送到终端即可供用户燃用，而且可长期密闭储存。

水煤浆管道输送系统由制浆厂、管道与泵站、终端脱水厂三个主要部分构成，同时还包括供水、供电、通信和自动控制等有关配套设施。水煤浆管道输送系统以水为载体，煤矿开采的原煤经过洗选或均质处理，然后经过破碎、研磨制成合适的粒度级配和浓度的煤浆，通过管道经高压泵接力输送到终端用户，管输煤浆经过终端处理后可以满足不同用户的要求。对于电厂用户，可经机械脱水成煤粉，供电站锅炉直接燃烧；对于煤化工用户和燃烧水煤浆的用户，在终端设置细磨装置，制成符合粒度、浓度要求的煤浆，就可以适应化工及燃烧水煤浆用户的不同工艺要求。

正因为管线被埋于冻土层之下，除首端（制浆厂和泵站）、终端（储浆厂、脱水厂）工业场地为永久占地外，其余只在施工时临时占地，施工好以后回填仍可耕种。而这样运输煤炭环保洁净，埋地密闭运行，对恶劣气候的抗灾能力也强，不污染环境，途中无运输损失，有利于生态保护和环境保护。同时，管道输煤基本上一吨煤一吨水，比煤炭就地转化要省很多水，而且 70%~80%的水可以回收，必要时返输到管道的首端重复利用，这样可以更为合理地利用水资源。

第二节　石油的储运工程

一、油库的分类及功能

能够收发和储存原油、汽油、煤油、柴油、溶剂油、润滑油和重油等整装、散装油品的独立或企业附属的仓库或设施称为油库。

（一）油库分类

（1）根据油库担负的主要任务分为储备油库、转运油库和供应油库。

储备油库的主要任务是战争储备油料和油料器材。转运油库主要担负成批油料的转运任务。供应油库的主要任务是向用油单位供应油料。

（2）根据油罐与地面的相对位置可分为地上油库（地面油库）、地下隐蔽油库和山洞油库。

（3）油库按总容量可分为大型、中型、小型油库。

（二）油库的功能

油库的工作以管好油料及油料器材为中心。其具体功能是：

（1）安全、及时、准确地做好油料和油料器材的收发、保管和供应工作。

（2）正确使用和管理油库各项技术设备和建筑设施，及时检查维护，计划维修，使之经常处于良好状态。

（3）搞好油库安全管理，消防、警卫，库区绿化和环保工作，确保油库安全。

（三）油库的分区及设施

为了保证安全、便于油库安全和工艺要求、作业性质等，将油库的所有设施进行分区布置。油库一般可分为储存区、装卸作业区和行政管理与生活区。

储存区又称油灌区或储油区，是油库储存油料的区域，是油库的核心部位，安全上需要特别注意，这个区域的首要任务是安全储油，其设施除储油罐外，还有防火堤、消防、防雷、防静电、安全监视等安全设备以及降低油品损耗的设备。

装卸是油料收发作业的场所，是油库的咽喉。根据收发作业的形式，可以分为铁路收发区，水路收发区、公路收发区和零星收发区

行政管理生活区是油库行政管理和工作人员生活的场所。

（四）油库工艺流程

油库工艺流程是指油料按规定的工艺要求在管路系统中流动的过程。油库工艺流程主要由输油管路系统、真空管路系统和放空管路系统组成。

（1）输油管路系统。输油管路系统是工艺流程的主要部分，用来收油、发油和库内输转，多种工艺过程的变换大多是通过管组的调整来实现的。

（2）真空管路系统。真空管路系统只用于上部卸油系统，用来为鹤管抽真空引油和抽油罐车（或油驳）引油，它由真空管路、真空泵和其他附属设备组成。

（3）放空管路系统。放空管路设置的目的在于输油完毕后将输油管中残存的油料排入放空罐内。其作用一方面是为了实现"一管多用"，即用一根管路输送多种牌号的油料而不发生混油。另一方面是为了防止积存在管路中的油料受热膨胀而破坏管路和管件，保证管路安全并使管路维修方便。

二、油罐的分类及构造

油罐是储存油料的重要设备，也是油库的重要设备之一。对油罐的主要要求是：不渗漏，不影响油品质量；经久耐用，施工方便安全可靠，经济节约。

（一）油罐的分类

按其安装位置可分为地上、半地上（地下）和地下油罐三类。按其建筑材料可分为金属油罐和非金属油罐两大类。

（二）金属油罐的构造

金属油罐，按几何形状可分为三大类：立式圆柱形油罐、卧式圆柱形油罐和双曲率油罐即滴形油罐。在以上三大类中，圆柱形油罐占很大比例，卧式油罐只作小容器用，滴状罐可承受 $0.4 \sim 1.2 \ kg/cm^2$ 的剩余压力，可基本消除小呼吸损耗，适于储存易挥发的油品，因其结构复杂，施工困难，建设费用高，在国内还没建造过，在国外也用得较少，我国的储油设备多为立式圆柱形油罐和卧式圆柱形油罐。

立式油罐由底板、壁板、顶板及油罐附件组成。目前运用最广泛的是拱顶油罐和内外浮顶油罐。不管容量的大小或罐顶结构形式如何，立式圆柱形钢油罐一般都是在现场焊接安装，底板直接铺在油罐基础上。

罐壁是油罐的主要受力构件，它在液体压力的作用下承受环向拉应力。我国现行设计中采用的罐壁顶圈板厚度是根据油罐容积确定的。罐壁的竖向焊缝都采用对接，环向焊缝则根据工艺要求可以是搭接，也可以是对接。计算壁厚则主要考虑在油品作用下罐壁所受的压力。

立式圆柱形油罐的底板并不承受很大压力，油品和罐体本身的重量均经底板直接作用在基础上。底板外表面与基础接触，容易受潮，底板的内表面又经常接触油品中沉积的水分和杂质，容易受到腐蚀。罐底周边与壁板连接处应力比较复杂，所以底板外缘的边板采用较厚的钢板。根据对储油质量和工艺的不同要求，通常有平底和倒锥底两种形式的罐底。

油罐的附件及附属设备是为了使油罐具备完成指定作业的能力，方便管理和确保安全生产而设置的。每个油罐需要配置的附件种类、数量和规格，取决于油罐容量、功能、油品性质及作业的工艺条件。油罐附件主要有入孔、量油帽、呼吸阀（弹簧式机械呼吸阀等）、液压安全阀、呼吸阀挡板、照明孔、梯子和栏杆、排污放水装置、进出油短管、安全设备防火器（阻火器）、液位报警器、静电接地装置、加温设备等。

三、石油运输及装卸方式

(一) 石油运输方式

油品运输有以下五种方式：管道运输、铁路运输、公路运输、水路运输、航空运输。管道运输是原油和成品油最主要的运输方式。原油主要靠管道和水运输送。目前我国成品油输送中，铁路约 50%，水运约占 20%，公路约占 23%，管道直输大约占 7%。航空运输所占比例微乎其微。

1. 管道运输

管道运输具有运输量大、占地少，缩短运输距离、密闭安全、便于管理，易于实现远程集中监控，能耗少，运费低等优点。缺点是不如车、船等运输灵活、多样。所以管道运输适于大量、单向、定点运输石油等流体货物。

2. 水路运输

水路运输的显著优点是大运量时运费低，而且运费随运距的长短变化不大。与管道运输相比，水运更为经济，但受地理环境限制。水运包括沿海和内河运输。

3. 铁路运输

铁路运输成本高于管输和水运，且罐车往往是空载返程，输量大时不经济。因铁路总的运力有限使输油量受到限制。但铁路运输比较方便，只要有铁路的地方就可使用。

4. 公路运输

公路运输比较灵活，但运输量小且运费高，一般用于少量油品的较短途运输。

5. 航空运输

航空运输成本较高，主要用于不能用其他输送方式的时候，一般作为补充运输方式。

(二) 油品的装卸

1. 铁路装卸设施及工艺方式

(1) 铁路装卸设施及设备。轻油装卸设施由输油设备、真空设备和放空设备组成。如图 4-1 所示，输油设备用于输转油罐车与储油罐内的油品，包括装卸油鹤管、集油管、输油管和输油泵等。真空设备的作用是抽气引油罐泵和收净油罐车底油，即扫舱，包括真空泵、真空罐、真空管道和扫舱短管等。在装卸完毕后，放空设备将管线中的油品放空，以免输送其他油品时造成混油或易凝油品冻结于管线中。

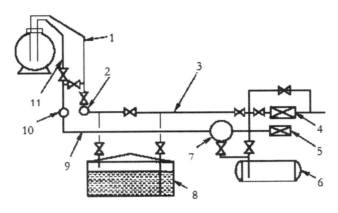

注：1–装卸油鹤管；2–集油管；3–输油管；4–输油泵；5–真空泵；6–放空管；7–真空罐；8–零位油罐；9–真空管；10–扫舱总管；11–扫舱短管。

图 4-1　轻油装卸系统

栈桥是铁路油罐车装卸油作业的操作平台，也是装卸油系统管道集中安装的部位，如图 4-2 所示。栈桥到罐顶之间常设吊梯或其他形式的踏板，以便操作人员上、下油罐车。

注：1–铁路；2–栈桥；3–油管；4–鹤管。

图 4-2　铁路栈桥示意图

（2）铁路装卸油工艺方法。

①铁路油罐车卸油的一般方法。自铁路油罐车卸油，有上部卸油和下部卸

油两种方法：上部卸油法是通过鹤管从油罐车上部用泵或虹吸自流的方法把油卸下（图4-3），这是油库目前广泛采用的方法。

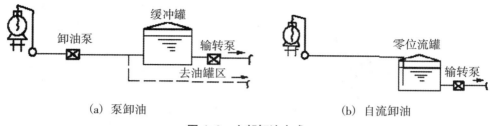

(a) 泵卸油　　　　　　　　　　　　　　(b) 自流卸油

图4-3　上部卸油方式

下部卸油是由油罐车下部直接与吸入系统管路和泵连接，其最大的优点是取消了鹤管，解决了夏天卸轻油时鹤管容易产生的问题，同时不需要抽真空灌泵和抽吸罐车底油，因而设备简单，操作方便。但因罐车下部卸油器由于经常开关，及行驶中震动等原因，所以具有难保严密、易渗漏、运输不安全等缺点。

②铁路油罐车装油的一般方法。装油系统一般是和系统连成一片的，装油是利用卸油系统或专门的装油系统来完成的。一般采用自流装油、用泵装油和通过中继油罐装油三种方法。

我国有很多储备油库建造在山区，储油区大多高于装卸区，高差满足要求时，均采用自流装车，如图4-4（a）所示。这种自流装车投资省、经营费用低、不受电源影响。

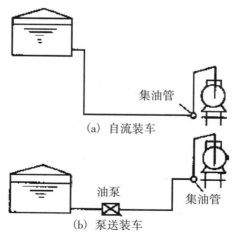

(a) 自流装车

(b) 泵送装车

图4-4　自流装车与泵送装车

2. 水路装卸设施及工艺方式

装卸油码头是供油船装卸、停油的油库专用码头。根据油库所在地理环境及船舶性能分为几类：近岸式固定码头、近岸式浮码头、栈桥式固定码头。

码头装卸油工艺及设施与其相应的运输工艺——油船的性能有关。油船分为油轮和油驳。油轮有自航能力，并以自带动力进行装卸油作业。油驳无自航能力，依靠拖轮航行，只能用油库的油泵进行装卸。万吨油轮主要用于沿海原油运输。成品油的沿海和内河运输多以 3000 t 以下的油轮为主，也有 1000 t 级的自用油轮船队在沿海和内河从事航运。

（1）海运码头装卸油工艺及设施。沿海油库油品运输以油轮为主。油轮配有装卸油设备，故海运装卸油码头一般不设泵房，只有输油管道及辅助管道。油罐区较远的，所需中转泵房也设在岸上以节省投资。

沿海油库一般都设有发油码头，也可向渔船等供应油品。发油码头可专设或与装卸油码头共用。发油以加油枪灌装柴油为主。输油管是水运码头装卸油品的专用设备。

（2）内陆大河油库码头装卸油工艺及设施。内陆大河油品运输工具有油轮和油驳。由于油驳只能依靠岸上油泵卸油，码头上必须设有卸油系统以及用于短泵和清舱的真空系统。为了保证吸入条件，泵房必须设在船上以使卸油泵尽量接近油驳。有些船泵房还设有通风及消防系统。内陆大河油库码头的管道连接工艺和要求与海运油库码头相同。

（3）江南内防水网油库码头装卸油工艺及设施。我国江南有众多中、小型河流组成的水网，可用于油品运输。油库往往依城镇建造在河边。因中、小河流的油品运输均以小型无动力驳船为主，沿岸油库码头必须设卸油泵房，也设桶装油品吊运机械。不少用户自有船只，习惯用船来油库提油，因此还设有发油设备。

装卸油工艺及码头布置有其鲜明的特色和特殊要求：工艺设施较为集中，区域内各设施及场地布置紧凑。

3. 公路发油工艺及设施

公路发油是油库发油作业的主要形式，包括发油工艺、灌装设备、发油台、发油区平面布置等。它们相互联系，必须根据实际情况因地制宜，整体认识。

（1）汽车发油设备。汽车发油设备主要包括汽车发油灌装设备、汽车卸油台和汽车发油台。

（2）汽车发油工艺。汽车发油工艺是指对油罐汽车或用户汽车车载油桶进行灌装发油的工艺流程。分为自流发油和泵送发油两种基本工艺。油库发油区应具有发放各种散装油品的功能。

四、输油管线

管道是石油生产过程中的重要环节，也是石油工业的动脉。在石油的生产过程中，从油井出来的油气通过管道输送到计量站，经过计量后又由管道输送往联合站，在联合站生产出合格的原油，合格原油通过管道和转油站输到矿场油库或外输到管道首站，通过长输原油管道输到炼油厂加工精炼，都离不开管道。

（一）管道的分类及管材

按输送的介质，管道可分为原油管道、天然气管道和成品油管道。

按设计压力，管道分为真空管道、低压管道、中压管道、高压管道和超高压管道。泵吸入口用真空管道；油库大多为低压管道；炼油厂反应塔出口管道大多为中压管道和高压管道，而油井出口管道大多为超高压管道。

按材质，管道分金属管道和非金属管道。金属管道规格多、强度高。油库管道主要是碳素钢管道和铸铁管道。在卸油码头及汽车收发油场所常用耐腐蚀、耐油的橡胶管。

（二）管道的组成

长输管道总是由输油站和线路组成。而首站、末站和中间站统称为输油站。流体沿管道流动过程中要消耗能量，所以沿线要不断地由泵站和热站增加能量，因而要建若干中间站。首站和末站的位置视情况而定。对于原油管道，首站一般在油田，末站一般为炼厂和港口。为了保证管道的连续运行，首末站一般建有较大的库容，而中间站一般只设一座旁接油罐或高罐。输油管道一般由离心泵提供压能，电动机作为原动机。对于加热输送的管道，由于沿程散热，为了保持油品的温度，沿线还要设加热站，所用原料一般为所输原油或渣油。

（三）管道的输送方法

油品的输送方法，根据油品性质和管道所处的环境确定。轻质成品油和低凝固点、低黏度的原油常采取等温输送方法，即炼油厂或油田采出的油品直接进入管道，其输送温度等于管道周围的环境温度。油品开始进入长输埋地管道时的温度可能不等于入口处的地温，但由于输送过程中管内油品与周围介质间的热交换，在沿线大部分管段中，油温将等于地温。对轻质成品油大多采用顺序输送方法；对易凝高粘油品目前常用加热、掺轻油稀释、热处理、水悬浮、加改性剂和减阻剂等输送方法。

（四）管线的输送流程

管道沿线上下两泵站之间的连接方式，有开式流程和密闭流程两种，如图4-5所示。

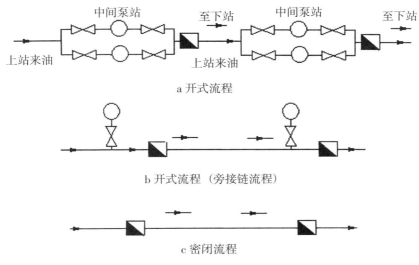

图 4-5 输送流程示意图

开式流程是上站来油通过中间泵站的常压油罐输往下站的输送流程。最初的开式流程（图4-5a）每个中间泵站有不少于两个的油罐。目前采用的开式流程（图4-5b）是上站来油直接进入油泵的进口汇管，与汇管旁接的常压油罐仅用于缓冲上、下游泵站输量的不均衡，根据旁接罐油面的升降来调节输量，不作计量用。开式流程的各泵站只为站间管道提供压力能，不能调制各泵站的压力。

密闭流程（图4-5c）是在中间泵站不设油罐，上站来油直接进泵，沿管道全线的油品在密闭状态下输送。全线各泵站是相互串联工作的水力系统，所以各站输量相等。

同开式流程相比，密闭流程的优点是：避免油品在常压油罐中的蒸发损耗；减少能量损失，站间的余压可与下站进站压力叠加；简化了泵站流程；便于全线集中监控；在所要求的输量下，可统一调配全线运行的泵站数和泵机组的组合，以最经济地实现输油目的。但密闭流程运行时，任何一个泵站或站间管道工作状况的变化，都会使其他泵站和管段的输量和压力发生变化，这就要求管道、泵机组、阀件、通信和监控系统有更高的可靠性。

（五）管线的设计

输油管道系统输送工艺方案应依据设计内压力、管道管型及钢材种类等级、管径、壁厚、输送方式、输油站数、顺序输送油品批次等，以多个组合方案进行比选确定最佳输油工艺方案。

第三节　天然气的储运工程

一、天然气的储运方式

目前，天然气的储运方式有管道运输、液化天然气输送（LNG）、压缩天然气储运（CNG）、吸附储运（ANG）、天然气水合物储运（NGH）和溶解储运等。

（一）管道储运

管道输送方式适用于稳定气源与稳定用户间的长期供气情况，是一种成熟的已得到广泛应用的技术。目前，约占总量75%的天然气采用管道输送。特别是在陆上，管道几乎是天然气的唯一运输方式。

（二）LNG储运

LNG储运方式是利用低温技术将天然气液化，并以液体形式进行储运的一种技术，一般采用丙烷预冷的混合制冷剂液化（图4-6）。LNG液化站一般建在气源充足的气井处，以扩大LNG产量，便于回收投资。LNG运输是目前天然气远洋输送的主要手段，是提高海洋、荒漠地区天然气开发利用率的有效方法，同时，LNG输送成本仅为管道输送的1/6~1/7，并可降低因气源不足敷设管道而造成的风险。但是，LNG工厂规模庞大，设备昂贵，净化、液化工艺复杂，运行费用较高。另外，由于储存温度低，LNG一旦发生泄漏将很快形成爆炸云团，因此在生产和储运过程中危险性很高。

（三）CNG储运

CNG储运是将天然气进行高度压缩至20~25 MPa，再用高压气瓶组槽车通过公路运输，或将天然气充入一个管束容器（由高级钢管制成）中，将容器固装在运输船上海运，还可以将管束容器制成铁路运输槽车的形式通过铁路运输，在使用地的减压站（输配站）将高压天然气经1~2级减压（1.6 MPa左右），然后泵入储罐，或进一步调压进入城市管网。CNG储运适用于零散用户及车用燃

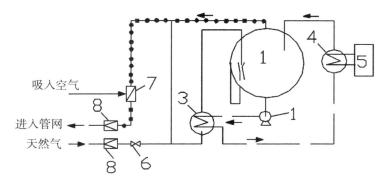

注：1–贮罐；2–循环泵；3、4–换热器；5–制冷装置；6–限流阀；7–发热值调节器；8–调压器。

图 4–6　天然气在液态液化石油气中储存流程图

气的用气，技术难度低，成熟度高，在我国得到了一定程度的应用。但由于其储气压力高达 20 MPa 以上，对储存容器要求高，具有一定的危险性而且能量储存密度不大，因此，不具有大规模发展应用的可能性。

（四）ANG 储运

ANG 是在储罐中装入高比表面的天然气专用吸附剂，利用其巨大的内表面积和丰富的微孔结构，在一定的储存压力（3~4 MPa）下使 ANG 达到与 CNG 相接近的存储容量，使用时再通过降低储存压力，使被吸附的天然气释放出来。决定 ANG 方法工业应用的关键是开发一种专用高效吸附剂和改进储存容器的结构设计。ANG 降低了储存压力，使用安全方便，储存容器无须隔热，材质选择余地大，质轻、低压，具有一定的发展前景。

（五）NGH 储运

NGH 储运技术是近几年国外研究发展的一项新技术，由于 NGH 储量丰富，应用前景广阔。NGH 的储存压力比 CNG 和 LNG 低，增加了系统的安全性和可靠性。另外，NGH 储运方式不需要复杂的设备，工艺流程简化；在水合物状态下储运气体的装置不需要承受压力，采用普通钢材制造即可。

在水化物状态下储存气体，目前在我国还只处于研究阶段，尚未得到实际应用。

二、天然气供气系统

天然气从油气田井口到终端用户的全过程称为天然气供应链，这条供应链所涉及的所有设施构成的系统称为天然气供气系统。

一个完整的天然气供气系统通常主要由油气田矿场集输管网、长距离输气管道或管网、城市输配气管网、天然气净化处理厂、储气库（地下储气库或地面储罐）等几个子系统构成，在某些情况下还包括天然气的非管道运输系统。这些子系统既各有分工又相互连接成一个统一的一体化系统。

天然气矿场集输管道具有输送距离短、管径小、在运行寿命期内压力变化大等特点。长距离输气管道的任务是将净化处理后的天然气输送到城市门站或大型工业用户。天然气城市输配管网的任务是将来自长输管道或其他气源的天然气输送、分配到每个用户。

虽然矿场集输和城市输配也属于天然气运输的范畴，但由于这两个环节几乎只采用管道一种运输方式，故此处只讨论天然气的长距离运输。长距离运输是指将经过净化的商品天然气以某种形式运输到输配气系统的接收站，其运距一般超过 100 km。

三、天然气长距离输气管道

（一）基本构成

长距离输气管道是连接矿场集气系统和城市门站（或配气站）的纽带，将经过矿场处理后的洁净的天然气送往城市。

长距离输气管道主要由线路和输气站组成，线路包括沿线截断阀、阴极保护站和线路上各种障碍（水域、铁路、地质障碍等）的穿跨越段；输气站包括清管站，其他还包括通信、自动监控、道路、水电供应、线路巡检维修和其他一些辅助设施和建筑（图 4-7），对于采用低温输送工艺的管道，还应有中间冷却站。

输气站是干线输气两个主要组成部分之一，其建设费用大约占长输管线建设费用的一半。输气站的基本任务是供给被输送气体一定的能量，按时、按量、保质、安全、经济地将天然气输送到终点。根据输气站所处位置的不同，各自作用也不尽相同。

（二）输气站

1. 输气站分类

根据输气站所处位置的不同，分为首站、中间站和末站。

2. 压气站及主要动力设备

输气管道上配置了输气压缩机的站场称为压气站或压缩机站。压气站是一

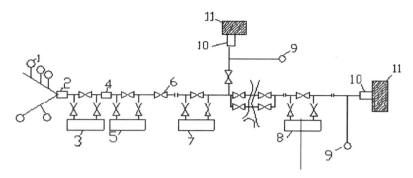

注：1-井场装置；2-集气站；3-矿场压气站；4-天然气处理厂；5-起点站；6-管线上阀门；7-中间压气站；8-终点压气站 9-储气设备；10-燃气分配站；11-城镇或工业基地。

图4-7 长距离输气系统

条长输管线的动力来源。

压气站上主要动力设备是压缩机及其原动机。目前，干线输气管道上采用的输气压缩机有两种类型，即往复式压缩机和离心式压缩机。驱动压缩机的原动机有燃气轮机、蒸汽轮机、燃气发动机、柴油机和电动机。其中常用的是燃气轮机和燃气发动机。

此外，通常还包括气体除尘器、气体冷却器、清管装置等工艺设施。如果压气站同时兼有气体接收或分输功能，则还要配置气体流量计量与调压装置。

（三）线路部分

长距离输油管道的线路部分包括管道本身，干线阀室，通过河流、山谷、铁路、公路的穿（跨）越构筑物、阴极保护设施，以及沿线的简易伴行公路。

输油管道由钢管焊接而成，除跨越段外全线一般都埋地敷设。为防止土壤对钢管的腐蚀，管外涂敷有防腐层，并采用外加电流阴极保护措施。长输管道上每隔一定距离设有截断阀门，进、出站处及大型穿跨越构筑物两端也有。一旦发生事故可以关闭截断阀，及时截断管内介质流动，防止事故扩大和便于抢修。

（四）辅助系统

调度控制中心及数据采集与监控（SCADA）系统是输油管道的神经中枢，通常由全线中心控制、站场控制和就地控制三级组成。它对全线各个站场、关键设备进行远距离数据采集、传输和记录、处理，对管道运行进行监控、统一调度和控制，具有报警、联锁保护、紧急关断等安全保护功能。

输油管道的配套辅助设施还包括通信系统、道路、水电供应系统、阴极保护系统等有线及无线通信系统，是生产调度和指挥的重要工具。近年来，除微波技术外，通信卫星和光缆被广泛应用，使通信和信息传递更加快捷和可靠。

四、供气调峰与储气设施

（一）供气调峰

燃气用户的用气量是随时间不断变化的，而干线的供气量在一定时期内是相对稳定的。显然，供气量与用气量经常不平衡，由此就提出了供气调峰问题。

供气调峰的措施可以从供气与用气这两个方面来考虑。供气方面可采取的调峰措施主要有：调整产气井数、调整干线输气管道的运行方案、利用长输管道末段储气、采用储气罐或地下储气库、建立调峰型液化天然气厂、利用液化天然气和 LPG 及其他辅助气源等。

（二）储气设施

1. 长输管道末段储气

一条输气管道的末段是指从该管道的最后一个压气站到干线终点的管段。如果一条干线输气管道在中间没有压气站，则将整条管道看成末段。输气管道末段中所储存的气量称末段的气体充装量。在用量少时，管道的输入气量大于输出气量，可使管内压力升高，将部分气体储于管内；待用量多时，随着管内压力降低，可以输出更多的气量，这样可通过输气管道的末段压力变化使储气量变化而实现调峰。该法一般用于日和小时的调峰。

2. 天然气储罐

储气罐通常为建在地面上的钢质罐。根据储气压力的大小，储气罐分为低压罐和高压罐。高压储气罐有圆筒型和球型（图 4-8）两种。大型高压储气罐一般为球罐。根据密封方式分为湿式罐（图 4-9）和干式罐。

3. 地下储气库

与地上储气设施相比，地下储气库具有容量大、适应性强、经济性好、安全度高、占地面积少、环境影响小等一系列优点。

根据以额定采气速率采出全部工作气量所需的天数，可以将地下储气库分为短期调峰型和季节型。

按地质构造划分，地下储气库分为枯竭油气田型、含水层型、盐穴型、岩洞型及废弃矿井型。

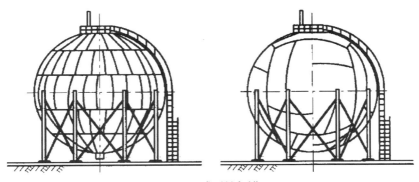

图 4-8　球型储气罐

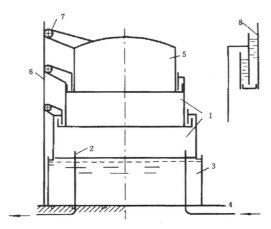

注：1-进气管；2-出气管；3-水槽；4-塔节；5-钟罩；6-导轨立柱；7-导轮；8-水封。

图 4-9　多节直立式湿式罐

五、油气的管道安全控制

（一）危害油气管道的因素

1. 管道腐蚀的危害

腐蚀失效是在役长输管道主要失效形式之一。腐蚀既有可能大面积减薄管道的壁厚，导致管道过度变形或破裂，又有可能导致管道穿孔，引发油气的跑、冒、滴、漏事故。

油气管道站场、油库与跨越管段的地面管道，由于受到大气中的水、氧气、二氧化碳以及各种污染物的影响会引起大气腐蚀。长输管道主要采用埋地方式敷设，受到土壤、杂散电流等因素的影响，会造成管道的电化学腐蚀、细菌腐蚀和杂散电流腐蚀等。

2. 设计与施工缺陷

（1）设计不合理造成的危害。油气管道设计不合理及其危害涉及管道的各个方面，主要包括下列几种情况。①管道的选线是设计中非常重要的一项工作。如果设计中不注意站（场）选址及其内部的建筑物布局、分区、防火间距、防火防爆等级、消防设施配套、与周围其他建筑物的安全距离等问题，一旦出现安全事故，会危及相邻设施。②长输管道运行安全与系统总流程、各站（场）工艺流程及系统设备布置有着非常密切的关系。工艺流程设置合理、设备选型恰当，系统运行就平稳，安全可靠性就高。否则，将给系统安全运行造成十分严重的隐患。③管道强度设计计算时，对管道的受力载荷分析不当，或强度设计系数取值有误，将使强度计算结果及管材、壁厚的选用不恰当。④材料、设备选型不合理。仪器、仪表等选型或参数设定不合理，会使控制系统数据失真；电气设施防爆等级确定错误；泵、压缩机、加热炉等关键设备控制系统设计存在缺陷，直接关系到管道的运行安全。

（2）施工缺陷的危害。施工质量的好坏不仅影响管道的使用寿命，更直接影响管道的安全可靠性。管道施工的缺陷主要有以下几方面：长输管道的焊缝处可能产生各种缺陷；防腐层补口与补伤的质量问题；管沟开挖及回填的质量不良；穿跨越质量问题等。

3. 第三方损伤

目前，人为外力损伤已成为油气管道泄漏、火灾爆炸事故的主要原因之一，近年来这一现象在我国尤为突出。人为外力破坏包括无意破坏和有意破坏两种。

4. 自然灾害

地质灾害、气候灾害和环境灾害是三大自然灾害，也是引起管道破坏的主要因素。

5. 材料及设备缺陷

油气管道用钢及钢管应具有强度高、韧性好、可焊性与耐腐蚀性能优良的特点。若钢管的质量不合格，会留下安全隐患。

（二）保护管道安全的措施

保护管道安全可从如下几方面着手：一是学习、宣传和贯彻落实石油天然气管道保护法律法规；二是防止第三方伤害；三是做好管道防腐措施；四是切实加强管道水工设施的维护工作。

六、天然气储运的安全与环境

（一）储气库的安全与环境

储气库中，主要的环境污染是储罐废气的排放给大气造成的污染或者对周围形成爆炸源。储罐废气排放量与罐区气温、气压变化、日照、辐射、储罐的机械状况及进出气操作等因素有关。控制储罐废气排放可采取选择合适的储罐、加强罐区管理和加强废气回收三种措施来保证。

（二）管道运输的安全与环境

管道运输过程中造成的环境污染来源于管道泄漏。这就要从管道保护考虑，参照本节第五大部分。

第四节　热能储运工程

热能是人类使用最为广泛的一种能量形式，约有 85%~90% 的能源是转换成热能后再加以利用的。在一次能源中，热能资源也占了绝大部分。本节的内容包括热能存储技术、供热管网分布及特点、供热管网的施工、供热管网的保温工程以及供热管网的安全。

一、热能存储

热能存储是提高能源利用率的重要手段之一，它利用物理热的形式将暂时不用的余热或多余的热量存储于适当的介质中，在需要使用时再通过一定的方法将其释放出来，从而解决了由于时间或地点上供热与用热的不匹配和不均匀所导致的能源利用率低的问题，最大限度地利用加热过程中的热能或余热，提高整个加热系统的热效率。热能存储技术主要包括显热储能技术、潜热储能技术和热化学储能技术。

（一）显热存储

众所周知，每一种物质均具有一定的热容，在物质形态不变的情况下随温度的变化，它会吸收或放出热量，显热存储就是通过改变存储介质温度而将热能存储起来的一种方式。由于显热存储是所有热能存储方式中原理最简单、技术最成熟、材料最丰富、成本最低廉的一种，因而也是实际应用最早、推广使用最普遍的一种。常用的显热存储介质包括水、土壤、岩石和熔盐等。

1. 储热水箱

在加热、空调和其他应用场合中，以水作为蓄热介质最经济，储热水箱得到了广泛应用。储热水箱的容量取决于负荷的大小及要求储热水箱工作时间的长短。储热水箱根据储放热特性可分为完全压出式、完全混合式和温度分层式储热式水箱。

2. 地下含水层储热

地下含水层既可储热也可储冷，储热温度可达150℃~200℃，能量回收率可达70%，地下含水层近几十年来受到了广泛关注，被认为是极具潜力的大规模跨季度储热方案之一，可用于区域供热和区域供冷。

地下含水层储热是通过井孔将温度低于含水层原有温度的冷水或高于含水层原有温度的热水灌入地下含水层，利用含水层作为储热介质来储存冷量或热量，待需要时用水泵抽取使用。图4-10为双井储热系统工作原理，储热时温水井的水被抽出，经换热器内供热系统的水加热后，灌入热水井储存。提热时，热水井的水被抽出，经换热器加热供热的水，冷却后灌入温水井。如果用于供冷系统，则按与供热系统相反的方向运行。

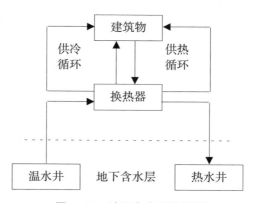

图4-10 地下含水层储热原理

地下含水层储热的热源主要有可回收能（太阳能、地热、生物质能等）和工业生产过程中产生的废热，可用于办公室、医院、机场等大型建筑，工业生产中的干燥，农业中的暖房加热等。国内外大量的应用实例表明地下含水层存储10℃~40℃的热能是成功的。

3. 石床储热

石床储热属于固体显热存储方式的一种，它利用松散堆积的岩石或卵石的热容量进行储热，成本低廉，使用方便。将岩石储热器和太阳能系统配套使用，可以对建筑物供暖。

图4-11为岩石床储热器示意图。容器一般由木、混凝土或钢制成，载热介质一般为空气，在储热器的入口和出口都装有流动分配叶片，使空气能在截面上均匀流动，岩石放在网状板上，空气在床体内部循环以便给床体储热或从床体提取热量。这种床体的特点是载热介质和储热介质直接接触换热，堆积床本身既是储热器又是换热器，但不能同时储热和放热。为尽量减小不储热及不取热时岩石的自然对流热损，在储热时热空气通常从岩石床的顶部进入，而放热时冷空气流动方向是自下而上的。

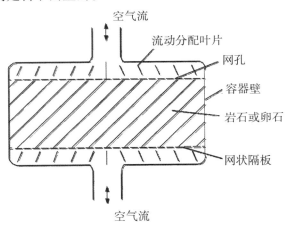

图4-11 岩石床储热器示意图

(二) 潜热储能

潜热储能是利用物质在凝固/熔化、凝结/气化、凝固/升华以及其他形式的相变过程中，都要吸收或放出相变潜热的原理进行蓄热，所以也可称为相变储能。相变储能材料能量密度高，储能装置简单、体积小、设计灵活、使用方便且易于管理，并且在储能过程中，相变材料近似恒温，可以以此来控制体积的温度。因此，相变储能最具实际发展前途，也是目前研究和应用最多、最重要的储能方式。

相变材料是一种能够把过程余热、废热及太阳能吸收并储存起来，在需要时再把它释放出来的物质。从储热的温度范围来看，相变材料可分为高温（120℃~850℃）和中低温（0℃~120℃）；根据相变形式和过程，可分为固-液相变、固-固相变储能材料；按照材料成分，又可分为无机物和有机物两类。目前，使用最多的相变材料是无机盐类（水合盐）及石蜡等有机材料。

低温相变储热主要用于废热回收、太阳能存储记忆供暖和空调系统。低温相变材料采用无机水合盐类和石蜡及脂肪酸等有机物。高温潜热储能可用于热机、太阳能电站、磁流体发电以及人造卫星等方面。高温相变材料主要采用高温熔化盐类、混合盐类、金属及合金等。美国管道系统公司应用 $CaCl_2 \cdot 6H_2O$ 作为相变材料制成储热管，用来储存太阳能和回收工业中的余热。日本专利报道，以 $NaCO_3 \cdot H_2O$ 和焦磷酸钠作为过冷抑制剂，使用 $NaCH_2COOH \cdot 3H_2O$ 等相变材料作为储热工质，当加热到设定温度（55℃~58℃）后，即可断电取暖。

（三）热化学储能

化学反应储能是利用可逆化学反应的反应热来进行储能。例如正反应吸热，热能被存储起来；逆反应放热，则热被释放出来。热化学储能方法大体可以分为三类：化学反应储热，浓度差储热，化学结构变化储热。与显热或潜热储能相比，化学储能系统具有储能密度高的优点，计算表明，化学能储的储能密度比显热或相变储能高出 2~10 倍。另外，可通过催化剂或将产物分离等方式，在常温下长期储存分解物。这样减少了抗腐蚀及保温方面的投资，易于长距离运输，特别是对于液体或气体，甚至可用管道输送。这种储热方式的缺点是系统很复杂，价格高。因此目前还处于实验室研究阶段。

二、供热管网分布及特点

供热管网是指集中供热热源向热用户输送和分配供热介质的管线系统。供热管网由输热干线、配热干线、支线等组成。输热干线自热源引出，一般不接支线；配热干线自输热干线或直接从热源接出，通过配热支线向热用户供热。热网管径根据水力计算确定。在大型管网中，有时为保证管网压力工况，集中调节和检测供热介质参数，而在输热干线或输热干线与配热干线连接处设置热力站。

在集中供热系统中，供热管道把热源与热用户连接起来，将热媒输送到各个热用户。管道系统分布形式的取决因素包括：热媒（热水或蒸汽）、热源（热电厂或区域锅炉房等）与热用户的相互位置和热用户的种类、热负荷大小和性质、街区现状、发展规划以及地质地形条件等，选择管道的分布形式时应遵循安全和经济的原则。

由于城市集中供热管网的规模较大，故从结构层次上又将管网分为一级管网和二级管网。一级管网是连接热源与区域热力站的管网，又称为输送管网。二级管网以热力站为起点，把热媒输配到各个热用户的热力引入口处，又称为分配管网。一级管网的形式代表着供热管网的形式，如果一级管网为环状，就将供热管网称为环状管网；若一级管网为枝状，就将供热管网称为枝状管网。二级管网基本上都是枝状管网，将热能由热力站分配到一个或几个街区的建筑物内。枝状分布如图 4-12 所示，这种分布的特点是供热管网的管道直径随着与热源距离的增加而减小，且建设投资小，运行管理比较简便。但枝状分布没有备用功能，供热的可靠性差，当管网某处发生故障时，在故障点以后的热用户都将停止供热。

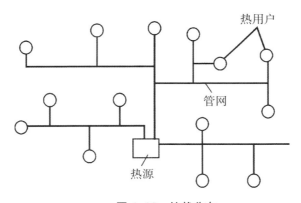

图 4-12　枝状分布

　　环状分布如图 4-13 所示，环状分布的特点是供热管道主干线首尾相接构成环路，管道直径普遍较大。环状管网具有良好的备用功能，当管路局部发生故

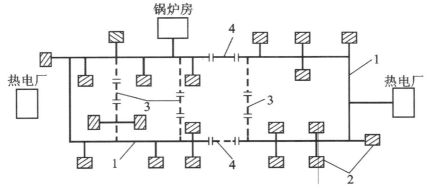

注：1-管网；2-热力站；3-使热网具有备用功能的跨接管；4-使热源具有备用功能的跨接管。

图 4-13　环状分布

障时，可经其他连接管路继续向用户供热，甚至当系统中某个热源出现故障不能向热网供热时，其他热源也可向该热源的网区继续供热。与枝状分布相比，环状分布的管网通常设两个或两个以上的热源，管网的可靠性好，但建设投资大，控制难度大，运行管理复杂。

还有一种环状分布管网分环运行的方案被广泛采用，在管网的供、回水干管上装设具有通断作用的跨接管，如图 4-13 所示。跨接管 3 为热网提供备用功能，当某段管路、阀门或附件发生故障时，利用它来保证供热的可靠性。跨接管 4 为热源提供备用功能，当某个热源发生故障时，可通过跨接管 4 把这个热源区的热网与另一个热源区的热网连通，以保证供热不间断。跨接管 4 在正常工况下是不参与运行的，每个热源保证各自供热区的供热，任何用户都不得连接到跨接管上。

三、供热管网的施工

供热管网的敷设方式分地上敷设和地下敷设两大类。地上敷设是将供热管道敷设在地面上独立的或桁架式的支架上，又称架空敷设。地下敷设分为地沟敷设和直埋敷设，前者是将管道敷设在地下管沟内，后者是将管道直接埋设在土壤里。

（一）地上敷设

地上敷设多用于城市边缘、无居住建筑的地区和工业厂区。地上敷设按支承结构高度的不同分为低支架敷设、中支架敷设和高支架敷设。

1. 低支架敷设

在不妨碍交通、不影响厂区和街区扩建的地段可采用低支架敷设。低支架敷设大多沿工厂围墙或平行公路、铁路布置，管道保温结构底部距地面的净高不小于 0.3 m，以防雨、雪的侵蚀。支架一般采用毛石砌筑或混凝土浇筑，如图 4-14 所示。这种敷设方式建设投资较少，维护管理容易，但适用范围较小。

2. 中支架敷设

在人行频繁、非机动车辆通行的地方采用中支架敷设，如图 4-15 所示。中支架敷设的管道保温结构底部距地面的净高为 2.5~4 m，支架一般采用钢筋混凝土浇筑（或预制）或钢结构。

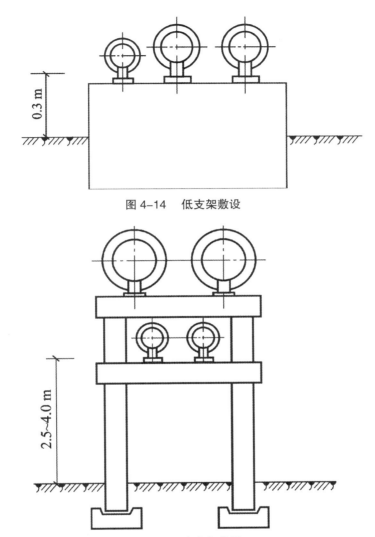

图 4-14　低支架敷设

图 4-15　中支架敷设

3. 高支架敷设

在管道跨越公路或铁路时采用高支架敷设，如图 4-16 所示。高支架敷设的管道保温结构底部距地面净高为 4.5~6 m，支架通常采用钢结构或钢筋混凝土结构。

地上敷设的管道不受地下水位和土质的影响，使用寿命长，管道坡度易于保证，所需的放水、排气设备少，可充分使用工作可靠、构造简单的方形补偿器，且土方量小，维护管理方便。缺点是占地面积大，管道热损失大，不够美观。

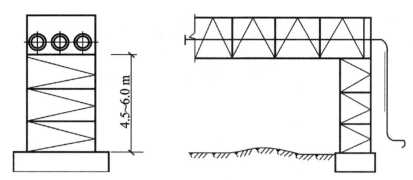

图 4-16　高支架敷设

　　地上敷设适用于地下水位高、年降雨量大、地下土质为湿陷性黄土或腐蚀性土壤，以及沿管线地下设施密度大、地下敷设时土方工程量太大的地区。

　　（二）地沟敷设

　　将管道敷设在地沟内，使管道不受外力的作用和水的侵袭，保护管道的保温结构，并使管道能自由伸缩。管道的地沟底板采用素混凝土或钢筋混凝土结构，沟壁采用砖砌结构或毛石砌筑，地沟盖板为钢筋混凝土结构。供热管道的地沟按其功用和结构尺寸，分为通行地沟、半通行地沟和不通行地沟。

　　1. 通行地沟

　　通行地沟是工作人员可自由通过，并能保证检修、更换管道等操作的地沟。其土方工程量大，建设投资高，仅在特殊或必要场合采用。通行地沟的净高不低于 1.8 m，人行通道净宽不小于 0.6 m，如图 4-17 所示。沟内可采用单侧或双

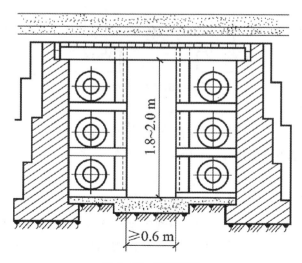

图 4-17　通行地沟

侧布管，地沟断面尺寸应保证管道和设备检修及换管的需要。通行地沟沿管线每隔 100 m 应设置一个入孔，整体浇筑的钢筋混凝土通行地沟每隔 200 m 应设置一个安装孔，其长度至少应保证 6 m 长的管子进入地沟，宽度为最大管子的外径加 0.4 m，且不得小于 1 m。

通行地沟应设有自然通风或机械通风设施，以保证检修时地沟内温度不超过 40℃。另外，运行时地沟内温度不宜超过 50℃，管道应有良好的保温措施。地沟内应装有照明设施，照明电压不得高于 36V。

2. 半通行地沟

半通行地沟是工作人员能弯腰行走并进行一般管道维修工作的地沟。地沟净高不小于 1.4 m，人行通道净宽为 0.5~0.7 m，如图 4–18 所示。半通行地沟每隔 60 m 应设置一个检修出入口。半通行地沟敷设的有关尺寸见表 4–1 的规定。

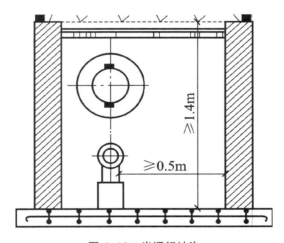

图 4–18　半通行地沟

表 4–1　半通行地沟敷设的有关尺寸（m）

地沟净高	人行通道宽度	管道保温表面与沟壁净距	管道保温表面与沟顶净距	管道保温表面与沟底净距	管道保温表面间净距
≥1.2	≥0.6	0.1~0.15	0.2~0.3	0.1~0.2	≥0.15

3. 不通行地沟

不通行地沟是人员不能在沟内通行，其断面尺寸以满足管道施工安装要求来决定的地沟，如图 4–19 所示。地沟中管道的中心距离应根据管道上阀门或附件的法兰盘外缘之间的最小操作净距离的要求确定。当沟宽超过 1.5m 时，可考虑采用双槽地沟。不通行地沟造价较低，占地较小，是城镇供热管道经常采用的地沟敷设方式，但管道检修时必须掘开地面。

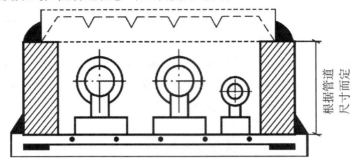

图 4-19　不通行地沟

供热管道地沟内积水时，极易破坏保温结构，增大散热损失，腐蚀管道，缩短管道使用寿命。管道地沟底应敷设在最高地下水位以上，地沟内壁表面应用防水砂浆抹面，地沟盖板之间、盖板与沟壁之间应用水泥砂浆或沥青封缝。尽管地沟是防水的，但土壤中的自然水分会通过盖板或沟壁渗入沟内，蒸发后使沟内空气饱和，当湿空气在地沟内壁面上冷凝时，就会产生凝结水并沿壁面下流到沟底，因此，地沟应有纵向坡度，以使沟内的水流入检查室内的集水坑里，地沟的坡度和坡向通常与管道的相同（坡度不得小于 0.002）。如果地下水位高于沟底，则必须采取防水或局部降低地下水位的措施。为减小外部荷载对地沟盖板的冲击，使盖板受力均匀，盖板上的覆土厚度不得小于 0.3 m。

（三）直埋敷设

直埋敷设是将管道直接埋设在土壤里，管道保温结构外表面与土壤直接接触的敷设方式。在供热管网中，直埋敷设最多采用的方式是供热管道、保温层和保护外壳三者紧密黏结在一起，形成整体式的预制保温管结构形式，如图 4-20 所示。

预制保温管可以在工厂预制或现场制作，预制保温管的两端留有约 200 mm 长的裸露钢管，以便在现场管线的沟槽内焊接，最后将接口处做保温处理。施工安装时在管道沟槽底部要预先铺约 100~150 mm 粗砂砾夯实，管道四周填充砂砾，填砂高度 100~200 mm，之后再回填原土并夯实。整体式预制保温管直埋敷设与地沟敷设相比有如下特点：

（1）不需要砌筑地沟，土方量及土建工程量减小，管道可以预制，现场安装工作量减少，施工进度快，可节省供热管网的投资费用；

（2）整体式预制保温管严密性好，水难以从保温材料与钢管之间渗入，管

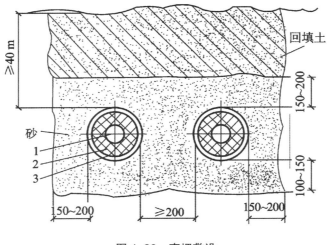

图 4-20　直埋敷设

道不易腐蚀；

（3）预制保温管受到土壤摩擦力约束，实现了无补偿直埋敷设方式。在管网直管段上可以不设置补偿器和固定支座，简化了系统，节省了投资；

（4）整体式预制直埋保温管采用聚氨酯保温材料，导热系数小，供热管道的散热损失小于地沟敷设；

（5）预制保温管结构简单，采用工厂预制，易于保证工程质量。

四、供热管网的保温工程

（一）保温的目的和作用

对供热管网进行保温的目的是减少热量损失，节约能源，提高系统运行的经济性和安全性。供热管网的保温结构一般由保温层和保护层两部分组成。保温层的作用是降低热量损失，提高经济效益，保障热媒的运行参数满足用户生产生活要求。高温热媒管道的保温层可降低保温层外表面温度，改善环境工作条件，避免烫伤事故发生。保护层的作用是保护保温层不受外界机械损伤。

供热管网的保温能否取得满意效果，关键在于供热管网保温材料的选用和保温层的施工质量。

（二）保温材料的种类和选用

1. 保温材料的种类

早期的保温材料，多为天然矿物和自然资源原材料，如石棉、硅藻土、软木、草绳、锯末等，这些材料一般经简单加工就可使用，其保温结构多为涂抹或填充形式。

人工生产的保温材料，如玻璃棉、矿渣棉、珍珠岩、蛭石等，这些保温材料一般为工厂生产的原料或预制半成品，其保温结构多为捆绑和砌筑形式。

20 世纪 70 年代以来研制开发的保温材料，如聚苯乙烯泡沫塑料、聚氨酯泡沫塑料、泡沫玻璃、泡沫石棉等，其保温层的结构多为喷涂或灌注成型的形式。

2. 保温材料的选用

管道系统的工作环境多种多样，有低温、高温、地下、空中、潮湿、干燥等。所选用的保温材料要求能适应这些条件，在选用保温材料时首先要考虑其热工性能，然后还要考虑施工作业条件，如高温系统应考虑材料的热稳定性，振动管道应考虑材料的强度，潮湿的环境应考虑材料的吸湿性，间歇运行的系统应考虑材料的热容量等。工程上，可根据保温材料适应的温度范围进行材料的应用分类，如表 4-2 所示。

表 4-2　保温材料应用温度分类

序号	介质温度（℃）	保温材料
1	0~250	酚醛玻璃棉制品，水玻璃珍珠岩制品，水泥珍珠岩制品，沥青及玻璃棉制品
2	250~350	矿渣棉制品，水玻璃珍珠岩制品，水泥珍珠岩制品，沥青及玻璃棉制品
3	350~450	矿渣棉制品，水玻璃珍珠岩制品，水泥珍珠岩制品，水玻璃蛭石制品，水泥蛭石制品
4	450~600	矿渣棉制品，水玻璃珍珠岩制品，水泥珍珠岩制品，水玻璃蛭石制品，水泥蛭石制品
5	600~800	磷酸盐珍珠岩制品，水玻璃蛭石制品
6	-20~0	酚醛玻璃棉制品，淀粉玻璃棉制品，水泥珍珠岩制品，水玻璃珍珠岩制品
7	-40~-20	聚苯乙烯泡沫塑料，水玻璃珍珠岩制品
8	-196~-40	膨胀珍珠岩制品

（三）保温结构的施工方法

保温结构一般由保温层、保护层等部分组成，进行保温结构施工前应先做防锈层。防锈层即管道及设备表面除锈后涂刷的防锈底漆，一般涂刷 1 到 2 遍。保温层是减少热量损失、起保温作用的主体层，附着于防锈层外面。保护层用来保护防潮层和保温层不受外界机械损伤，保护层的材料应有较高的机械强度，常用石棉石膏、石棉水泥、玻璃丝布、塑料薄膜、金属薄板等制作。常用保温结构的施工方法有以下几种。

1. 涂抹法

涂抹法保温采用石棉粉、碳酸镁石棉粉和硅藻土等不定形的散状材料，将这些材料与水调成胶泥涂抹于需要保温的管道设备上。这种保温方法整体性好，保温层和保温面结合紧密，且不受被保温物体形状的限制，多用于热力管道和设备的保温。施工时应分多次（层）进行，为增加胶泥与管壁的附着力，第一次可用较稀的胶泥涂抹，厚度为 3~5 mm；待第一层彻底干燥后，用干一些的胶泥涂抹第二层，厚度为 10~15 mm；以后每层厚度为 15~25 mm，且均应在前一层完全干燥后进行，直到要求的厚度为止。涂抹法不得在环境温度低于 0℃的情况下施工，以防胶泥冻结。为加快胶泥的干燥速度，可在管道或设备内通入温度不高于 150℃的热水或蒸汽。

2. 绑扎法

绑扎法保温采用预制保温瓦或板块料，用镀锌钢丝绑扎在管道的壁面上，是热力管道最常用的一种保温方法，其结构如图 4-21 所示。为使保温材料与管

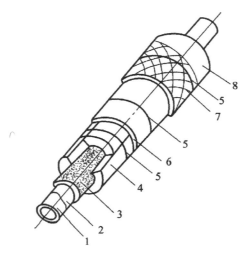

注：1-管道；2-防锈漆；3-胶泥；4-绝热层；5-镀锌钢丝；6-沥青油毡；7-玻璃丝布；8-防腐漆。

图 4-21　绑扎法保温

壁紧密结合，保温材料与管壁之间应涂抹一层石棉粉或石棉硅藻土胶泥（一般为3~5 mm厚），然后再将保温材料绑扎在管壁上。因矿渣棉、玻璃棉、岩棉等矿纤维材料预制品抗水性能差，采用这些保温材料时可不涂抹胶泥而直接绑扎。绑扎保温材料时，应将横向接缝错开；如果保温材料为管壳，应将纵向接缝设置在管道的两侧。采用双层结构时，第一层表面必须平整，不平整时矿纤维材料可用同类纤维状材料填平，其他材料用胶泥抹平，第一层表面平整后方可进行下一层保温。

3. 聚氨酯硬质泡沫塑料保温

聚氨酯硬质泡沫塑料由聚醚和多元异氰酸酯加催化剂、发泡剂、稳定剂等原料按比例调配而成。将这些原料分成两组（A组和B组），A组为聚醚和其他原料的混合液，B组为异氰酸酯。施工时只要将两组混合在一起，即起泡生成泡沫塑料。聚氨酯硬质泡沫塑料一般采用现场发泡，其施工方法有喷涂法和灌涂法两种。喷涂法施工使用喷枪将混合均匀的液料喷涂于被保温物体的表面上。为避免垂直壁面喷涂时液料下滴，要求发泡的时间要快一点。灌注法施工将混合均匀的液料直接灌注于需要成型的空间或事先安置的模具内，经发泡膨胀而充满整个空间。为保证有足够的操作时间，要求发泡的时间应慢一些。

4. 缠包法

缠包法保温采用卷状的软质保温材料（如各种棉毡等）。施工时需要将成卷的材料根据管径的大小剪裁成适当宽度（200~300 mm）的条带，以螺旋状缠包到管道上；也可以根据管道的圆周长度进行剪裁，以原幅宽对缝平包到管道上，如图4-22所示。不管采用哪种方法，均需边缠边压边抽紧，使保温后的密度达

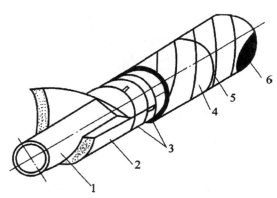

注：1-管子；2-保温棉毡；3-镀锌钢丝；4-玻璃布；5-镀锌钢丝或钢带；6-调和漆。

图4-22　缠包法保温

到设计要求。一般矿渣棉毡缠包后的密度为 150~200 kg/m³，玻璃棉毡缠包后的密度为 100~130 kg/m³，超细玻璃棉毡缠包后的密度为 40~60 kg/m³。如果棉毡的厚度达不到规定的要求，可采用两层或多层缠包。缠包时接缝应紧密结合，如有缝隙，应用同等材料填塞。采用分层缠包时，第二层应仔细压缝。保温层外径不大于 500 mm 时，应在保温层外面用直径为 1.0~1.2 mm 的镀锌钢丝绑扎，间距为 150~200 mm，禁止以螺旋状连续绕缠。当保温层外径大于 500 mm 时，还应加镀锌钢丝网缠包，再用镀锌钢丝绑扎牢。

（四）保温层厚度的确定

保温层厚度可在供热管道保温热力计算的基础上确定。确定的保温层越厚，管路热损失越小，越节约燃料；但厚度加大会使保温结构造价增加，投资费用提高。在工程设计中，保温层厚度在管道保温热力计算的基础上，按技术经济分析得出的"经济保温厚度"确定，即考虑管道保温结构的基建投资和管道散热损失的年运行费用两个因素，折算出在一定年限内"年计算费用"值最小时的保温层厚度。管道和设备经济保温厚度可参考有关设计手册中的公式计算确定，还可查阅《民用建筑节能设计标准》中供暖、供热管道最小保温厚度参考选用。

第五节　电能的储运工程

电能，是指电以各种形式做功（即产生能量）的能力。电能被广泛应用在动力、照明、冶金、化学、纺织、通信、广播等各个领域，是科学技术发展、国民经济飞跃的主要动力。本节的主要内容包括电能的存储方法以及电能的运输方式。

一、电能存储

电能存储技术主要有化学储能（如钠硫电池、液流电池、铅酸电池、镍镉电池、超级电容器等）、物理储能（如抽水蓄能、压缩空气储能、飞轮储能等）和电磁储能（如超导电磁储能等）三大类。目前技术进步最快的是化学储能，其中钠硫、液流及锂离子电池技术在安全性、能量转换效率和经济性等方面取得重大突破，产业化应用日趋成熟。

（一）化学储能

化学储能是运用电气化学原理，将电能转变为化学能，然后通过逆反应将化学能转化为电能的一种技术。常规的电气化学元件是蓄电池。常规蓄电池的存储容量较小，形成较大的蓄能电站需要较多数量的电池单元；而且蓄电池只能放出直流电，须进行 DC/AC 转化才能投入使用。

1. 锂电池

锂电池（Lithium battery）是指电化学体系中含有锂（包括金属锂、锂合金和锂离子、锂聚合物）的电池，最早出现的锂电池来自于伟大的发明家爱迪生。锂电池大致可分为两类：锂金属电池和锂离子电池。锂金属电池是一类由锂金属或锂合金为负极材料、使用非水电解质溶液的电池。由于锂金属的化学特性非常活泼，使得锂金属的加工、保存、使用对环境要求非常高，所以锂电池生产要在特殊的环境条件下进行。1991 年，日本索尼公司发明了以炭材料为负极，以含锂的化合物做正极的锂电池，在充放电过程中，没有金属锂存在，只有锂离子，这就是锂离子电池。当对电池进行充电时，电池的正极上有锂离子生成，生成的锂离子经过电解液运动到负极；而作为负极的碳呈层状结构且有很多微孔，达到负极的锂离子就嵌入碳层的微孔中，嵌入的锂离子越多，充电容量越高。同样，当对电池进行放电时（即我们使用电池的过程），嵌在负极碳层中的锂离子脱出，又运动回正极，回正极的锂离子越多，放电容量越高。人们将这种靠锂离子在正负极之间的转移来完成电池充放电工作的锂离子电池形象地称为"摇椅式电池"，习惯上把锂离子电池也称为"锂电池"。

锂电池具有能量密度高、电压高、无污染、循环寿命高、无记忆效应、快速充电等特性，因而在便携式电器如手提电脑、摄像机、移动通讯中得到普遍应用，也广泛应用于水力、火力、风力和太阳能电站等储能电源系统、邮电通讯的不间断电源。目前开发的大容量锂离子电池已在电动汽车中开始试用，预计将成为 21 世纪电动汽车的主要动力电源之一，并将在人造卫星、航空航天、军事装备方面得到应用。

2. 钠硫电池

钠硫电池是美国福特（Ford）公司于 1967 年首先发明公布的，至今有 40 多年的历史。电池通常是由正极、负极、电解质、隔膜和外壳等几部分组成。一般常规二次电池如铅酸电池、镉镍电池等都是由固体电极和液体电解质构成的，而钠硫电池则与之相反，它由熔融液态电极和固体电解质组成，构成其负极的活性物质是熔融金属钠，正极的活性物质是硫和多硫化钠熔盐。由于硫是绝缘体，所以硫一般是填充在导电的多孔炭或石墨毡里。用作固体电解质兼隔膜的是一种专门传导钠离子的 Al_2O_3 陶瓷复合材料，外壳则一般用不锈钢等金属材料制成。

钠硫电池作为化学电源家族中的一个新成员出现后，已在世界上许多国家受到极大的重视和发展。由于钠硫电池具有高能电池的一系列诱人特点，所以很多国家纷纷致力于发展其作为电动汽车用的动力电池，也曾取得了不少令人鼓舞的成果。但随着时间的推移表明，钠硫电池在移动场合下（如电动汽车）的使用条件比较苛刻，无论使用可提供的空间、还是电池本身的安全等方面均有一定的局限性。所以在 20 世纪 80 年代末和 90 年代初开始，国外重点发展钠硫电池作为固定场合下（如电站储能）的电源应用，目前钠硫电池的充电效率已达到 80%，能量密度是铅酸蓄电池的 3 倍，循环寿命也更长，日益显示出其优越性。在钠硫电池技术上处于国际领先地位的日本东京电力公司（TEPCO）和 NGK 公司合作开发钠硫电池作为储能设备，其应用目标瞄准电站负荷调平（即起削峰平谷作用，将夜晚多余的电能存储在电池里，到白天用电高峰时再从电池中释放出来）、UPS 应急电源及瞬间补偿电源等。

3. 燃料电池

燃料电池（FuelCell）的概念于 1839 年由英国的 Grove 提出，是一种将燃料的化学能通过电化学反应直接转化成电能的装置，包括纯氢气、甲醇、乙醇、天然气等都可以作为燃料电池的燃料。以最常见的氢燃料为例，氢气在阳极进行氧化反应，将氢气氧化成氢离子；而氧气在阴极进行还原反应，与由阳极传来的氢离子结合生成水，氧化还原反应过程中就可以产生电流。

燃料电池具有能量转换效率高、拆装方便、低污染、燃料选择性广、发电噪声小等优点，从而使得燃料电池在全世界的研发方兴未艾。目前，各国研究人员以多种含正价氢元素的气体作为燃料，已开发出的燃料电池技术包括：碱性燃料电池（AFC）、磷酸燃料电池（PAFC）、质子交换膜燃料电池（PEMFC）、熔融碳酸盐燃料电池（MCFC）、固态氧化物燃料电池（SOFC），以及直接甲醇燃料电池（DMFC）等，而其中利用甲醇氧化反应作为正极反应的燃料电池技术，更是被业界所看好而积极发展。如今，固定燃料电池被用于商业、工业、住宅和备用电源；热电联产（CHP）燃料电池系统，包括微型热电联产（MicroCHP）系统的使用，为家庭、办公楼和工厂同时产生电能和热能，其发电效率及环保性在国际上得到认同。此外，燃料电池在汽车、飞机、船只等交通工具动力源方面的应用仍处于研发和试运行阶段，并有望在未来实现大范围的替代性应用。

（二）物理储能

物理储能主要是指抽水蓄能、压缩空气储能、飞轮储能等。相比化学储能来说，物理储能更加环保、绿色，利用天然的资源来实现。物理储能具有规模大、循环寿命长和运行费用低等优点，但需要特殊的地理条件和场地，建设的局限性较大，且一次性投资费用较高，不适合较小功率的离网发电系统。

1. 抽水蓄能

抽水蓄能是通过水泵抽水将系统中的多余电能转化为上水库水的势能，在系统需要时，通过水轮发电机将水的势能转化为电能的储放能技术，是当前最成熟、最经济的大规模电能储存工具，主要用于电力系统的调峰、填谷、调频、调相、紧急事故备用等，其能量转换效率在 70%~75% 左右。目前世界范围内抽水蓄能电站总装机容量 9000 万 kW，约占全球发电装机容量的 3%。

（1）储能：该过程是其实现抽水蓄能各项功能的基础，虽然部分能量会在转化间流失，但相比之下，使用抽水蓄能电站仍比增建燃煤发电设备来满足高峰用电而在低谷时压荷、停机这种情况效益更佳，综合效率达到 70%~85%。

（2）调峰填谷：抽水蓄能电站利用低谷多余电力抽水蓄能，高峰时放水发电承担高峰负荷，可明显减少电网峰谷差。

（3）调频：在电网的频率下降至设定值时，抽水蓄能机组会自动从水泵工况、调相工况或停机状态转为发电工况，向电网输送电力，使电网的频率自动调整到设定值，保证了电网的频率质量。

（4）调相：进行系统无功调节，提高系统的稳定性，是抽水蓄能电站的又一显著特征，随着技术的进步和电网运行的需要，目前大型抽水蓄能机组均可以在抽水和发电两种工况下调节系统的无功功率。

（5）事故备用：抽水蓄能电站能够快速启动，迅速转换工况，从静止达到满负荷运行仅需 1~2 分钟，由它来承担系统事故备用容量，可以有效减少火电机组承担的旋转备用容量，起到改善火电机组运行方式、减少系统燃料消耗以及稳定系统频率和缓解事故等重要作用。

（6）黑启动：一旦电网发生垮网事故，抽水蓄能电站在无外界帮助情况下，可利用电站的上水库蓄水冲动水轮发电机，完成电厂自救发电；同时向无自救能力的火电厂提供厂用电，启动火电机组，使电网得以恢复正常运行。

2. 压缩空气储能

利用电力系统低容负荷时的多余电能将空气压缩储存在地下洞穴中，需要时再放出，经加热后通过燃气轮机发电机组发电，以供尖峰负荷的需要。供给燃气轮机的能量是压缩空气的势能和用以加热空气的燃料化学能的总和。压缩空气蓄能电站在一个充压和释放的循环中发出的电量大于充压所需的电量。充、放能量之比称为电量比，一般为 0.72~0.80，它取决于电站的规模和设计情况。

压缩空气蓄能电站是在常规的简单循环燃气轮机电站基础上发展起来的。压缩空气蓄能电站燃气轮机的输出功率是其轴功率的全部；而在常规燃气轮机电站，输出功率约为燃气轮机轴功率的三分之一，其余三分之二用于推动压缩机。所以消耗同样的燃料量，压缩空气蓄能电站的发电输出是常规燃气轮机电站的 3 倍。

压缩空气蓄能电站有下列优点：

（1）改进电网负荷率，提高了经济性，使系统中大型发电机组的负荷波动减小，提高了它们的可靠性；

（2）和抽水蓄能电站相比，站址选择灵活，不需建造地面水库，地形条件容易满足；

（3）由于大量能量储存在空气和燃料中，与抽水蓄能电站相比，有很高的能量密度；

（4）压缩空气蓄能电站在压缩空气瞬间即可使用，提高了系统的灵活性，适于作旋转备用；

（5）压缩空气蓄能电站可以积木式地组装，可以实现模块化，如一座 220 MW 的电站可用 25~50 MW 的小型压缩空气蓄能电站积木式地逐年扩建发展。

3. 飞轮储能

飞轮储能（FESS）又称飞轮电池或机械电池，是指利用电动机带动飞轮高速旋转，将电能转化成机械能储存起来，在需要的时候再用飞轮带动发电机发电的储能方式。飞轮储能器中没有任何化学活性物质，也没有任何化学反应发生。其主要结构为飞轮转子、轴承（支承）、电动/发电机、电力转换器、抽真空装置及真空室等。飞轮储能装置中的内置电机既是电动机也是发电机，在充电时，它作为电动机给飞轮加速；当放电时，它又作为发电机给外设供电，此时飞轮的转速不断下降，而当飞轮空闲运转时，整个装置则以最小损耗运行。

飞轮转动时动能与飞轮的转动惯量成正比，而飞轮的转动惯量又正比于飞轮的直径和飞轮的质量。由于过于庞大、沉重的飞轮在高速旋转时，会受到极大的离心力作用，往往超过飞轮材料的极限强度，因此前期用增大飞轮转动惯量的方法来增加飞轮的动能是有限的。近 10 年来，一大批新型复合材料、新技术不断诞生并迅速发展，如高强度的碳素纤维复合材料（抗拉强度高达 8.72 GPa）、磁悬浮技术和高温超导技术、高速电机和发电机技术、电力电子技术等，使得飞轮的能量存储不断加大，给飞轮的应用带来新的活力。结合飞轮储能具有效率高、建设周期短、寿命长、高储能、充放电快捷、充放电次数无限以及无污染等优点，该技术正在电力系统调峰、风力发电、太阳能发电、电动汽车、不间断电源、低轨道卫星、电磁炮、鱼雷等领域进行着应用与研究。

二、输电设备及输电线路

（一）输电设备

输电设备是将电站生产的电能输送给电力用户的一系列设备，如图 4-23 所示，包括变压器、导线、绝缘子、互感器、避雷器、隔离开关和断路器等电气设备，此外还有电容器、套管、阻波器、电缆、电抗器和继电保护装置等输变电系统中必不可缺的设备。

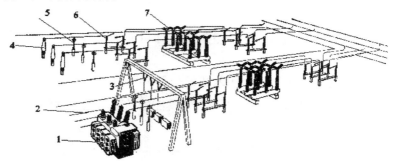

注：1-变压器；2-导线；3-绝缘子；4-互感器；5-避雷器；6-隔离开关；7-断路器。

图 4-23　变电站主要设备示意图

输变电系统的基本电气设备主要有导线、变压器、开关设备、高压绝缘子等。

1. 导线

导线的主要功能是引导电能实现定向传输。导线按其结构可以分为两大类：一类是结构比较简单不外包绝缘的电线；另一类是外包特殊绝缘层和铠甲的电缆。电线中最简单的是裸导线，在所有输变电设备中，它结构简单，使用量最大，消耗的有色金属最多。电缆的用量比裸导线少得多，但是因其具有占用空间小、受外界干扰少、比较可靠等优点，所以也占有特殊地位。电缆不仅可埋在地里，也可浸在水底，因此在一些跨江过海的地方都离不开电缆。电缆的制造比裸导线要复杂得多，主要原因是要保证它的外皮和导线间的可靠绝缘。输变电系统中采用的电缆称为电力电缆，此外还有供通信用的通信电缆等。

2. 变压器

变压器是利用电磁感应原理对其两侧交流电压进行变换的电气设备。为了大幅度地降低电能远距离传输时在输电线路上的电能损耗，发电机发出的电能需要升高电压后再进行远距离传输，而在输电线路的负荷端，输电线路上的高电压只有降低等级后才能便于电力用户使用。电力系统中的电压每改变一次都需要使用变压器。

根据升压和降压的不同作用，变压器又分为升压变压器和降压变压器。例如，要把发电站发出的电能送入输变电系统，就需要在发电站安装变压器，该变压器输入端（又称一次侧）的电压和发电机电压相同，变压器输出端（又称二次侧）的电压和该输变电系统的电压相同。这种输出电压比输入电压高的变压器即为升压变压器。当电能送到电力用户后，还需要很多变压器把输变电系统的高电压逐级降到电力用户侧的 220 V（相电压）或 380 V（线电压）。这种输出端电压比输入端电压低的变压器即为降压变压器。除了升压变压器和降压变压器外，还有联络变压器、隔离变压器和调压变压器等。例如，几个邻近的电网尽管平时没多少电能交换，但有时还是希望它们之间能够建立起一定的联系，以便在特定的情况下互送电能，相互支援，这种起联络作用的变压器称为联络变压器。此外，两个电压相同的电网也常通过变压器再连接，以减少一个电网的事故对另一个电网的影响，这种变压器称为隔离变压器。

3. 开关设备

开关设备的主要作用是连接或隔离两个电气系统。高压开关是一种电气机械，其功能就是完成电路的接通和切断，达到电路的转换、控制和保护的目的。高压开关比常用低压开关重要得多、复杂得多。常见的日用开关才几两重，而高压开关有的重达几十吨、高达几层楼，这是因为它们之间承受的电压和电流大小很悬殊。按照接通及切断电路的能力，高压开关可分为多类。最简单的是隔离开关，它只能在线路中基本没有电流时，接通或切断电路。隔离开关有明显的断开间隙，凡是要将设备从线路断开进行检修的地方，都要安装隔离开关以保证安全。断路器是开关中较为复杂的一种，它既能在正常情况下接通或切断电路，又能在事故下切断和接通电路。除了隔离开关和断路器以外，还有在电流小于或接近正常时切断或接通电路的负荷开关，电流超过一定值时切断电路的熔断器，以及为了确保高压电气设备检修时安全接地的接地开关等。

4. 高压绝缘子

高压绝缘子是用于支撑或悬挂高电压导体、起对地隔离作用的一种特殊绝缘件。由于电瓷绝缘子的绝缘性能比较稳定，不怕风吹、日晒、雨淋，因此各种高压输变电设备（尤其是户外使用的），广泛采用高压电瓷作为绝缘。例如架空导线必须通过绝缘子挂在电线杆上才能保证绝缘，一条长 500 km 的 330 kV 输电线路大约需要 14 万个绝缘子串（两个或两个以上的绝缘子组合）。高压绝缘子的另一大类是高压套管，当高压导线穿过墙壁或从变压器油箱中引出时，都需要高压套管作为绝缘。此外，基于硅橡胶材料的合成绝缘子也获得了广泛应用。

输变电的保护设备主要有互感器、继电保护装置、避雷装置等。

（1）互感器。互感器的主要功能是将变电站高电压导线对地电压或流过高电压导线的电流按照一定的比例转换为低电压和小电流，从而实现对高电压导线对地电压和导线电流的有效测量。对于大电流、高电压系统，不能直接将电流和电压测量仪器或表计接入系统，这就需要将大电流、高电压按照一定的比例变换为小电流、低电压，通常利用互感器完成这种变换。互感器分为电流互感器和电压互感器，分别用于电流和电压变换。由于它们的变换原理和变压器相似，因此也称为测量变压器。

（2）继电保护装置。继电保护装置是当电力系统中的电力元件（如发电机、线路等）或电力系统本身发生了故障危及电力系统安全运行时，能够向运行值班人员及时发出警告信号，或者直接向所控制的断路器发出跳闸命令以终止这些事件发展的一种自动化措施和设备。它根据互感器以及其他一些测量设备反映的情况，决定需要将电力系统的哪些部分切除和哪些部分投入。虽然继电保护装置很小，只能在低电压下工作，但它却在整个电力系统安全运行中发挥重要作用。

（3）避雷装置。变电站主要采用避雷针及避雷器两种防雷装置保护变电站电气设备免遭雷击损害。避雷针的作用是不使雷直接击打在电气设备上。避雷器主要安装在变电站输电线路的进出端，当来自输电线路的雷电波的电压超过一定幅值时，它就首先动作，把部分雷电流经避雷器及接地网泄放到大地中，从而起到保护电气设备的作用。

（4）电力电容器。电力电容器的主要作用是为电力系统提供无功功率，达到节约电能的目的，在远距离输电中利用电容器可明显提高输送容量。主要用来给电力系统提供无功功率的电容器，一般称为移相电容器；而安装在变电站输电线路上以补偿输电线路本身无功功率的电容器称为串联电容器，串联电容器可以减少输电线路上的电压损失和功率损耗，而且由于就地提供无功功率，因此可以提高电力系统运行的稳定性。

（5）电力电抗器。电力电抗器与电力电容器的作用正好相反，它主要是吸收无功功率。对于比较长的高压输电线路，由于输电线路对地电容比较大，线路本身具有很大的无功功率，而这种无功功率往往是引起变电站电压升高的根源。在这种情况下安装电力电抗器来吸收无功功率，不仅可限制电压升高，而且可提高输电能力。电力电抗器还有一个很重要的特性，就是能抵抗电流的变化，因此它也被用来限制电力系统的短路电流。

（二）输电线路

1. 输电线路的分类

输电线路按架铺方式有架空线路和电缆线路之分，按电能性质分类有交流输电线路和直流输电线路，按电压等级可以分为输电线路和配电线路。输电线电压等级一般在 35 kV 及以上。目前我国输电线路的电压等级主要有 35 kV、60 kV、110 kV、154 kV、220 kV、330 kV、500 kV、1000 kV 交流和 ±500 kV、±800 kV 直流。一般说，线路输送容量越大，输送距离越远，要求输电电压就越高。配电线路担负分配电能任务的线路，称为配电线路。我国配电线路的电压等级有 380/220 V、6 kV、10 kV。

2. 架空线路

架空线路主要指架空明线，架设在地面之上，架设及维修比较方便，成本较低，但容易受到气象和环境（如大风、雷击、污秽、冰雪等）的影响而引起故障，同时整个输电走廊占用土地面积较多，易对周边环境造成电磁干扰。架空输电线路的主要部件有：导线和避雷线（架空地线）、杆塔、绝缘子、金具、杆塔基础、拉线和接地装置等，如图 4-24 所示。

3. 电缆线路

电力电缆是电缆线路中的主要元件，如图 4-25 所示，一般敷设在地下的廊道内，其作用是传输和分配电能。电力电缆主要用于城区、国防工程和电站等必须采用地下输电的部位。

目前我国普遍使用的电力电缆主要是交联聚乙烯绝缘电力电缆。电力电缆主要有以下几种分类：

（1）按电压等级可分为中压、低压、高压、超高压及特高压电缆。

（2）按电流制式分为交流电缆和直流电缆。

（3）按绝缘材料可分为油浸纸绝缘、塑料绝缘、橡胶绝缘以及近期发展起来的交联聚乙烯绝缘等。

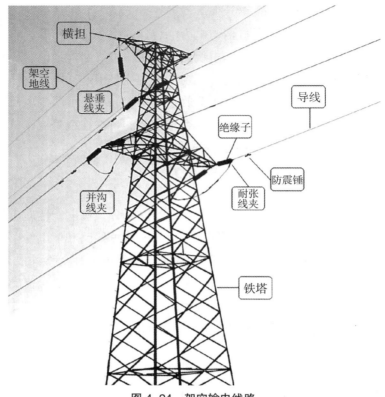

图 4-24　架空输电线路

图 4-25　电力电缆

（4）按接线芯分为单芯、双芯、三芯和四芯电缆等。

电力电缆必须有线芯（又称导体）、绝缘层、屏蔽层和保护层四部分。

（1）线芯：线芯是电力电缆的导电部分，用来输送电能，是电力电缆的主要部分。

（2）绝缘层：将线芯与大地及不同相的线芯在电气上彼此隔离，承受电压，起绝缘作用；

（3）屏蔽层：消除导体表面不光滑而引起的电场强度的增加，使绝缘层和电缆导体有较好的接触；

（4）保护层：保护电缆绝缘不受外界杂质和水分的侵入，防止外力直接损伤电缆。

电力电缆不受气象和环境的影响，主要通过电缆隧道或电缆沟架设，造价较高，发现故障及检修维护等不方便。电缆线路可分为架空电缆线路和地下电缆线路，电缆线路不易受雷击、自然灾害及外力破坏，供电可靠性高，但电缆的制造、施工、事故检查和处理较困难，工程造价也较高，故远距离输电线路多采用架空输电线路。

三、配电所配电装置

配电装置是发电厂与变电站的重要组成部分，用来计量和控制电能的分配。配电装置由开关设备、保护设备、测量设备、母线以及必要的辅助设备组成，甚至还要包括变电架构、基础、房屋、通道等，所以它是集电力、结构、土建等技术于一体的装置。配电装置的功能包括：正常运行时接受和分配电能；发生故障时通过自动或手动操作，迅速切断故障部分，恢复正常运行。所以说配电装置是具体实现电气主接线功能的重要装置。

配电装置按照电器装设地点不同，可分为屋内和屋外配电装置。按其组装方式不同，又可分为装配式和成套式：在现场将电器组装而成的称为装配式配电装置；在制造厂预先将开关电器、互感器等组成各种电路成套供应的称为成套配电装置。各类配电装置的特点如下：

（1）屋内配电装置的特点是占地面积较小；维修、巡视和操作在室内进行，不受气候影响；外界污秽空气对电器影响较小，可减少维护工作量；房屋建筑投资较大。

（2）屋外配电装置的特点是土建工作量和费用较小，建设周期短；扩建比较方便；相邻设备之间距离较大，便于带电作业；占地面积大；受外界环境影响，设备运行条件较差，必须加强绝缘；不良气候对设备维修和操作有影响。

（3）成套配电装置的特点是电器布置在封闭或半封闭的金属外壳中，相间和对地距离可以缩小，结构紧凑，占地面积小；所有电器元件已在工厂组装成一体，大大减少了现场安装工作量，有利于缩短建设周期，也便于扩建和拆迁；运行可靠性高，维护方便；耗用钢材较多，造价较高。

配电装置的型式选择，应考虑所在地区的地理情况及环境条件，因地制宜、节约用地，并结合运行及检修要求，通过技术经济比较确定。一般情况下，在大中型发电厂和变电站中，35 kV 及以下的配电装置宜采用屋内式；110 kV 及以上多为屋外式。当在污秽地区或市区建 110 kV 屋内和屋外配电装置的造价相近时，宜采用屋内型；在上述地区若技术经济合理时，220 kV 配电装置也可采用屋内型。

四、远距离输电系统

（一）高压交流输电

19 世纪 80 和 90 年代，人们逐渐掌握了多相交流电路原理，创造了交流发电机、变压器、感应电动机以及交流功率表等计量仪器，确立了三相制。由于采用交流电，各个不同电压之间的变换、输送、分配和使用都便于实现，并且和当时的直流输电技术比较，更加经济和可靠。因此，以 1895 年美国尼亚加拉复合电力系统为代表，确立了交流输电的主导地位，并发展成今天规模巨大的电力系统。

高压交流输电系统主要包括发电站、变压器、输电线路、电用户等。

发电站是将自然界蕴藏的各种一次能源转换为电能（二次能源）的工厂。19 世纪末，随着电力需求的增长，人们开始提出建立电力生产中心的设想。随着电机制造技术的发展，电能应用范围的扩大，生产对电的需要的迅速增长，发电厂应运而生。现在的发电厂有多种发电途径：火电厂靠燃煤或石油驱动涡轮机发电，水电厂靠水力发电，还有些靠太阳能、风力和潮汐发电的小型电站，而以核燃料为能源的核电站已在世界许多国家发挥越来越大的作用。

由发电站发出的电经过变压器升压后，再经断路器等控制设备接入架空输电线路或电缆线路。高压电经过一次、二次高压变电所后输送给工厂或者经低压变电所将电压降低为 220 V 后输送给普通用户。至此，完成整个电能的输运过程。

（二）灵活交流输电

灵活交流输电技术（FACTS）是装有电力电子控制器以加强可控性和增大电力传输能力的交流输电系统，它是现代电力电子技术与电力系统相结合的产物。FACTS 在输电系统的主要部位，采用具有单独或综合功能的电力电子装置，对输电系统的主要参数（如电压、相位差、电抗等）进行灵活快速的适时控制，以期实现输送功率合理分配，降低功率损耗和发电成本，大幅度提高系统稳定性和可靠性。

FACTS 的主要功能可归纳为：

（1）较大范围地控制潮流；

（2）保证输电线输电容量接近热稳定极限；

（3）在控制区域内可以传输更多的功率，减少发电机的热备用；

（4）依靠限制短路和设备故障的影响来防止线路串级跳闸；

（5）阻尼电力系统振荡。

随着电力电子技术的飞速发展，灵活交流输电技术的发展前景不可估量，必将改变电力系统的传统面貌，并促使电力系统发生重大变革。

（三）高压直流输电

1. 我国直流输电的发展

自 1954 年瑞典哥特兰岛直流输电工程投运以来，世界各国已有上百个现代工业化直流输电工程建成投运，直流电压、电流和输电容量遍布各个等级。

与国外相比，我国高压直流输电技术起步较晚但发展迅速。1986 年，经过长期的论证和筹备，我国第一个超高压直流输电工程——葛上（葛洲坝—上海）直流输电工程正式起步，初期单极容量为 600 MW。由于当时国内还没有直流设备研发经验和实力，设备基本上依赖进口，而且故障频繁，技术人才奇缺，直流输电面临许多困难。作为我国建设的第一个跨大区、超高压直流输电工程，葛上直流输电工程是一次有益的尝试。在经历了天广（贵州天生桥—广东）±500kV、三常（三峡—常州）±500 kV、三峡—广东（简称三广）±500 kV、贵州—广东（简称贵广）±500 kV、河南灵宝背靠背等高压直流输电工程建设后，我国实现了从工程组织建设、系统设计、工程设计、设备制造采购、工程施工和调试全部国产化的要求。

近年来随着直流输电的迅速发展，我国已经成为世界直流输电强国，输电规模居世界五大直流输电国家（中国、美国、加拿大、印度、巴西）之首，超高压直流输电工程的设计建设、运行管理和设备制造水平也处于国际领先地位。

预计到 2020 年，中国将建成 15 个特高压直流输电工程，并成为世界上拥有直流输电工程最多、输送线路最长、容量最大的国家。

2. 直流输电原理

直流输电的基本原理如图 4-26 所示，图中包括两个换流站及直流输电线路。两个换流站的直流端分别接在直流线路的两端，而交流端则分别连接到两个交流电力系统 I 和 II。换流站中主要装设有换流器，其作用是实现交流电与直流电的相互转换。

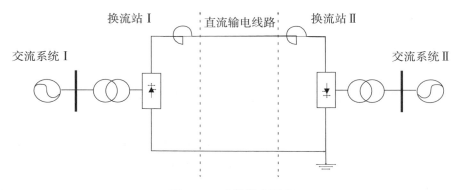

图 4-26　直流输电原理

高压直流输电系统的基本工作原理是通过换流装置，将交流电转变为直流电，将直流电传送到受端，再由受端换流装置将直流电转变为交流电送入受端交流系统。整个过程中换流装置是最重要的电气一次设备，构成的基本器件是各种电力电子元件，其中应用最多的是晶闸管。由几十到数百个晶闸管器件串联可构成一个晶闸管换流阀，换流器一般由 6 或 12 个桥臂（换流阀）构成，因此一个直流输电工程所需晶闸管的数量巨大，一般在数千只以上。为了满足直流输电中系统的安全稳定及电能质量的要求还需要其他一些设备，如换流变压器、平波电抗器、无功补偿装置、滤波器、直流接地极、交直流开关设备、直流输电线路等一次设备及控制与保护装置、远程通信系统等二次设备。

3. 直流输电系统的分类

直流输电系统运行方式分为两端直流输电系统以及多端直流输电系统。两端直流输电系统分类有：单极系统，即以大地、金属线（或海水）作为回线，常用作故障切换运行方式；双极系统是常用的接线方式；背靠背系统，无中间的输电线路，常用作不同电网的互联。多端直流输电系统是由三个或三个以上换流站连接的高压直流输电系统，因技术原因，暂时还没有被广泛应用。

4. 直流输电系统的特点

高压直流输电相对于交流输电有如下特点。

（1）高压直流输电与相联的两个交流系统的频率和相位无关。据此可通过直流输电环节连接两个独立交流系统，既能减小热备用容量，又可各自保持有功及无功功率平衡等电网管理的独立性。另外，若某一电网短路可因直流环节的隔离作用而不直接影响另一电网，从而避免全系统大面积停电。故高压直流输电很适于电网间的互联。

（2）高压直流输电只传送有功功率。故不会增大所联交流电网的短路容量，即不增大断路器遮断容量，且直流电缆无充电电流，可长距离送电。

（3）高压直流输电的传送功率（包括大小和方向）快速可控。故可方便而精确地严格按计划实时控制所联交流电网间的交换功率，且不受两端交流电网运行工况的影响，特别适合于所联两电网间按协议送电。还可通过快速准确地控制直流功率来有效提高所联交流电网或所并联交流线路的稳定性。

（4）高压直流输电线路经济。因单、双极直流输电分别只需一、二根导线（相当于一、二回交流线路），故直流输电线路所需线路走廊宽度小，线材、金具、塔材都少，塔轻使塔基工程量也小。输电距离较远时，直流线路节省的费用将大于直流换流设备多花的费用，线路越长，节省越多。因而高压直流输电特别适用于长距离大容量输电。

（四）智能电网工程

智能电网（smart power grids），就是电网的智能化，也被称为"电网 2.0"，它是建立在集成的、高速双向通信网络的基础上，通过先进的传感和测量技术、先进的设备技术、先进的控制方法以及先进的决策支持系统技术的应用，实现电网的可靠、安全、经济、高效、环境友好和使用安全的目标，其主要特征包括自愈、激励和包括用户、抵御攻击、提供满足 21 世纪用户需求的电能质量、容许各种不同发电形式的接入、启动电力市场以及资产的优化高效运行。

五、输电工程的环境保护

（一）输电工程环境影响分析

1. 输电工程的环境影响特点

输电工程的环境影响，一般包括对生态环境的影响、水土流失的影响、线路走廊的土地占用、选线选址与相关规划的符合性和相容性、电磁环境影响、甚至景观影响等。当输电工程建成投入运行后，便无环境空气污染物产生、无工业废水产生、无工业固体废弃物产生，电磁现象则成为主要的环境影响问题。

随着越来越多的新技术应用到输电工程中，输电设计建设将更符合环保的要求。如采用海拉瓦技术优化线路路径，尽量避开自然保护区、风景名胜区、军事设施等环境敏感区；山区的杆塔采用全方位高低腿设计，配合高低基础，以减少土方开挖和植被破坏；导线架设采用张力放线技术和高塔高跨，可以减少树木砍伐或避免砍伐，且导线表面光洁，减少了运行中的电晕效应；合理布置导线的排列和采用紧凑型线路，降低线路周围的工频电磁场等。

2. 电磁环境影响分析

输电工程中，高压电力线路和高压设备带电运行时，周围存在着交流 50Hz 的"工频电、磁场"。电场和磁场对处在其中的人的作用，就是通常所说的"健康影响"或"生态效应"。工频电场与人体的作用将产生电荷在体内的流动（电流），束缚电荷的极化（形成电偶极子）以及已经存在于组织中的电偶极子的转向。工频磁场与人体的相互作用导致感应电场和闭合的回路电流，感应电动势的幅值和电流密度正比于回路的半径、组织的电导率以及磁通密度的变化率。

3. 水土流失影响分析

输电线路对水土流失的影响主要是由项目建设过程中塔基平面平整、基础坑开挖、人抬道路（多用于野外施工，具体是指人工抬设备去山上或者坡上施工，在这之间新开发的施工便道）修建及施工牵张场地（钢筋加工时要校直或拉伸以减轻钢筋本身预应力，拉伸和校直钢筋的场地就是牵张场）的平整扰动地表所造成的。输电线路的施工建设具有跨距长、点分散等特点。人员及车辆进出和施工爆破等对当地居民及野生动物产生不良影响。各塔基基座浇筑时基面开挖，会破坏原有地貌及植被，造成水土流失。

（二）电磁影响的环保措施

输电线路的电磁效应主要是通过电场、磁场和电晕等 3 种形式起作用的。

（1）输电线路运行时，输电导线上的电压会在周围空间产生电场。交流输电线路产生的电场虽然是交变电场，但是因为其频率极低，所以可用静电场的一般概念来认识。它同样具有静电场的普遍特性，即电场强度的大小与导线上的电压成正比。一般在超高压输电线路下的最大地面场强为 5~10 kV/m；而在自然界，晴朗天气时大气中的电场强度仅约为 130 V/m（在雷暴雨等恶劣天气的地面场强也会达到 10 kV/m）。可见输电线路的电场强度要比自然界和日常环境大得多。

（2）输电线路的磁场强度的大小只与电流大小有关，而与电压无关。50 Hz 的工频磁场很容易穿透大多数物体，如建筑物和人，且不会受到这些物体存在的干扰。在日常生活中，彩色电视机或电炊具附近的磁场强度为 0.5~1.0 mT。与之相比，500 kV 输电线路下的最大地面磁场强度仅为 0.035 T，相差 1~2 个数量级。所以，对于 220 kV 及以下的输电线路来说，输电线路所产生的磁场是比较弱的。

（3）输电线路的电晕放电主要受线路本身特性和环境因素的影响，线路电压越高，电晕放电就越强；线路导线直径越大，电晕放电则越弱；导线的表面光洁度越高，电晕放电则越弱；空气污染越严重，电晕放电就越强；相对空气密度越大，电晕放电就越强；风速越大，电晕放电就越强。因此，在大气环境质量较差的地区和天气比较恶劣的气候条件下，输电线路的电晕放电现象总是比较强烈的。

综上考虑，在架设输电线路时要考虑输电线路产生的电磁效应对环境的影响，采取相应的保护措施。如在输电线路影响范围内，通信线路的电磁影响超过了有关规程规定的要求，可采用加装屏蔽线、安装放电器（保安器）、改变通信线路路由或改用通信光缆等措施予以解决；对邻近居民区段线路采取提高导线对地距离等措施满足电场强度的要求，在最大弧垂情况下，导线经过居民区时最小对地距离为 14 m，导线经过非居民区时最小对地距离为 11 m。

（三）生态保护措施

1. 合理布置根开，节约塔基占地

塔身坡度及根开（一基杆塔中相邻两底脚中心之间的距离）大小将直接影响到塔身主材和斜材规格、铁塔重量及基础作用力。在进行铁塔结构布置和内力分析的时候，根据电气荷载条件、气象条件和铁塔形式，找出合适的坡度和根开，使塔重指标做到最优，并综合考虑铁塔单基指标、基础工程量、占地面积、植被等情况，力求达到最佳的综合经济效益。

2. 噪声防治措施

选用低噪声的机械设备，运输车辆经过居民区时减速缓行。加强管理，减少施工噪声对居民的直接影响，牵张场远离居民区布置。禁止夜间施工，如因连续作业要求需进行夜间施工，应向当地环保局报请批准，并告示居民。

3. 水污染防治措施

塔位应尽量远离水体。在塔基附近远离水体处设置沉淀池（无砼衬砌），生活污水、施工机械设备冲洗、混凝土搅拌和基坑废水经隔油池排入沉淀池处理后，自然蒸发、渗漏，施工废水不得排入河道。塔基施工应选在雨水较少的季节，尽量缩短基坑暴露时间，一般随挖随浇基础，另外应采取围护措施，防止土石方落入河流，对挖方应及时回填平整，恢复植被，并应尽可能采用本地物种。

4. 水土保持措施

基面土石方大量开挖，破坏了塔位原有的天然植被，大量的基面挖方弃土堆积在基面边坡上，增加了边坡附加压力，在雨水浸蚀下，容易产生塌方和滑坡。可采取四个塔腿分别降基，在考虑施工作业面和边坡稳定点后，塔基基础分坑应形成四个小基面，基坑中间的土体只要不影响铁塔的安置可完全保存。

疏畅基面排水沟，以保基面挖方边坡及基础保护范围外临空面的土体稳定。塔位有坡度时，为防止上山坡侧汇水面的雨水、山洪及其他地表水对基面的冲洗影响，除塔位处于面包形山顶或山脊外，均需在塔位上坡侧（假设基面有降基挖方，距挖方坡顶水平距离≥3m 处），依山势设置适当深度的环状排水沟，以拦截和排除周围山坡汇水面内的地表水。

第五章 能源加工转化工程

煤炭、石油和天然气等常规化石能源必须经过加工转化才可以更好利用，扩大利用范围。本章主要介绍了煤炭、石油和天然气等常规化石能源的加工转化工程，系统阐述了煤炭、石油和天然气加工转化过程中的方法、技术、设备、工艺等。

第一节 煤炭的加工转化工程

一、煤炭加工转化与洁净煤技术

（一）煤炭加工

煤炭加工是指应用物理、化学、物理化学或生物方法除去煤中的杂质和有害元素，生产出不同质量、适应使用部门不同需求的煤炭产品，为合理、有效地利用煤炭资源、减少无效运输，节约煤炭资源，减少煤炭从开采到使用过程的污染，保护环境的重要措施。煤炭加工按加工深度可分为粗加工、细加工与精加工。粗加工指对原煤的拣矸、筛选与破碎；细加工指对煤炭洗选、配煤、成型等；精加工指煤炭制浆和煤的转化。煤炭加工按加工性质可分为物理加工、物理化学加工和化学加工等。物理加工主要有拣矸、筛分、破碎、洗选、成型、配煤等；物理化学加工主要有煤炭制浆；化学加工主要有煤炭焦化、气化、液化及其下游产品的加工，也就是煤的转化。为解决煤炭加工转化过程中环境保护与资源节约问题，20 世纪 80 年代，美国率先提出了洁净煤技术，并在 1986 年推出了"洁净煤技术示范计划"。

（二）洁净煤技术

洁净煤技术（Clean Coal Technology，CCT）的含义是指煤炭从开发到利用全过程中，旨在减少污染排放与提高利用效率的加工、燃烧、转化及污染控制等高新技术的总称，是使煤作为一种能源应达到利用最大化、污染最小化，实现煤的高效、洁净、经济利用的技术体系。它将经济效益、社会效益与环保效益结合为一体，成为能源工业国际高新技术竞争的一个主要领域。

洁净煤技术具有如下特点：①洁净煤技术是以高硫煤为原料，以一碳化学为基础，采用多样化工艺，实现煤炭资源的优化配置、高效和清洁利用；②洁净煤技术涉及物理、化学、生物、地质等多学科，化工、热工、环境等多技术，是一项多层次、多学科、综合性很强的系统工程；③洁净煤技术注重综合效益，实现了保护环境和发展经济的双重效益。推进洁净煤技术发展与产业化，将解决我国能源四个方面的问题：减少污染物，降低温室气体排放，促进能源技术发展，降低石油的进口依赖，提高能源利用效率。

洁净煤技术的构成有洁净开采技术、燃前加工与转化技术、燃中处理及集成技术和燃后处理技术。表 5-1 列出了中国洁净煤技术涉及的四个领域以及多项技术等。

与已有的国内外洁净煤技术相比，中国的洁净煤技术主要集中在煤的燃前处理环节，使煤炭成为洁净煤燃料和原料。根据煤的利用技术的分类和洁净煤技术的范畴，以及国内外目前的研发和应用现状，转化技术是洁净煤利用技术的核心，如图 5-1 所示。其中燃煤火力发电需要大量投资，使其更加清洁高效，这是一个相对独立的煤转化利用领域。

二、煤炭洗选

煤炭洗选是利用煤和杂质的物理、化学性质的差异，通过物理、化学或微生物分选的方法使煤和杂质有效分离，并加工成质量均匀、用途不同的煤炭产品的一种加工技术。

一般来说，煤炭的洗选过程和工艺主要包括：原煤准备（包括原煤的接受、储存、破碎和筛分）、选煤的分选、产品脱水（包括块煤和末煤的脱水，浮选精煤脱水和煤泥脱水过程）、产品干燥（利用热能对煤进行干燥，一般在比较严寒的地区采用）和煤泥水的处理。其中，原煤的分选过程根据选煤方法的不同，可分为物理选煤、物理化学选煤、化学选煤及微生物选煤等。此外，按照分选过程是否用水（或重悬浮液）作介质，洗选过程又可分为湿法和干法两大类。

洗煤过程后所产生的产品一般分为有矸石、中煤、乙级精煤、甲级精煤，经过洗煤过程后的成品煤通常叫精煤，通过洗煤，可以降低煤炭运输成本，提

表 5-1　中国洁净煤技术

所属过程	领域	技术名称
煤炭燃烧前	煤炭加工	洗选
		配煤
		型煤
		水煤浆
	煤炭转化	煤炭气化
		煤炭液化
		多联产
煤炭燃烧中	煤炭高效燃烧与先进发电	燃料电池
		低 NOx 燃烧
		循环流化床燃烧
		增压流化床联合循环
		整体煤气化联合循环
		配有脱硫脱硝装置的超（超）临界发电技术
		中小型工业锅炉改造
		烟气脱硫、脱硝净化技术
		控制烟尘和颗粒物
煤炭燃烧后	污染控制与资源化再利用	电厂粉煤灰综合利用
		以汞为主的痕量重金属控制
		CO_2 固定和利用技术
煤炭开采中	洁净开采技术	矿区生态环境保护技术
		煤层气开发与利用
		煤炭地下气化

高煤炭的利用率，精煤是一般可做燃料用的能源，精煤一般主要用于炼焦，它要经过去硫、去杂质等工业过程，以达到炼焦用的标准。

（一）选煤方法

1. 物理选煤方法

根据物料的某种物理性质（如粒度、密度、形状、硬度、颜色、光泽、磁

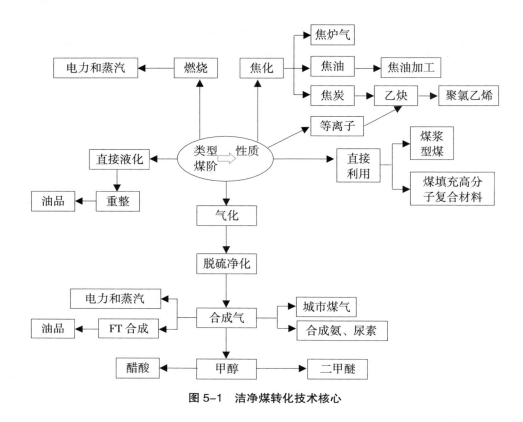

图 5-1　洁净煤转化技术核心

性及电性等）的差别，采用物理的方法来实现对原煤的加工处理。在实际应用中物理选煤主要是指重力选煤，同时还包括电磁选煤及古老的拣选等。重力选煤主要有跳汰选煤、重介质选煤、空气重介质流化床干法选煤、风力选煤、斜槽和摇床选煤等。

2. 物理化学选煤方法

物理化学选煤方法主要指浮游选煤（简称浮选）。它是依据矿物质的物理化学性质的差别进行分选的方法。浮选包括泡沫浮选、浮选柱油团浮选、表层浮选和选择性絮凝等。由于实际上常用的是泡沫浮选分选细粒的物料，所以通常所说的浮选主要是指泡沫浮选。

3. 化学选煤方法

化学选煤方法是借助化学反应使煤中的有用成分富集或除去杂质和有害成分的工艺过程。化学选煤主要有氢氟酸法、烧熔碱法、氧化法和溶剂萃取法等。

4. 微生物选煤方法

微生物选煤方法是利用某些自养性和异养性微生物，直接或间接地利用其代谢产物从煤中溶浸硫达到脱硫的目的。主要有堆积浸滤法、空气搅拌浸出法和表面氧化法。

物理选煤和物理化学选煤是实际选煤生产中常用的技术，一般可有效地脱除煤中矿物质和无机硫（黄铁矿硫），化学选煤和微生物选煤还可以脱除煤中的有机硫。

（二）煤炭洗选机理及设备

由于全国情况的不同，采用的选煤方法也各有侧重，目前工业化生产应用最广的是跳汰选煤、重介质选煤和浮选选煤 3 种。

1. 跳汰选煤

（1）跳汰选煤机理。跳汰是指物料主要在垂直上升的变速介质流中，按密度差异进行分选的过程。物料在粒度和形状上的差异，对选矿结果有一定的影响。这是最复杂的重选分选过程。物料在跳汰过程中之所以能分层，起主要作用的内因是矿粒自身的性质，但能让分层得以实现的客观条件，则是垂直升降的交变水流。跳汰选煤所用的介质为水或空气，个别也用重悬浮液。以水作分选介质的叫水力跳汰；以空气作分选介质的叫风力跳汰；以重悬浮液作分选介质时叫重介跳汰。选煤生产中，以水力跳汰用得最多。

（2）跳汰设备。国内外采用各种类型的跳汰机，根据设备结构和水流运动方式不同，大致可以分为以下几种：①活塞跳汰机；②隔膜跳汰机；③空气脉动跳汰机；④动筛跳汰机。

活塞跳汰机是以活塞往复运动，给跳汰机一个垂直上升的脉动水流，它是跳汰机的最早型式。现在基本上已被隔膜跳汰机和空气脉动跳汰机所取代。

隔膜跳汰机是用隔膜取代活塞的作用。其传动装置多为偏心连杆机构，也有采用凸轮杠杆或液压传动装置的。机器外形以矩形、梯形为多，近年来又出现了圆形。按隔膜的安装位置不同，又可分为上动型（又称旁动型）、下动型和侧动型隔膜跳汰机，隔膜跳汰机主要用于金属矿选矿厂。

空气脉动跳汰机（亦称无活塞跳汰机），该跳汰机是借助压缩空气，推动水流作垂直交变运动。按跳汰机空气室的位置不同，分为筛侧空气室（侧鼓式）和筛下空气室跳汰机。该类型跳汰机主要用于选煤。

动筛跳汰机有机械动筛和人工动筛两种，手动已少用。机械动筛是槽体中水流不脉动，直接靠板上的物料造成周期性的松散。目前为大型选煤厂尤其是高寒缺水地区选煤厂的块煤排矸提供了有效设备。根据使用范围，区分为选煤用跳汰机和选矿用跳汰机两大类。

2.重介质选煤

（1）重介质选煤机理。重介质选煤是用密度介于煤与矸石之间的重液和悬浮液作为分选介质的选煤方法。重液由于价格昂贵，回收复杂、困难，在工业上没有应用之前，普遍采用磁铁矿粉与水配制的悬浮液作为选煤的分选介质。重介质选煤具有分选效率高、分选密度调节范围宽、适应性强、分选粒度宽等优点。主要用于排矸、分选难选和极难选煤。重介质分选的机理是物理学上的阿基米德原理。当颗粒在悬浮液中运动时，颗粒不仅受到浮力作用，还受到悬浮液的阻力作用。对于最初相对于悬浮液作加速运动的颗粒，最终将以一个末速度在悬浮液中相对于悬浮液静止运动。

（2）重介质选煤设备。重介质选煤设备主要有分选大于 6 mm 或 13 mm 的块煤斜轮重介质分选机和立轮重介质分选机以及分选末煤的重介质旋流器。其中立轮重介质分选机的类型较多，国内外应用也比较广泛。常用的有德国的太司卡型、波兰的 DISA 型等。我国自行设计制造的 JL 型立轮分选机重介质旋流器可以分为两类：一类是以荷兰 D.S.M 重介质旋流器为代表的圆锥形重介质旋流器；另一类是以美国 D.W.P 为代表的圆筒形重介质旋流器。

3. 浮选选煤

浮选选煤是利用煤和矿物质的表面物理化学性质的差别及对水呈现不同湿润性，分选细粒煤的选煤方法。

（1）浮选机理。煤的表面是非极性的。矿物质表面主要是极性的，因此煤表面显现出极强的疏水性，而矿物质表面有极强的亲水性。由于矿浆中煤粒和矿物质的不同湿润性，当煤粒和气泡发生碰撞时气泡易于排开其表面薄且容易破裂的水化膜，使煤粒黏附到气泡的表面，而矿物质颗粒表面的水化膜很难破裂，气泡很难把其黏附到气泡上，所以就留在矿浆中。为了提高煤可浮性、扩大煤与矿物质湿润性的差别、提高浮选效果，在浮选过程中一般要加入一些药剂，按药剂的作用可分为捕收剂、起泡剂和调整剂。

（2）浮选设备。浮选机的种类繁多，差别主要表现在充气方式、充气搅拌装置结构等方面，所以目前应用最多的分类法是按充气和搅拌方式的不同将浮选机分为两大类，即机械搅拌式和无机械搅拌式。利用叶轮—定子系统作为机械搅拌器实现充气和搅拌的统称为机械搅拌式浮选机。根据供气方式的不同又细分为机械搅拌自吸式和机械搅拌压气式两种。前者的搅拌器搅拌同时完成吸入空气和将空气分割成细小气泡；后者的搅拌器仅用于搅拌和分割空气，空气是依靠外部系统强制压入的。不用叶轮—定子系统作为搅拌机构，而用专门设备从浮选机外部强制吸入或压入空气的统称为无机械搅拌式浮选机，又称充气式浮选机。根据生成气泡的方法不同，有使空气通过微孔而强制弥漫的压气式；有用喷射旋流手段产生强制涡流切割空气及使空气溶解后再析出的喷射式；也有用真空减压法使气泡从矿浆中析出的真空减压式等。据此可将国内外常用的结构上有特色的浮选机分类如表5-2所示。

表 5-2 浮选机分类表

类别	充气方式			浮选机型号及产地
机械搅拌式	自吸式			XJ 型（中）、米哈诺布尔（MexaHoop）A 型（苏联）、丹佛（Denfer）Sub-A（美）、FF 型（日）、SF 型（中）、JJF 型（中）、XJQ 型（中）、法格古伦（Fagergren）FM（美）、维姆科（Wemco）1+1（美）、布思（Booth）（美）、棒型（中）、HCC 型（中）、瓦曼（Warman）（澳）、XJM 型（中）、XJN 型（中）、ΦM-2.5 型（苏联）、米温迈（Minemet）HC（法）、V-F 型（日）、洪堡尔特（Humbolt）（德）、维达克（Wedag）（德）、ΦMY-63 型（苏联）、МΦY2-63 型（苏联）、МΦY-12 型（苏联）
	压气式			CHF-X 型（中）、BS-X 型（中）、XJC 型（中）、丹佛（Denfer）DR（美）、KYF 型（中）、BS-K 型（中）、OK 型（芬）、道尔·奥利弗（Dorr-Oliver）（美）、阿基泰尔（Agitair）（美）、Minemet BCS 型（法）、马克斯韦尔（Maxwell）（加）、萨拉（Sala）BFP 型（瑞典）、博利登（Boliden）BFR（瑞典）、艾克（Aker）（挪威）、ΦⅡM-63Y 型（苏联）、ΦⅡP 型（苏联）
无机械搅拌式	空气压入式	单纯压入式		浮选柱（中、加、美）米克罗塞尔（Microcel）浮选柱（美）、柱形浮选机（加、苏联、德、美）
		气升式		SW 型（Forrester）、AΦM-2.5（苏联）
	空气析出式	真空式		科珀（Copper）（英）
		加压矿浆析气式	吸气式	喷射吸气式（苏联）、旋涡式（日）、XPM 喷射旋流式（中）
			压气式	H&P 旋流式（美）、Wedag 气升旋流式（德）、洪堡尔特（Humbolt）旋流式（德）

三、动力配煤

（一）动力配煤原理

动力配煤是通过用户对煤质的要求，将不同牌号、不同品质的煤经过筛选、破碎、按比例配合等过程，改变动力煤的化学组成、岩相组成、物理特性和燃烧性能，然后进行加工合成的混合煤，是一种人为加工而成的"煤"。动力配煤技术是以煤质互补，适应用户燃煤设备对煤质要求，达到充分利用煤炭资源、优化产品结构，提高燃煤效率和减少污染物排放为目的的技术。通过动力配煤提供适合锅炉燃烧的优质燃料煤，可以充分发挥先进燃烧技术和燃煤设备的作用。可见动力配煤是改善燃煤洁净燃烧发展中国洁净煤技术的优先途径。

（二）动力配煤工艺流程

动力配煤生产线的工艺流程一般包括原料煤的收卸、按品种堆放、分品种化验、计算和优化配比、配煤原料的取料输送、筛分、破碎、加添加剂、混合掺配、抽取检测、成品煤的存储和外运等。在实际生产中，由于配煤场地特点、配煤生产线的规模大小、机械化程度高低、资金投入的多少等情况不同，生产工艺流程也不尽相同。通常有两类生产工艺流程，一类是简单动力配煤生产工艺流程，另一类为现代化大型动力配煤生产工艺流程，即动力煤分级配煤技术。

1. 机械化配煤技术

简单的机械化配煤生产线的工艺流程如图 5-2 所示，它是用装载机将不同性质的单种原料煤装入不同的贮煤斗，通过圆盘给料机或箱式给煤机出煤闸门

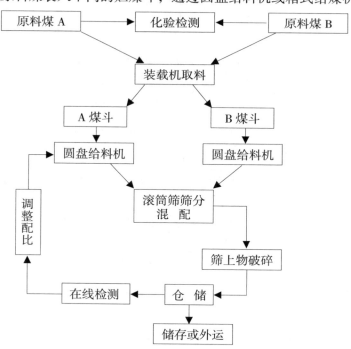

图 5-2　简单动力配煤生产线工艺流程

的调节，控制各单种原料煤出煤量的大小，不同的煤经滚筒筛或振动筛等筛分设备进行筛分和混配，筛下物成为动力配煤，筛上物经粉碎后掺入动力配煤中，然后作为成品储存或外运。一般中小型配煤场常用这种简单工艺流程。由于该工艺的配比计量是靠体积比来估算，混合掺配是靠煤在运输带的叠加，在经过滚筒筛的滚转搅拌来实现，因而加工出来的动力配煤质量不大稳定，但一般能满足工业锅炉的燃烧要求。

2. 动力煤分级配煤技术

对于用煤量大、对配煤数量和质量要求高的用户需求，通常采用机械化和电子化程度较高的现代化大型动力配煤生产线。这类配煤生产线加工量大，原料煤中的优质块煤量也较多，因此在生产工艺流程中应先将优质煤块筛出后再混合，筛出的优质煤块单独存放和销售，以提高经济效益，也就是动力煤分级配煤技术。

动力煤分级配煤技术将分级与配煤相结合，首先将各原料煤按粒度分级，分成粉煤和粒煤，然后根据配煤理论，将各粉煤按比例混合配制成粉煤配煤燃料，各粒煤配制成粒煤配煤燃料，不仅能配制出热值、挥发分、硫分、灰熔融温度等煤质指标稳定的、符合锅炉燃烧要求的燃料煤，而且生产出了适合于不同类型锅炉燃料的粉煤和粒煤燃料。

典型的动力煤分级配煤的工艺流程如图 5-3 所示。当动力配煤场同时向煤粉电站锅炉和层燃工业锅炉供煤时，图 5-3 中的搅拌机可采用振动流化床气力分级机，在同一设备中完成混合和分级。通过分级，将动力配煤分成大于 3 mm（或 2 mm）的粒煤和小于 3 mm（或 2 mm）的粉煤。其余工艺与机械式动力煤配制工艺相同。

四、型煤技术

型煤是用一定比例的黏结剂、固硫剂等添加剂，采用特定的机械加工工艺，将粉煤和低品位煤制成具有一定形状和理化性能（冷机械强度、热强度、热稳定性、防水等）的煤制品。型煤技术不仅使低质的粉煤、泥煤、褐煤提高了其经济价值，而且在利用过程中保持了一个相对洁净的环境。

（一）型煤特点与产品分类

1. 型煤特点

与原煤直接散烧或气化相比，型煤具有以下特点：①在块煤燃烧或气化领

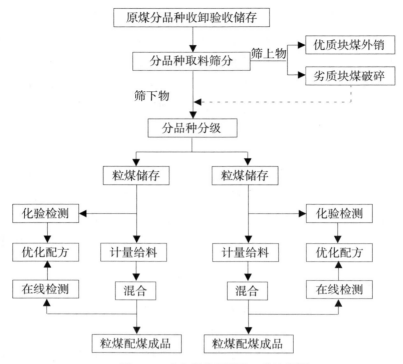

图 5-3 动力煤分级配煤工艺流程图

域，型煤燃烧可以提高煤炭的利用率，节约能源；②在配置过程中添加固硫剂，可以有效地控制粉尘和 SO_2 的污染排放。③通过型煤制备过程中的配料或成型可以改善热稳定性差或难燃煤的燃烧特性，扩大煤炭资源的利用。④型煤技术投资少，见效快，是经济性很好的洁净煤技术。

2. 型煤产品分类

按用途，型煤主要分工业型煤和民用型煤两大类。工业型煤有化工用型煤、蒸汽机车用型煤、冶金用型煤（又称为型焦）、工业锅炉用型煤、工业窑炉用型煤、煤气发生炉用型煤等。民用型煤，又称为生活用煤，用于炊事和取暖，包括蜂窝煤和煤球。型煤按用途详细分类如表 5-3。

（二）型煤生产工艺

在型煤的制备过程中，成型技术是其核心，它直接影响着型煤的物理特性（如孔隙率、机械强度、热变性等）以及应用过程中的燃烧特性。成型一般是指使用外力将粉煤挤压制成具有一定强度和大小形状的固体块煤。从成型原理上看就是采用足够高的压力来减少粉状颗粒间和颗粒内部的空隙，使之团聚成型。目前，普遍使用的粉煤成型方法主要有无黏结剂冷压成型、有黏结剂冷压成型

表 5-3　型煤按用途分类

工业用煤	蒸汽机车用	铁路蒸汽机车	民用型煤	百姓炊事用	普通蜂窝煤
		船用蒸汽发动机			其他型煤
	煤气发生炉用	工业燃气用造气		百姓取暖用	手炉、被炉取暖煤
		合成氨造气			取暖煤球、普通蜂窝煤
	工业窑炉	铸造炉用		饮食服务行业用	烧烤、火锅上点火蜂窝煤
		锻造炉用			
		轧钢加热炉用			
		倒烟窑用			普通蜂窝煤
	工业锅炉用块状无烟燃烧			机关团体茶炉用	方形蜂窝煤
	型焦（包括配型煤炼焦）				
	硅铁合金炭质还原剂				煤球

和热压成型三种。

无黏结剂冷压即粉煤不加黏结剂，只靠外力的作用而成型，通常应用于制造泥煤、褐煤型煤。有黏结剂冷压成型就是分煤种加入黏结剂再经压制成型，普遍用于煤化度高的烟煤或无烟煤成型。目前我国合成氨用型煤大部分都采用这种成型方法，因为在这些煤种的粉煤中加入质量比为 5%~20% 的适当黏结剂，成型压力可降至 15~50 Mpa，在工业上易于实现。非炼焦烟煤（如气煤、弱黏结性煤等）在快速加热条件下黏结性可大为提高，当加热到塑性温度范围内趁热压制，可以在中压下成型，这种成型方法称为热压成型。采用热压成型方法可以制得以单一煤种为原料的型焦，可以生产以冶炼为主体的热压料球，也可生产以无烟煤为主体的热压型煤。

从三种型煤成型技术可以看出，在成型过程中都需要对粉煤施压，也即需要施压设备。在工业生产中常用的施压设备有单螺杆挤压机和对辊成型机。

从图 5-4 可得知单螺杆挤压机主要由筒体、筒体中旋转的特殊形状的螺杆、加料口及锥形模具等部件组成。

图 5-5 所示的对辊成型机有一对轴线相互平行、直径相同、彼此有一定间

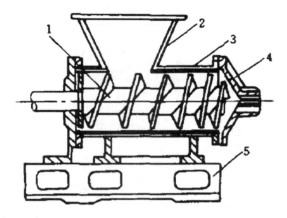

注：1-螺杆；2-加料口；3-筒体；4-锥形模具；5-机架。

图5-4　单螺杆挤压机结构示意图

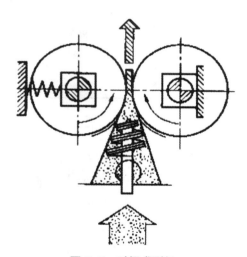

图5-5　对辊成型机

隙的圆柱形型轮，型轮上有许多形状和大小相同、排列规则的半球窝，型轮是成型机的主要部件。

　　基于上述三种成型工艺的各种原煤制备型煤的工艺流程种类很多，但通常都包括以下几个阶段：原料煤预处理、配料、粉碎、混合、成型、干燥、装箱入库等。原料煤预处理是指根据需要对原煤进行筛分、除尘、干燥的过程。配料是指将集中煤料按比例进行搭配，以使得到的型煤具有更好地机械强度或燃烧特性。破碎的目的是为了使原料更好地黏结成型，粒度过大不利于压制成型，粒度过小则影响型煤的燃烧效果。混合过程主要是让物料之间相互摩擦，同时让黏结剂与物料颗粒进行更好的包容。通过成型技术得到的型块还需要经过烘干、筛分等再处理过程才能得到最终的型煤产品。

五、水煤浆技术

水煤浆是一种新型、高效、清洁的煤基燃料，由 65%~70% 不同粒度分布的煤，29%~34% 左右的水和约 1% 的化学添加剂制成的混合物。经过多道严密工序，筛去煤炭中无法燃烧的成分等杂质，仅将碳本质保留下来，成为水煤浆的精华。在我国丰富煤炭资源的保障下，水煤浆也已成为替代油、气等能源的最基础、最经济的洁净能源。

（一）水煤浆产品分类

1. 高浓度水煤浆

由平均粒径小于 0.06 mm，且有一定级配（不同粒级的配比）细度的煤粉与水混合，浓度在 60% 以上，黏度在 1500 MPa·s 以下，稳定性在一个月内不产生硬沉淀（沉淀后经搅拌无法复原），可长距离泵送、雾化直接燃烧的浆状煤炭产品。主要用于冶金、化工、发电行业的代油燃料。

2. 中浓度水煤浆

由平均粒径小于 0.3 mm，且有一定级配细度的粉煤与水混合，煤水比为 1:1 左右，具有较好的流动性和一定稳定性，可远距离泵送的浆状煤炭产品。主要适用远距离管道输送，可终端脱水浓缩燃烧。

3. 精细水煤浆

用超低灰精煤超细磨碎，粒度上限在 44 μm 以下，平均粒度小于 10 μm、浓度月 50%、表观黏度在剪切速率为 100 s⁻¹ 时，小于 400 MPa·s，是重柴油的一种代替燃料，可用于低速柴油机燃气轮机直接代油使用。

4. 煤泥浆

利用洗煤厂生产过程中产生的煤泥，保持 55% 左右的浓度就地应用的浆状煤炭燃料，多用于工业锅炉掺烧使用。

水煤浆的种类和用途详见表 5-4。

（二）水煤浆制备技术

我国经多年连续攻关，已经形成水煤浆制备、储存、运输及燃烧的成套技术，其技术水平居国际领先地位。水煤浆制备成为引进的德士古气化工艺中必不可少的组成部分。

表 5-4　水煤浆种类和用途

水煤浆种类	水煤浆特征	使用方式	用途
高浓度水煤浆	煤水比一般大于 2:1 或浓度大于 60%	泵送、雾化	直接作锅炉燃料（代油、气化原料）
中浓度水煤浆	煤水比约 1:1 或浓度约 50%，一般不加添加剂	管道输送	终端经脱水供燃煤锅炉，也可终端脱水再制浆
精细水煤浆	粒度上限小于 44μm，平均粒度小于 10μm，灰分小于 1%，浓度 50% 以上	替代油燃料	内燃机直接燃用
煤泥水煤浆	灰分 25%~50%，浓度 50%~65%	泵送炉内	燃煤锅炉
超纯水煤浆	灰分 0.1%~0.5%	直接作燃料	燃油、燃气锅炉
原煤水煤浆	原煤不经洗选制浆	直接作煤燃料	燃煤锅炉、工业窑炉
脱硫型水煤浆	煤浆加入 CaO 或有机碱液固硫	泵送炉内	脱硫率可达 50%~60%

水煤浆制备的关键技术包含煤种选择技术、粒度分布控制技术、水煤浆添加剂制备技术、水煤浆质量控制与检测技术等。

1. 煤种选择技术

依据我国煤的成浆性试验资料，总结建立的数学模型已成功地用于指导制浆用煤的选择和成浆性预测。

2. 粒度分布控制技术

控制粒度分布，可使煤浆具有较高的堆积效率以制备高浓度水煤浆。中国矿业大学张荣曾等建立的隔层堆积理论及数学模型，可用于计算任意粒度分布的堆积效率、预测可制浆浓度、优化制浆工艺、分析改进制浆效果的途径。

3. 水煤浆添加剂制备技术

为使水煤浆在使用中具有较低的黏度、较好的流动性，静止时又有较高的黏度，不易发生沉淀，必须在水煤浆中添加 1% 左右的添加剂。添加剂包含分散剂、稳定剂和其他一些辅助的化学药剂，添加剂在制浆成本中占有相当大的份额。中国矿业大学及南京大学针对我国煤的表面化学特点，研制了系列水煤浆添加剂的配方及其制备技术，其添加剂已成功地应用在水煤浆制备过程中。

4. 水煤浆质量控制与检测技术

水煤浆的质量指标包括浓度、密度、粒度分布、热值、稳定性、流变性（黏度）等。这些指标影响水煤浆使用和储存、运输过程中的特性，在线检测这些（或部分）指标是水煤浆制备的关键技术之一。

（三）水煤浆制浆工艺

1. 制浆工艺的主要环节

水煤浆制备工艺通常包括选煤、破碎、磨矿、加入添加剂、捏混、搅拌与剪切，以及为剔除最终产品中的超粒与杂物的滤浆等环节，其中磨矿级配技术是水煤浆制备的核心。制浆工艺与磨矿级配优化是关系着水煤浆产品质量的最重要因素。

（1）选煤。当原料煤的质量满足不了用户对水煤浆灰分、硫分与热值的要求时，制浆工艺中应设有选煤环节。除制备超低灰精细水煤浆外，制浆用煤的洗选用常规的选煤方法。大多数情况下选煤应设在磨矿前，只有当煤中矿物杂质嵌布很细，需经磨细方可解离杂质选出合格制浆用煤时，才考虑采用磨矿后再选煤的工艺。普通水煤浆，是在制浆前采用一般的选煤方法，制浆原料煤的灰分一般在9%左右。精细水煤浆，一般要经过两次选煤，第一次是常规的选煤方法，把灰分降到9%左右，然后再超细粉碎，使煤中矿物质和可燃体充分解离，再用特殊的方法使煤的灰分降到1%左右。高灰水煤浆，制浆原料本身就是经过洗选的尾煤，不用洗选。

（2）破碎与磨矿。在制浆工艺中，破碎与磨矿是为了将煤炭磨碎至水煤浆产品所要求的细度，并使粒度分布具有较高的堆积效率，它是制浆厂中能耗最高的环节。为了减少磨矿功耗，除特殊情况外，磨矿前必须先经破碎，磨矿可用干法和湿法两种工艺。

（3）捏混与搅拌。捏混只是在干磨与中浓度湿磨工艺中才采用，作用是使干磨所产生煤粉或中浓度产品经过滤机脱水所得滤饼能与水和分散剂均匀混合，并初步形成有一定流动性的浆体，便于在下一步搅拌工序中进一步混匀。

搅拌在制浆厂中有多种途径，它不仅是为了使煤浆混匀，还具有在搅拌过程中使煤浆经受强力剪切，加强添加剂与煤粒表面间作用，改善浆体流变性能的功能。在制浆工艺的不同环节，搅拌所起的作用也不完全相同。

（4）滤浆。制浆过程中会产生一部分超粒和混入某些杂物，它将给储运和燃烧带来困难，所以产品在装入储罐前应用杂物剔除环节，一般用可连续工作的筛网滤浆器。

为了保证产品质量稳定，制浆过程中还应有煤量、水量、各种添加剂量、煤浆流量、料位与液位的在线检测装置及煤量、水量与添加剂加入量的定量加入与闭路控制系统。

2. 典型制浆工艺

国内水煤浆厂运行的工艺主要有湿法制浆工艺、干法制浆工艺、间歇制浆工艺、射流式（超声细磨）制浆工艺及高剪切搅拌制浆工艺等。在最常用的湿法制浆工艺中又分有高浓度制浆、中浓度制浆、高中浓度联合制浆、分级研磨优化粒度级配制浆、粗磨矿与细磨矿制浆及一段磨矿、二段磨矿和多段磨矿等。磨机又分有球磨、棒磨振动磨、胶体磨、立式超细磨等。

（1）干法制浆工艺。典型的干法制浆工艺如图 5-6 所示。原煤破碎后进行干燥，因为干磨要求入料水分不大于 5%，干磨的能耗比湿磨高。干燥后进行捏混，捏混的作用是使煤粉与水和分散剂混合均匀，并初步形成有一定流动性的浆体，以便在下一步搅拌工序中进一步混匀，然后加入稳定剂搅拌混匀、剪切，使浆体进一步熟化。最后滤浆去除杂质，得到产品。

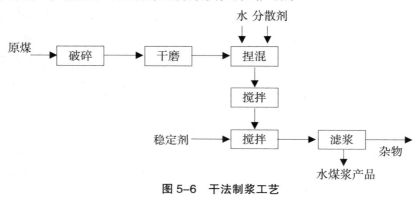

图 5-6　干法制浆工艺

其存在的问题有：干法磨矿的能耗比湿法的高，在产品细度相同的条件下，干法球磨机的能耗约比湿法球磨机高 30%；一般情况下干法磨矿的效果不及湿法；干法磨矿的安全与环境条件较湿法磨矿差。

（2）高浓度磨矿制浆工艺。高浓度磨矿制浆工艺如图 5-7 所示。它的特点是煤炭、分散剂和水一起加入磨机。磨矿产品就是高浓度水煤浆。如果需要进一步提高水煤浆的稳定性，还需要加入适量的稳定剂。加入稳定剂后还需要经搅拌混匀、剪切，使浆体进一步熟化，然后经过滤浆去除杂物，进入储罐。我国及国外（如美国大西洋公司、日本的日立公司和 Com 公司）大多数水煤浆厂均采用这种工艺。

其优点：投资少，流程简单，便于生产管理；在高浓度下磨矿介质表面可黏附较多的煤浆，有利于在研磨中产生较多的细粒，改善粒度分布，提高堆积效率，良好运行时，这种工艺的产品粒度分布可达到 72% 堆积效率；也有利于

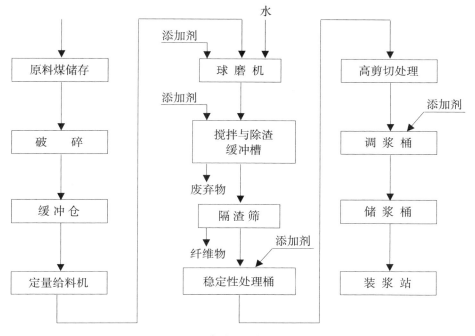

图 5-7　高浓度制浆工艺框图

分散剂及时与煤粒表面接触，从而提高制浆效果。

其缺点：单位生产能力一般较中浓度低，磨矿功耗也相对较高；同时，对磨矿产品粒度分布的调整有一定的局限性，而且需要很好地掌握磨机运行参数，因为煤浆黏度大。

（3）中浓度磨矿制浆工艺。中浓度制浆工艺是指采用 50%左右浓度磨矿的制浆工艺。其工艺过程是：将原料煤、水和部分添加剂一起加入磨机中，进行中浓度磨制，磨矿产品再进入下道工序磨制（由于中浓度产品粒度分布的堆积效率低，一般要采用两段以上的磨矿工序），然后对磨矿产品进行过滤脱水，脱水后的产品再加入分散剂进行捏混、搅拌调浆、滤浆、稳定性处理及均质熟化几道工序，即可获得成品水煤浆。图 5-8 为二段中浓度磨矿制浆工艺。其优点是磨矿较易进行，磨矿机的能力比高浓度磨矿机大。其缺点是要通过不同阶段磨矿搭配，磨矿产品还需进行脱水，投资大，工艺流程复杂，操作管理维护不便。

（4）高、中浓度联合磨矿制浆工艺。图 5-9 所示的中国山东兖日水煤浆厂采用的高、中浓度磨矿制浆工艺的特点是将原来的二段中浓度磨矿级配工艺中的细粒产品改为高浓度磨矿。与此同时，高浓度磨矿磨机的给料不是从中浓度

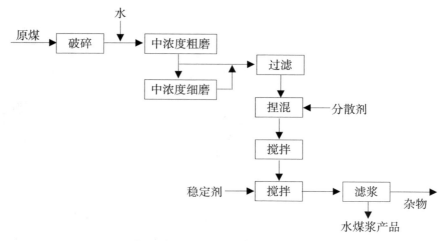

图 5-8　二段中浓度磨矿制浆工艺

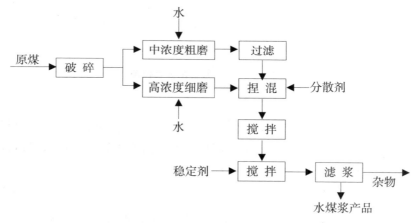

图 5-9　中国山东兖日水煤浆厂采用的高、中浓度磨矿制浆工艺

磨矿产品中分流而来，而是直接来 自破碎产品，使粗磨与细磨两个系统独立工作，避免了相互干扰。中浓度粗磨产品经过滤脱水后与高浓度产品一起捏混调浆。该制浆工艺所产水煤浆产品的粒度分布达到了比较高的堆积效率（约74%），有利于制造出质量较好的水煤浆。

图 5-10 是另一种高、中浓度磨矿级配制浆工艺，它与兖日水煤浆厂采用的工艺相反，粗磨是高浓度磨矿，细磨为中浓度磨矿。细磨的原料是由粗磨产品分流而来，初磨产品是最终的水煤浆产品，这样就可以除去后续的过滤、脱水及捏混环节，简化了生产工艺。细磨原料不直接带来破碎后的产品而改用粗磨产品，可大大减少细磨中的破碎比，有利于提高细磨效率。细磨产品返回入初

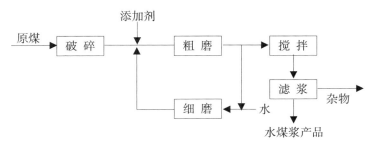

图 5-10　高、中浓度磨矿级配制浆工艺

磨磨机中的目的不是做进一步破碎，而是改善高浓度磨矿的粗磨机中煤浆的粒度分布，从而降低煤浆的黏度，提高磨矿效率。

3. 新型制浆工艺

合理的制浆工艺流程是保证煤浆产品质量的关键。煤浆的粒度分布（级配）是决定水煤浆浓度和流变性的最重要因素。依据制浆用原料煤性质及其成浆性难易程度，结合我国制浆设备的性能，近年来发展了多种制浆工艺技术。以下几种具有创新性的制浆工艺流程及其选用的破、磨制浆设备均可较好地达到优化磨矿粒度级配，稳定煤浆产品质量，并可提高产能、降低能耗。

（1）低阶煤分级研磨制备高浓度水煤浆工艺技术。国家水煤浆工程技术研究中心针对以神华煤为代表的低阶煤种制备高浓度水煤浆，提出的工艺流程（见图 5-11）较好地优化了磨矿粒度级配，有效提高了制浆工艺对低阶煤种的适应性。工艺的创新在于优化了磨矿级配，主要体现以下几点：坚持多破少磨，采用高效破碎机以提高破碎效率，降低磨矿入料粒度；高、中浓度分级研磨，采用选择粗磨与超细磨分级研磨，以获得较高的磨矿效率，改善粒度分布，提高制浆浓度；超细煤浆按一定比例返回粗磨，可起到对煤浆的润滑作用，以降低煤浆黏度，改善煤浆堆积效率，优化级配。

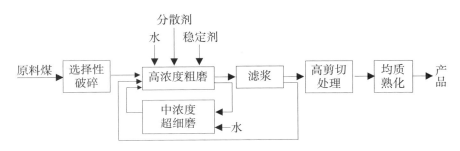

图 5-11 分级研磨制备高浓度水煤浆工艺

低阶煤分级研磨制备高浓度煤浆工艺技术已经在东莞市电力燃料公司生产

应用 2 年多，年产水煤浆 50 万吨，选用神华低阶煤可使制浆浓度达 65%以上，黏度小于 1200 MPa·s，稳定期大于 30 天。同时，制浆能耗降至 24 kW·h/t 。与常规制浆工艺相比，吨浆电耗降低了 30%以上。汕头桂宇水煤浆厂原 15 万吨/年生产线，通过增加细浆制备系统，优化剪切工序等措施，再改用神华煤制浆，其制浆浓度也可达 64.5%以上，煤浆的稳定性保持在 30 天以上。

（2）北京柯林斯达能源技术开发有限公司制浆新工艺。北京柯林斯达能源技术开发有限公司制浆工艺流程见图 5-12。该生产工艺采用线加速强力破碎磨外预混成浆—磨内高填充自平衡磨矿工艺技术，充分体现了强破少磨的制浆理念。该工艺在山东白杨河制浆电厂进行了试运行，与传统工艺中同规格磨机相比，可实现能力翻番，吨制浆电耗减半的良好效果。该种新工艺的特点如下：① 把传统制浆中由磨机承担的细碎与预混功能独立出来，交由细碎机及预混成浆器完成，以强化细碎、预混、磨浆各环节的功能；② 充分发挥磨机内研磨体回转所产生的搅拌混合作用；③ 采用 U 型双槽螺旋预混浆，利用螺旋叶片旋转过程中螺面对物料的磨搓混合，螺片对物料的剪切混合，初步完成煤、水、添加剂之间的预混合及搅拌等作用。

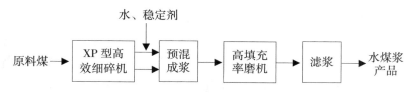

图 5-12　北京柯林斯达能源技术开发有限公司制浆新工艺

（3）辊压与球磨工艺流程。为降低制浆能耗，提高生产能力，国家水煤浆工程技术中心等单位推出采用辊压与球磨组合的制备水煤浆新工艺。该工艺将辊压机与球磨机组合，以发挥辊压机生产能力大、粉碎能耗低的特点。辊压球磨制浆工艺系统可采用辊压预粉碎工艺流程、辊压选粉工艺流程和辊压全粉碎工艺流程 3 种组合方式制备水煤浆（见图 5-13）。该工艺采用辊压机进行预粉碎，使煤料变细，以提高球磨机制浆能力，并可使水煤浆产品制浆能耗降低 30%~50%。

六、煤炭气化

煤炭气化过程是煤的热加工过程之一，它包括煤的热解、气化和燃烧三部分。煤加热时进行着一系列复杂的物理和化学变化。显然，这些变化主要取决

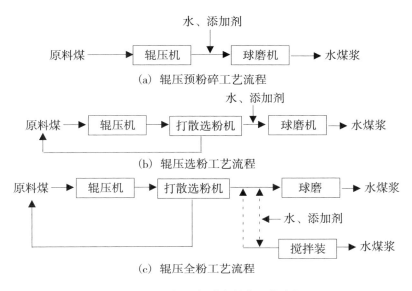

图 5-13 辊压与球磨制浆工艺流程

于煤种，同时也受温度、压力、加热速度和气化炉型式等的影响。

（一）煤气化技术原理

煤气化技术是清洁利用煤炭资源的重要途径和手段。煤气化是指煤在特定的设备内，在一定温度及压力下使煤中有机质与汽化剂（如蒸汽/空气或氧气等）发生一系列化学反应，将固体煤转化为含有 CO、H_2、CH_4 等可燃气体和 CO_2、N_2 等非可燃气体的过程。煤炭气化时，必须具备三个条件，即气化炉、汽化剂、供给热量，三者缺一不可。气化过程发生的反应包括煤的热解、气化和燃烧反应。煤的热解是指煤从固相变为气、固、液三相产物的过程。煤的气化和燃烧反应则包括两种反应类型，即非均相气-固反应和均相的气相反应。不同的气化工艺对原料的性质要求有所不同，因此在选择煤气化工艺时，考虑气化用煤的特性及其影响极为重要。气化用煤的性质主要包括煤的反应性、黏结性、结渣性、热稳定性、机械强度、粒度组成以及水分、灰分和硫分含量等。

（二）煤气化技术分类

煤气化技术按气化炉内固体和汽化剂的接触方式不同分为固定（移动）床气化、流化床气化、气流床气化、熔融床气化，目前已经工业化运行的只有前三种。

1. 固定床气化

固定床煤炭气化过程是在气化过程中，块煤或碎煤由气化炉顶部加入，汽化剂由底部入，煤料与汽化剂逆流接触，逐渐完成煤炭由固态向气态的转化，煤料的下降速度相对于气体的上升速度而言很慢，未达到流化速度，故称为固定床（移动床）气化。运行过程中，炉内的料层高度基本不变，料层移动的速度取决于灰渣排出的速度和炉子的气化强度。当煤的灰分含量较高和发生炉气化强度较大时，应加快料层向下移动的速度。

固定床气化的代表工艺有常压固定层间歇式无烟煤（或焦炭）气化技术、常压固定层无烟煤（或焦炭）富氧连续气化技术、鲁奇加压气化技术等。

固定床煤气发生炉种类繁多，有常压的，也有加压的。常压的固定床煤气发生炉，大体上可以分为混合煤气发生炉（相对两段式煤气炉也称为单段式煤气炉）、两段式煤气发生炉和水煤气发生炉，以上各炉型均为固态排渣（图5-14）；加压固定床煤气发生炉，有固态排渣的，也有液态排渣的。

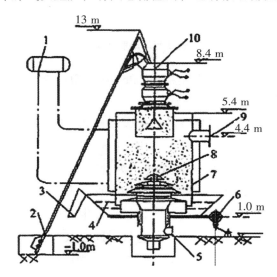

注：1-汽包；2-上煤装置；3-出灰槽；4-灰盘；5-汽化剂入口；6-灰盘传动装置；7-水套；8-炉箅；9-煤气出口；10-煤锁。

图5-14 常压固定床煤气发生炉结构示意图

（1）单段式常压固定床煤气发生炉。煤气发生炉的结构及适应煤种单段式煤气发生炉的种类很多，同一种炉型不同国家有不同的名称，我国常用的有3M13、3MT、3M21和W-G等型号。其结构基本上是由加料机构（煤锁）、炉体、水夹套、灰盘和水封槽组成（3MT型无水夹套）。灰盘由减速机带动旋转。它们的结构参数和通用原料见表5-5。

冷却及净化系统从煤气发生炉出来的煤气，其温度约为500℃~600℃，经过

表 5-5　常见煤气发生炉结构参数和通用原料

炉型	3M13	3M21	3MT	W-G
炉膛直径/mm	3000	3000	3000	3000
水套受热面积/m²	16	16	无	21.5
总高度/mm	9121	8957	5652	13876
进风管直径/mm	500	500	–	–
煤气出口直径/mm	900	900	–	–
排灰方式	湿法	湿法	湿法	干法
使用原料				
无烟煤、焦炭	不适用	适用	不适用	适用
无黏煤	不适用	适用	不适用	不适用
弱黏煤	适用	部分适用	适用	不适用
中黏煤	部分适用	不适用	部分适用	不适用
设备总质量/t	55.6	53.9	27.4	28.8

旋风分离器除去部分灰尘和焦油后，通过管道即可送给热工设备作为燃料。上述系统称为热煤气系统，当对气体燃料要求不高时，可以采用这种系统，其优点是煤气的显热可以得到利用。当热工设备对燃料要求较高时，煤气还需要进一步冷却净化，其净化系统随煤气发生炉的原料不同而异。

运行参数及煤气成分：运行参数见表 5-6。产气的成分与原料煤的种类和

表 5-6　单段式常压固定床煤气发生炉运行参数

炉　型	3M13 型	3M12 型	3MT 型	W-G 型
煤气产量/[m³/h]	5500~6500	5500~6500	4500~6500	5000~7500
煤层高度/mm	900~1200	1100~1200	600~800	–
给煤粒度/mm	20~50	13~50	20~40	13~50
炉底最大风压 kPa	3.9~4.9	3.9~4.9	1.5~2.2	9.8
汽封压力/MPa	0.4	0.4	>0.35	>0.4
鼓风饱和温度/℃	60~65	≈60	≈60	≈60
煤气出口温度/℃	560~600	≈500	≈500	≈500
水套压力/MPa	0.07	0.07	0.07	0.07
气化强度 [kg/(m²·h)]	350~500	200~250	170~280	200~250
燃料消耗量/(t/h)	1.7	1.4~1.8	1.2~2.0	2.3~2.5
单位蒸汽消耗量/(kg/kg)（煤）	0.3~0.4	0.3~0.5	0.2~0.3	0.3~0.5
单位空气消耗量/(kg/kg)（煤）	2.8~3.0	3.6	2.4	2.8

操作条件有关，所以表5-7给出的只是常压发生炉煤气组成的大致范围，仅供参考。

表5-7 单段式常压固定床煤气的大致组成

组分	CO	H_2	CH_4	C_mH_n	H_2S	CO_2	N_2	O_2	热值/[MJ/m³（标）]	
									高	低 2
%	27~31	13~18	1~2.5	0.1~0.5	0.3~0.5	3~5	45~52	0.1~0.2	6.5~5.2	6.0~5.0

（2）两段式常压固定床煤气发生炉。两段式常压固定床煤气发生炉是在单段式常压固定床煤气发生炉的基础上发展来的。其操作压力为常压，设备类型为固定床（使用块煤），炉体分为两段，上段为干馏段，下段为气化段，煤先经过干馏，剩余的焦炭再进行气化。干馏煤气和气化煤气由不同的出口逸出，其炉体结构和气化过程见图5-15。实际上，炉内各反应层不是截然分开的，而是相互交叉重叠的。

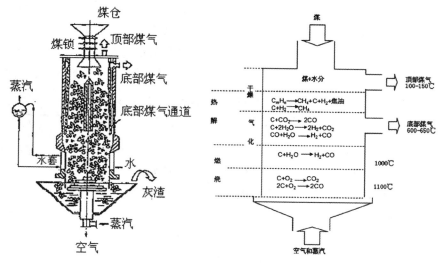

图5-15 燃烧煤空气和蒸汽常压固定床两段式煤气发生炉结构和汽化过程

两段式常压固定床煤气发生炉，由于底部煤气较为清洁，占总产气量的60%~70%，净化工序简单；底部煤气和顶部煤气混合后又稍高于单段式发生炉煤气，具有一定的优点，所以得到了发展。

2. 加压固定床气化

加压固定床气化相对于常压固定床气化来说，不仅提高了煤气的热值，而且可以提高生产能力。常压气化所得的煤气成分是一氧化碳、氢气、二氧化碳、水蒸气和氮气。提高气化剂的含氧浓度可以提高煤气的热值，但常压气化的煤气热值较低，因而不宜做城市煤气。此外，常压气化炉的气化强度低，故生产能力也受到限制。提高气化压力不仅可以大大提高煤气炉的生产能力，而且还可以提高煤气的热值，具有代表性的炉型是鲁奇炉，它是固定床型煤气炉，有液态排渣和固态排渣两种炉型，见图 5-16 和图 5-17。

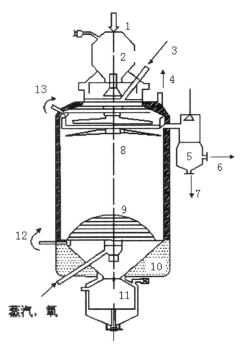

注：1-原煤；2-煤锁；3-含灰焦油；4-蒸汽；5-水冷器；6-粗煤气；7-冷凝液；8-布料器；9-灰盘；10-水夹套；11-锁灰斗；12-灰盘传动；13-布料器传动。

图 5-16　固态排渣鲁奇炉

（1）操作参数对加压气化的影响。这里所指的操作参数是操作压力、操作温度、气化剂温度和汽氧比。

（2）加压气化对煤种的要求。①挥发分煤的挥发分越高，煤气中甲烷的含量越高。生产城市煤气时宜采用褐煤。②水分一般小于 20% 为宜，水分过高会引起氧耗量的增加和生产能力的下降。③灰分一般小于 20% 为宜，灰分过高一般会导致热效率的降低和一些消耗指标的增加。④粒度一般褐煤为 6~40 mm；烟煤为 5~25 mm；焦炭和无烟煤为 5~20 mm。⑤黏结性。由于鲁奇炉设有破黏

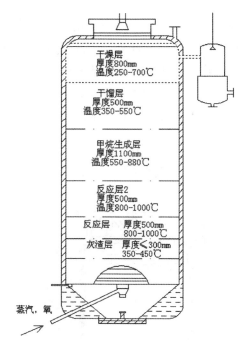

干燥层
厚度800mm
温度250~700℃

干馏层
厚度500mm
温度350~550℃

甲烷生成层
厚度1100mm
温度550~880℃

反应层2
厚度500mm
温度800~1000℃

反应层 厚度500mm
800~1000℃

灰渣层 厚度≤300mm
350~450℃

蒸汽，氧

图 5-17　鲁奇炉内床层厚度和温度

装置，因此可适用于弱黏结性煤种。

（3）固态排渣鲁奇炉其炉体为带有水夹套的压力容器，如图 5-16 所示，水套可以产生蒸汽。由于水套的冷却作用，在炉内不设耐火衬里。炉顶设有煤锁，它是一个压力容器。煤锁间歇开启，向炉内加煤，其间隔约为 15 分钟，间隔时间的长短，依负荷的大小而变化。煤分布器带有搅拌器，可以使黏结性煤不致黏结。炉底设有灰盘，灰盘缓慢转动可将灰渣排入锁灰斗。锁灰斗也是压力容器，灰渣通过灰锁间歇向炉外排放。

炉内气化过程大致可分为六层，各层的温度和厚度见图 5-17。

（4）液态排渣鲁奇炉（British Gas Lurgi，BGI）。与固态排渣鲁奇炉相比有更多的优点，液态排渣炉消耗的水蒸气少，汽氧比远低于固态排渣炉，且水蒸气分解率为 95%。因此，不仅提高了热效率，也为后处理提供了方便。由于反应温度高，使煤气中的可燃成分增加。煤的反应性能对于液态排渣反应过程影响不大，因此，液态排渣炉能适应更广泛的煤种。液态排渣炉的气化强度要比固态排渣炉高得多。图 5-17 为鲁奇炉内床层厚度和温度示意图。其操作压力为 1.96~2.94 MPa，煤通过布料器加入炉内，在炉的底部没有灰盘，而设有熔渣池。

在熔渣池的上方，沿炉壁设有均布的八个向下斜置的气化剂喷嘴，使气化剂集中于渣池的排渣口，造成1500℃的高温，以便于炉渣排出。

表5-8　几种固定床（移动床）工艺比较

| | 常压气化炉 | | 加压气化炉 |
	混合煤气气化炉	水煤气气化炉	鲁奇气化炉
压力	1.01 MPa	1.01 MPa	3 MPa
煤种	烟煤	烟煤	褐煤、次烟煤、低挥发分煤
耗氧量			常压的 1/3~2/3
气化强度	一般	较高	高
热值/(MJ/m³)	5.0~6.0	10~11.0	14~16.5

3. 流化床气化

采用流态化技术将煤炭转化为燃气（或合成气）的方法称为流态化气化工艺，从广义来说，它既包括了流化床气化也包括了气流床气化。流化床气化，是颗粒煤被蒸汽和空气（或富氧空气）所流化，在一定温度和压力下将其转化为燃气的方法；气流床，是将煤粉和水（或油）制成浆体原料喷入炉内，在一定的温度和压力下将其转化为燃气的方法。由于气流床气化的浆体原料在喷入气化炉时以及在炉内的运动，均呈气—固两相流动，所以，流态化气化工艺也包括了气流床气化的方法。另外还有一种熔盐浴气化法，是将煤颗粒和汽化剂喷入一带有熔盐的压力槽中，借助熔盐进行反应，实质上是一种三相流态化技术。实际上流化床煤炭气化设备与流化床燃烧设备有许多类似之处，只不过流化床煤炭气化设备所使用的流化介质（也是汽化剂）主要是蒸汽和空气或氧气，在床内不设换热器，参阅图5-18。

同样，流化床气化也有常压和加压之分。流化床煤炭气化是在一定的温度下，使煤颗粒处于流化状态，进行热解或气化反应，从而产生煤气的一种方法。其净化系统不仅要除尘、脱硫、除焦油，还要冷却和储存，根据煤气的用途不同，甚至还要清除其他一些微量的有害物质。

4. 气流床气化

气流床气化是将汽化剂（氧气和水蒸气）夹带着煤粉或煤浆通过特殊喷嘴送入气化炉内。在高温辐射下，煤氧混合物瞬间着火、迅速燃烧，产生大量热量。在炉内高温条件下，所有干馏产物均迅速分解，煤焦同时进行气化，生产

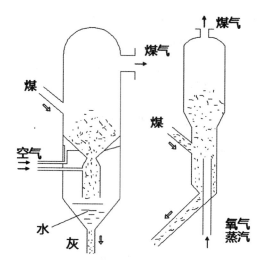

图 5-18　流化床气化炉

以 CO 和 H$_2$ 为主要成分的煤气和液态熔渣。典型的气流床煤气化技术，国外有美国德士古（Texaco）公司（现属于 GE 公司）水煤浆气化技术、荷兰壳牌（Shell）粉煤气化技术和德国未来能源公司的 GSP 粉煤气化技术，国内有四喷嘴对置式水煤浆气化炉、四喷嘴干煤粉加压气化炉、二段干煤粉加压气化炉和HT-L 航天炉等。

（1）德士古水煤浆气化技术。德士古水煤浆气化技术是由美国德土古公司在重油气化的基础上开发成功的煤气化技术，属于气流床湿法加料、液态排渣的加压气化技术。德士古水煤浆气化技术是目前商业运行较好的煤气化技术。该气化技术对煤种适应性广、合成气质量较好，产品气中（CO+H$_2$）可达 80% 左右，甲烷含量低。但其也有一些不足之处，仅适宜于气化低灰分、低灰熔融性温度的煤；比氧耗和比煤耗较高；气化炉耐火砖使用寿命较短；气化炉烧嘴使用寿命较短，需停车进行检查、维修或更换喷嘴头部。对管道及设备的材料选择要求严格，一次性投资比较高。

（2）壳牌（Shell）粉煤气化技术。Shell 煤气化技术简称 SCGP，是由荷兰Shell 国际石油公司开发的一种加压气流床粉煤气化技术。Shell 煤气化技术的优点较为突出：可气化烟煤、褐煤、石油焦等原料，使煤炭得以充分利用。其中的硫化物被还原成硫磺，可作为化工行业的原料；灰分则被回收用来制造建筑材料；气化过程无废气排放，对环境几乎没有影响。但其依然存在不足，如Shell 煤气化的指标数据是在发电上得到的，并不完全适合于氢、氨、醇的生产；水冷壁管对水质及相关设备有较高要求；高压氮气结合超高压氮气的用量过大，部分抵消了其节能的优势。

在国内市场上，壳牌煤气化技术主要用于生产合成氨、尿素、甲醇以及合成氢燃料等的原料气。在未来的发展道路上，随着化工企业多联产道路的发展，实现煤—化—电—热的联合，就要将壳牌等煤气化技术与分布式能源系统相结合。

（3）GSP 粉煤气化技术。为了进一步开发褐煤及其他煤种的气化，原民主德国的黑水泵公司于 1976 年开发了 GSP 粉煤气化技术。GSP 气化技术气化原料来源广泛，气化效率和碳转化率高，产物完全无焦油，烧嘴使用寿命长，投资及运行成本较低，兼备 Texaco 和 Shell 气化炉的优点，自上而下的喷射和内水冷壁结构，六通道的烧嘴也比较合理，是一种有广阔发展前景的气化技术。神华宁夏煤业集团在建的五座 2000 吨/天气化能力的气化炉和山西兰花煤化工有限责任公司两座同样的气化炉，都采用了西门子 GSP 气化技术，这是该技术在国内煤化工项目中首次应用。

（4）四喷嘴对置式水煤浆气化。华东理工大学、水煤浆气化及煤化工国家工程研究中心与兖矿集团有限公司合作开发的四喷嘴对置式水煤浆气化技术打破了国外对我国大型煤气化技术的垄断。该技术与德士古气化技术最大的不同是，它将德士古单喷嘴改为对置式四喷嘴，从而强化了传质传热过程，气化效果较好。采用直接换热式含渣水处理工艺；采用蒸汽进入热水室与循环灰水直接接触换热，蒸发热水塔实现热量的回收。该气化炉最大优势之一是整个炉膛温度分布均匀，最高与最低温度差一般为 50℃~150℃，最高温度也不超过1300℃。不足之处是出现气化炉拱顶砖冲刷严重和拱顶超温问题，气化炉内向下的撞击流有可能直接冲向气化炉出口，形成"短路"现象，从而影响装置的运行稳定性和气化效率。该技术到目前为止在国内已推广了 30 余家，共 20 多台气化炉。

通过表 5-9 对以上气流床技术进行了比较。

几种气化技术有各自的优缺点，要从煤种的适用性、技术的成熟性、工艺的先进性、投资大小以及环境负荷等方面综合考虑采用哪种气化技术合适。鲁奇固定床气化技术，由于粗煤气中甲烷含量较高，适合用作城市煤气联产化工产品，以温克勒和灰熔聚技术为代表的流化床技术则被广泛应用于中小型企业。而 Shell、GSP 等气流床气化技术作为现代煤气化的发展方向之一，可用于大规模生产装置中。煤气化是煤化工的核心技术，未来时期要加强我国自主创新的气化技术的开发、产业化推广和应用，鼓励和支持企业使用我国具有自主知识

表 5-9　几种气流床气化工艺比较

项目	德士古水煤浆气化技术	壳牌 (Shell) 粉煤气化技术	GSP 粉煤气化技术	熔融床气化法	四喷嘴对置式水煤浆气化
适用煤种	烟煤、石油焦、煤液化残渣	褐煤、烟煤、石油焦	褐煤	褐煤、烟煤、石焦油	烟煤、石焦油、煤液化残渣
进料方式	60%水煤浆	干煤粉	干煤粉	熔融物质	水煤浆
冷煤气效率 (%)	70~76	80~85		73~78	83~84
炉壁冷却	热壁炉，2 层特种耐火砖	水冷壁，挂渣无耐火砖衬里	周围水冷壁		水冷壁
气化压力 (MPa)	4.0~6.5	2.0~4.0	2.8	1~1.97	2.0~3.0
气化温度 (℃)	1300~1400	1400~1600	1400~1500	930~1700	<1300
耗氧量 (m³/km⁻³)	380~43	330~360			
碳砖化率 (%)	94~96	~90	~99	~98	>98

产权的煤气化技术。几种煤气化技术比较如表 5-10 所示。

表 5-10　几种煤气化技术比较

主要特点	固定床	流化床	流化床	气流床	气化床
排灰形式	干灰	熔渣	干灰	灰团聚	熔渣
原料煤特性	块煤		煤粉		干煤粉
粒度 (mm)	5~50		<8		<0.1
灰含量 (%)	<20	<15	不限		<13
灰熔点	>1400	<1300	不限		约 1300
操作压力 (MPa)	2.24		1.0	0.05~2.5	2.5~6.5
操作温度	400~1200		900~1000	950~1100	1350~1700
气化强度 (kg/m²·h)	900~1500		1000~1200		
煤气热值	低		中		高
碳转化率	低		低		高
氧气消耗	低		中		高
蒸汽消耗	高	低	中		低
日处理煤量 (t)	500		840		2000~2600
工艺评价	简单	较复杂	较大	较大	
投资	较大		较大		大
代表技术	Lurgi (鲁奇)		HTW		Shell/Texaco

（三）煤基合成气合成二甲醚

二甲醚（DME），结构式是CH_3OCH_3，是最简单的有机醚类化合物，具有一定的化学稳定性、几乎无毒、没有腐蚀性，良好的物理化学性质使其在化工和燃料等领域有广泛的用途。二甲醚是一种清洁煤基含氧燃料。由于十六烷值大于50，高于普通柴油，可直接压燃，并且其含氧量高达34.78%（mass），燃烧充分，燃烧过程可实现低氮氧化物、无硫和无烟排放，并可降低噪音，所排放废气可达到或低于美国加州轻柴油车超低排放量（ULEV）标准，是柴油理想的替代燃料。另外，二甲醚容易液化、储存和运输，燃烧性能良好，且燃烧过程中无残液、无黑烟，可作为民用燃料替代液化石油气。所以以煤为原料间接加氢所得的主要产物合成气（$CO+H_2$）制备二甲醚成为煤炭加工转化利用的热点。

煤基合成气一步法技术又称合成气（$CO+H_2$）直接合成二甲醚技术，是将甲醇和甲醇脱水两个反应组合在一个反应器内完成，煤基合成气生成甲醇后很快脱水生成二甲醚和水，水又进一步与CO进行水煤气变换反应，推动平衡不断向甲醇和二甲醚方向移动。一步法合成二甲醚工艺打破了甲醇合成反应的热力学平衡限制，使CO单程转化率比两步反应过程中单独合成甲醇反应有显著提高，避免了反应气大量循环，节省了压缩能耗，另外甲醇合成与甲醇脱水同在一个反应器中完成也缩短了二甲醚制备的工艺流程，降低了设备投资和操作费用，因此，煤基合成气一步法合成二甲醚工艺成为二甲醚生产的主要发展方向。

煤基合成气一步法工艺时选择高活性和高选择性的双功能催化剂，即由合成甲醇和甲醇脱水两类催化剂物理混合而成的催化剂，如铜基和γ-Al_2O_3组成的复合催化剂。由于合成气合成二甲醚的反应存在协同效应，使得生成的甲醇很快脱水转化成二甲醚，增大了反应推动力，使得CO的转化率较单纯合成甲醇时显著提高。

煤基合成气一步法按合成工艺可分为气固相法（二相法）和液相法（三相床法）。气固相法也叫气相法，是采用气固相反应器，合成气在固体催化剂表面进行反应；三相床法又称浆态床法或液相法，引入惰性溶剂，反应在一个三相体系中进行，即H_2、CO和二甲醚为气相、惰性溶剂为液相、悬浮于溶剂中的催化剂为固相。气相中的CO和H_2穿过液相油层扩散至悬浮于惰性溶剂中的催化剂表面进行反应。

七、煤炭液化

煤炭液化是指把固体状态的煤炭经过一系列化学加工过程，使其转化成液体产品的洁净煤技术。这里所说的液体产品主要是指汽油、柴油、液化石油气等液态烃类燃料，即通常是由天然原油加工而获得的石油产品，有时候也把甲醇、乙醇等醇类燃料包括在煤液化的产品范围之内。煤炭液化技术是一种彻底的高级洁净煤技术。

根据化学加工过程的不同路线，煤炭液化可分为直接液化和间接液化两大类。

（一）煤炭直接液化

煤炭直接液化技术是采用高温、高压氢气，在催化剂和溶剂作用下进行裂解、加氢等反应，将煤直接转化为分子量较小液体燃料和化工原料的工艺。因煤直接液化过程主要采用加氢手段，故又称煤的加氢液化。一般情况下，一吨无水无灰煤能转化成半吨以上的液化油。煤直接液化油可生产洁净优质汽油、柴油和航空燃料。其工艺主要有 Exxon 供氢溶剂法（EDS）、氢-煤法等。EDS法是煤浆在循环的供氢溶剂中与氢混合，溶剂首先通过催化器，拾取氢原子，然后通过液化反应器，释放出氢原子，使煤分解；氢-煤法是采用沸腾床反应器，直接加氢将煤转化成液体燃料。

20 世纪 80 年代开发出的煤-油共炼工艺，提高了煤液化的经济性。煤-油共炼是煤与渣油混合成油煤浆，再炼制成液体燃料。由于渣油中含有煤转化过程所需的大部分或全部的氢，从而可以大幅度降低成本。

该工艺是把煤先磨成粉，再和自身产生的液化重油（循环溶剂）配成煤浆，在高温（450℃）和高压（20~30 MPa）下直接加氢，将煤转化成汽油、柴油等石油产品，1 吨无水无灰煤可产 500~600 kg 油，加上制氢用煤，约 3~4 吨原煤产 1 吨成品油。

1. 煤直接液化工艺特征

直接液化典型的工艺过程主要包括煤的破碎与干燥、煤浆制备、加氢液化、固液分离、气体净化、液体产品分馏和精制，以及液化残渣气化制取氢气等部分（图 5-19）。氢气制备是加氢液化的重要环节，大规模制氢通常采用煤气化及天然气转化。液化过程中，将煤、催化剂和循环油制成的煤浆，与制得的氢气混合送入反应器。在液化反应器内，煤首先发生热解反应，生成自由基"碎片"，不稳定的自由基"碎片"再与氢在催化剂存在条件下结合，形成分子量比

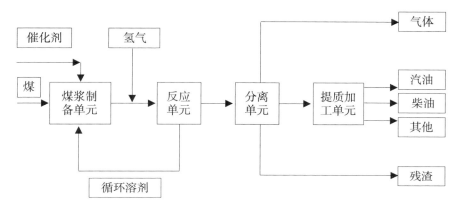

图 5-19 煤的直接液化工艺流程简图

煤低得多的初级加氢产物。反应器的产物构成十分复杂，包括气、液、固三相。气相的主要成分是氢气，分离后循环返回反应器重新参加反应；固相为未反应的煤、矿物质及催化剂；液相则为轻油（粗汽油）、中油等馏分油及重油。液相馏分油经提质加工（如加氢精制、加氢裂化和重整）得到合格的汽油、柴油和航空煤油等产品。重质的液固淤浆经进一步分离得到重油和残渣，重油作为循环溶剂配煤浆用。

2. 对煤质要求

（1）煤的灰分一般小于5%。因此原煤要进行洗选，生产出精煤后再进行液化。煤的灰分高，会影响油的产率和系统的正常操作。煤的灰分组成也对液化过程有影响，灰中的 Fe、Co、Mo 等元素有利于液化，对液化起催化作用；而灰中的 Si、Ae、Ca、Mg 等元素则不利于液化，它们易产生结垢，影响传热和不利于正常操作，也易使管道系统堵塞、磨损，降低设备的使用寿命。

（2）煤的可磨性好，煤的直接液化要先把煤磨成200目左右的煤粉，并把它干燥到水分小于2%，配制成油煤浆，再经高温、高压，加氢反应。如果可磨性不好，就会能耗高，设备磨损严重，配件、材料消耗大，增加生产成本。同时，要求煤的水分要低。水分高，不利于磨矿，不利于制成油煤浆，加大了投资和生产成本。

（3）煤中的氢含量越高越好，氧的含量越低越好，它可以减少加氢的供气量，也可以减少废水生成，提高经济效益。

（4）煤中的硫和氮等杂原子含量越低越好，以降低油品加工费用。

（5）煤岩的组成也是液化的一项主要指标。丝质组成越高，煤的液化性能越好，镜质组合量高，则液化活性差。因此，能用于直接液化的煤，一般是褐煤、长焰煤等年轻煤种，但是这些煤也不是都能直接液化的。

（二）煤炭间接液化

煤炭间接液化是先把煤气化制成合成气，然后再将合成气通过费托合成反应进一步合成为液体油品的工艺技术（图 5-20）。中科院山西煤化所于 20 世纪 80 年代开始开发煤间接液化技术，90 年代以后大连化学物理研究所和一些大学也介入费托合成技术的开发。山西煤化所开发出了将传统的 F-T 合成与沸石分子筛特殊形选作用相结合的两段法合成（简称 MFT）工艺，并完成了浆态床费托合成技术的千吨级中试，正在开展十万吨级示范装置的开发。

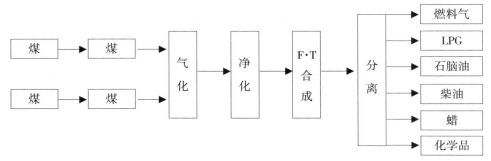

图 5-20　煤炭间接液化工艺流程示意图

1. 煤间接液化技术的工艺特征

间接液化工艺包括：①煤的气化及煤气净化、变换和脱碳；②合成反应；③油品加工三个纯"串联"步骤。气化装置产出的粗煤气经除尘、冷却，得到净煤气。净煤气经 CO 宽温耐硫变换和酸性气体（包括 H_2 和 CO 等）脱除，得到成分合格的合成气。合成气进入合成反应器，在一定的温度、压力及催化剂作用下，H_2 和 CO 转化为直链烃类、水以及少量的含氧有机化合物。生成物经三相分离，水相提取醇、酮、醛等化学品；油相采用常规石油炼制手段（如常、减压蒸馏），根据需要切取出产品馏分，经进一步加工（如加氢精制、临氢降凝、催化重整、加氢裂化等工艺）得到合格的油品或中间产品。

2. 对煤质的要求

（1）煤的灰分要低于 15%。灰分低有利于气化，也有利于液化。

（2）煤的可磨性要好，水分要低。不论采用哪种气化工艺，制粉是一个重要环节。

（3）对于用水煤浆制气的工艺，要求煤的成浆性能要好。水煤浆的固体质量分数应在 60% 以上。

（4）煤的灰熔点也有一定要求。一般要求煤的灰熔点温度小于 1300℃。间接液化对煤的适应性广，原则上所有煤都能气化成合成气。当然，不同的煤要选择不同的气化方法。另外，还有个最佳经济性的问题。所以，对不同的煤选择不同的气化方法，对某些煤进行洗选加工、降低灰分和硫分是必要的。

八、煤炭加工转化安全与环境保护

（一）煤炭加工转化与安全

由于煤化工生产具有易燃、易爆、易中毒、高温、易发生机械伤害、高温露天作业粉尘烟气多、生产工艺条件苛刻、生产规模大型化和生产过程自动化程度高等特点，因而较其他部门有更大的危险性，因此煤化工生产的安全具有特殊的重要性，必须要加强安全生产。

1. 安全是生产的前提条件

由于煤化工生产的特点，接触高温、粉尘、毒物、噪声的岗位多，有较多的易燃易爆物质，生产流程复杂，加热煤气管线导致设施复杂的环境，中国尚有一些煤化工企业技术装备水平不高等形成了多种不安全因素。爆炸、急慢性中毒、各种人身和设备事故屡有发生，职业病的发病率也较高，给职工生命和国家财产带来很大危险。随着生产技术的发展和生产规模的大型化，安全生产已成为社会问题。

2. 安全生产是煤化工生产发展的关键

设备规模的大型化，生产过程的连续化，过程控制自动化，是煤化工生产的发展方向，但要充分发挥现代化工生产的优越性，必须事先安全生产，确保设备长期、连续、安全运行，否则就会有一定损失。

（二）煤炭加工转化与环境保护

1. 煤炭加工转化与环境污染

煤化工是以煤为原料的化学加工过程，由于煤本身的特殊性，在其加工、原料和产品赋存运输过程都会对环境造成污染。炼焦化学工业是煤炭化学工业的一个重要部分，中国炼焦化学工业已能从焦炉煤气、焦油和粗苯中制取 100多种化学产品，这对中国的国民经济发展具有十分重要的意义。但是，焦化生产有害物排放源多，排放物种类多、毒性大，对大气污染是相当严重的。炼焦工业排入大气的污染物主要发生在装煤、推焦和熄焦等工序。在回收和焦油精制车间有少量含芳香烃、吡啶和硫化氢的废气，焦化废水主要为含酚废水，焦化生产中的废渣不多，但种类不少，主要有焦油渣、酸焦油和洗油再生残渣。另外，生化脱酚工段有过剩生活性污泥，洗煤车间有矸石产生。

煤炭在洗煤中用大量清水进行洗选分级，又经脱水后成为产品煤运出，余下的便是洗选废水。对其处理方法是完全闭路循环，并分为三个等级标准：一级是煤泥全部由厂内的脱水机械回收，实现洗水全部复用；二级是大部煤泥在厂内回收，小部在厂外沉淀池回收，洗水全部复用；三级是在厂外煤泥池沉淀，清水大部分复用，余下的达标排放。

在气化过程中，煤气的泄露及放散有时会造成气体的污染，煤场仓储、煤破碎、筛分加工过程产生大量的粉尘；气化形成的氨、氰化物、硫氧碳、氯化氢和金属化合物等有害物质溶解在洗涤水、洗气水、蒸汽分馏后的分离水和贮罐排水中形成废水；在煤中的有机物与气化剂反应后，煤中的矿物质形成灰渣。煤气化生产中，根据不同气化原料、气化工艺及净化流程的差异，污染物产生的种类、数量对环境影响的程度也各不相同。

煤的液化分为间接液化和直接液化。间接液化主要包括煤气化和气体合成两大部分，气化部分的污染物如前所述；合成部分的主要污染物是产品分离系统产生的废水，其中含有醇、酸、酮、醛、酯等有机氧化物。直接液化的废水和废气数量不多，而且都经过处理，主要环境问题是气体和液体的泄露以及放空气体所含的污染物等。直接液化的残渣量较多，其中主要含有未转化的煤粉、催化剂、矿物质、沥青烯、前沥青烯及少量油，直接液化的残渣一般用于气化制氢后剩余灰渣。

煤化工污染防治对策有加快淘汰小土焦，焦炉大型化，积极推广清洁生产和节焦技术，发展以煤气化为核心的多联产技术以及液化三废治理。

2. 煤加工转化过程废水污染与治理

（1）煤加工转化过程废水来源。煤化工废水主要来源于焦化废水、气化废水等。焦化生产工艺中要用大量的洗涤水和冷却水，因此也就产生了大量的废水，焦化废水的 COD 相当高，主要污染物是酚、氨，氰、硫化氢和油等。煤气化过程中，煤或焦炭中含有的一些氮、硫、氯和金属，在气化时部分转化为氨、氰化物、氯化氢和金属化合物，一氧化碳和水蒸气反应生成少量的甲酸，甲酸和氨又反应生成甲酸氨。这些有害物质大部分溶解在气化过程的洗涤水、洗气水、蒸汽分馏后的分离水和贮罐排水及设备管道清扫防控等，主要包括煤气发生站废水、三种气化工艺的废水。

（2）煤化工废水处理方法。煤化工废水处理方法主要有利用废水中污染物物理特性的物理处理法，去除残存的细小悬浮物以及溶解的有机物、无机物的物理化学处理方法，生物化学处理方法以及化学处理方法。

物理法处理煤化工废水主要是为了减轻生化处理工序的负荷、保证生化处理等顺利进行，需除去废水中的焦油、胶状物及悬浮物等，废水中含油浓度通常不能大于 30~50mg/L，否则将直接影响生化处理。物理法处理废水可分为重力分离法、离心分离法和过滤法。目前，国内外焦化废水的物理处理多采用均和调节池调节水量和水质，采用沉淀与上浮法除油和悬浮物。

废水经过物理方法处理后，仍会含有某些细小的悬浮物以及溶解的有机物、无机物。为了祛除残存的水中污染物，可以进一步采用物理化学方法处理，物理化学方法有吸附、萃取、气浮、离子交换、膜分离技术（包括渗析、反渗透、超滤）等。煤化工废水处理常采用吸附、萃取和气浮法。

生物化学处理方法简称生化法，利用自然界大量存在的各种微生物，在微生物酶的催化作用下，依靠微生物的新陈代谢使废水中的有机物氧化分解，最终转化为稳定无毒的无机物而除去。好氧生物处理是在溶解氧的条件下，利用好氧微生物将有机物分解为 CO_2 和 H_2O，并释放出能量的过程。该法分解彻底、速度快、代谢产物稳定，通常对于较浓废水需进行稀释并不断补充氧，因此处理成本较高。厌氧生物处理是在无氧的条件下，利用厌氧微生物作用，主要是厌氧菌的作用，将有机物分解为低分子有机酸、CH_4、H_2O、NH_4^+等。生化法处理废水可分为好氧生物处理和厌氧生物处理两种方法。生化法主要用于去除废水中溶解的和胶体状的有机污染物，目前在煤化工废水处理中常采用活性污泥法、生物脱氮法和低氧、好氧曝气，以及接触氧化法等。

3. 煤化工烟尘污染和治理

（1）煤化工烟尘来源。煤化工的烟尘来源于焦化生产过程、气化生产过程。焦化生产排放的有害物主要来自于备煤、炼焦、化产回收与精制车间，气体污染物的排放量由煤质、工艺装备水平和操作管理等因素决定。煤气化生产中粉尘污染主要是煤场仓储、煤堆表面粉尘颗粒的飘散和气化原料准备工艺、煤破碎、筛分加工现场飞扬的粉尘。在煤气化生产过程中，有害气体污染是煤气的泄露及放散。

（2）煤化工烟尘控制。煤化工生产排放的污染气体中，往往含有大量的粉尘，这些气体需经过除尘净化后才能排入大气。从气体中除去或收集这些固态或液态粒子的设备称为除尘装置或除尘器。根据在除尘过程中是否采用润湿剂，除尘装置可分为湿式除尘装置和干式除尘装置。根据除尘过程中的粒子分离原理，除尘装置又分为重力除尘装置、惯性力除尘装置、离心力除尘装置、洗涤式除尘装置、过滤式除尘装置、电除尘装置、声波除尘装置等。

控制烟尘产生的工艺过程又分为炼焦生产的烟尘控制、化产回收与精制的气体污染控制以及气化过程的烟尘控制。

炼焦生产过程的烟尘控制包括采用喷射法、顺序装炉、采用带强制抽烟和净化设备的装煤车与消烟除尘车等方法对装煤的烟尘控制技术；采用移动烟罩—地面除尘站气体净化系统、构筑顶部设有吸气主管以及通向地面站的湿式除尘器的焦侧大棚、封闭式接焦系统、使用热浮力罩和装煤推焦二合一除尘等控制推焦烟尘；安装熄焦塔除雾器以及使用两段熄焦和干法熄焦工艺进行熄焦烟尘控制；设置球面密封型装煤孔盖和水封式上升管、密封炉门等仪器和技术降低焦炉连续性烟尘排放；采用煤场的自动加湿系统和配煤槽顶部密封除尘工艺、喷覆盖剂、安装除尘系统控制煤焦贮运过程的粉尘排放。

化产回收与精制的气体污染控制主要要控制回收车间与精制车间污染气体的排放。其中，回收车间污染气体控制技术有冷凝鼓风工段放散气体净化、硫铵粉尘的水吸收、粗苯蒸馏工序放散气体的焚烧处理、蒸氨工序废弃的安全焚烧分解、必定工序废气经负压系统处理等技术。精制车间污染气体控制主要有吸收法处理废气（含洗油和酸碱液吸收）、吸附法处理废气（常用的吸附剂有活性炭、硅胶以及活性氧化铝等）、用冷凝和燃烧的方法处理废气、苯类产品贮槽（含用氮气封闭苯类产品贮槽和浮顶贮槽代替拱顶式贮槽）等技术。

气化过程的烟尘控制主要是采用蒸汽封堵设备活动部分，局部负压排风等技术控制气化工程中煤气的泄露；降低循环水中有害物质的含量并改进凉水塔设计来实现煤气站循环冷却的废气处理；在大型水煤气站设置必要的热量回收装置减少和控制吹风阶段排出吹风气时的废气排放量；改革气化的工艺和设备。

4. 煤化工废液废渣的处理与利用

（1）煤化工废液废渣来源。焦化生产中的废液废渣主要来自回收与精制车间，有焦油渣、酸焦油（酸渣）和洗油再生残渣等。另外，生化脱酚工段有过剩的活性污泥，附带洗煤车间有矸石产生。炼焦车间不产生废渣，主要是熄焦池的焦粉。煤的燃烧会产生大量的灰渣，全年煤灰渣量达几千万吨。其中仅有20%左右得到利用，大部分贮入堆灰场，不仅占用农田，还会污染水源和大气环境。同样，煤在气化炉中在高温条件下与气化剂反应，煤中的有机物转化成气体燃料，而煤中的矿物质形成一种不均匀的金属氧化物的混合物，即灰渣。

（2）煤化工废液废渣利用。①焦化废渣的利用。焦油渣的利用：回配到煤料中炼焦，焦油渣主要是由密度大的烃类组成，是一种很好的炼焦添加剂，可提高各单种煤胶质层指数；作为煤料成型的黏结剂，在电池用的电极生产中采用；做燃料用，焦油渣通过添加降黏剂降低焦油渣黏度并溶解其中的沥青质，若采用研磨设备降低其中焦粉、煤粉等固体物的粒度，添加稳定分散剂避免油水分离及油泥沉淀等，达到泵送应用要求，可使之成为具有良好的燃烧性能的工业燃料油。

酸焦油的利用：硫铵生产过程产生的酸焦油的回收；粗苯酸洗产生的酸焦油的利用（包含回收苯、制取减水剂、制取石油树脂等）；集中处理硫铵生产和粗苯酸洗过程产生的酸焦油（有直接混配法和中和混配法）。

再生酸的利用：国外大多是将再生酸送往硫铵工段生产硫铵，但由于再生酸中含有大量的杂质，引起饱和器母液起泡和粥化，破坏饱和器的正常工作，同时也使所生产的硫铵质量下降，颗粒变细、颜色变黑。国内一些单位对精苯再生酸的净化与利用进行了大量的研究，归纳起来有喷烧法、合成聚合硫酸铁法、萃取吸附法、热聚合法等。

洗油再生残渣的利用：掺入焦油中或配制混合油；生产苯乙烯-茚树脂。洗油再生残渣通常配到焦油中，也可与蒽油或焦油混合生产混合油，作为生产炭黑的原料。残油生产苯乙烯-茚树脂科通过在间歇式釜或连续式管式炉中加热和蒸馏的途径实现。

酚渣的利用：酚渣可以用来生产黑色石炭酸，也可作溶剂净化再生酸。

脱硫废液处理方法主要有湿式氧化法、还原热解法和焚烧法。采用湿式氧化法处理废液，主要是使废液中的硫氰化铵、硫代硫酸铵和硫黄氧化成硫铵和硫酸，无二次污染，转化分解率高达99.5%~100%。脱硫废液还原分解流程包括两个装置，即脱硫装置和还原分解装置，其主要设备是还原分解装置中的还原热解焚烧炉。

污泥的资源化：污泥的堆肥化，污泥的建材化，污泥的能源化技术，剩余污泥制可降解塑料技术。污泥的堆肥的一般工艺流程主要分为前处理、次发酵、二次发酵和后处理四个过程。污泥的建材化是污泥可用来生产生态水泥、轻质陶粒、熔融材料、微晶玻璃、制砖和纤维板材等。污泥能源化技术是一种适合处理所有污泥，能利用污泥中有效成分，实现减量化、无害化、稳定化和资源化的污泥处理技术。现采用多效蒸发法制污泥燃料可回收能量，主要由污泥能量回收系统和污泥燃料化法两种工艺流程，实现能量的回收。

②气化废渣的利用。气化废渣主要用于筑路、循环流化床燃烧、建材（包

括灰渣制砖、作骨料、制取水泥等）、化工、轻金属等用途。用炉渣加以适量的石灰拌和后，可作为底料筑路，目前这种工艺虽已被采用，但由于在使用中拌和不够均匀，降低了使用效果。气化炉排出的灰渣残炭量都较高，如某化肥厂的德士古气化炉渣含碳在25%左右，灰渣尚有很高的热量利用价值。以煤气化炉渣掺和无烟煤屑作为燃料，使用循环流化床锅炉燃烧，既可充分利用炉渣中残余的有效可燃物，节约能源，又可解决炉渣的环境污染问题。

由于炉渣灰中含有55%~65%的二氧化硅，所以可用作橡胶、塑料、深色油漆、深色涂料以及黏合剂的填料。炉渣灰中又含有三氧化二铝，因此用炉渣灰制备的填料有强渗透性，可以高充填，能在被充填的物料中起润滑作用，具有分布均匀、吃粉快、混炼时间短、粉尘少、表面光滑等特点。由于二氧化硅中的硅氧键断裂能很高，所以具有较好的阻燃性能和较宽的湿度适应性，因而可以广泛应用在橡胶制品中，取代碳酸钙、陶土、普通炭黑、半补强炭黑、耐磨炭黑等传统填料。经分析炉渣灰中三氧化二铝最高含量达35%，一般也在20%左右，二氧化钛在0.5%~1.5%，因此，用炉渣灰生产硅钛氧化铝粉具有化学元素基础。也可进一步添加适量氧化铝粉进行混合点解生产硅钛铝合金。

第二节　石油的加工转化工程

一、原油评价及预处理

（一）原油的分类

原油的分类方法很多，通常可以从工业、地质、物理和化学等不同角度对原油进行分类，但应用较广泛的是化学分类法和工业分类法。化学分类法又分为特性因数分类法和关键馏分分类法两种。按照特性因数分类法可分为石蜡基原油、中间基原油和环烷基原油三种。按照关键馏分分类法，具体的分类标准分别见表5-11和表5-12。原油的工业分类法又叫商品分类法，可作为化学分类的补充。分类可按相对密度、含硫量、含蜡量、含胶量来分，其分类标准见表5-13。

（二）原油评价

对于新开采的原油，必须先在实验室进行一系列的分析、试验，习惯上称

表 5-11 关键馏分分类标准

基属	石蜡基	中间基	环烷基
第一关键馏分	$d_4^{20}<0.821\ 0$ API°>40 (K>11.9)	$d_4^{20}=0.821\ 0\sim0.856\ 2$ API°=33~40 (K=11.5~11.9)	$d_4^{20}>0.856\ 2$ API°<33 (K<11.5)
第二关键馏分	$d_4^{20}<0.872\ 3$ API°>30 (K>12.2)	$d_4^{20}=0.872\ 3\sim0.903\ 5$ API°=20~30 (K=11.5~12.2)	$d_4^{20}>0.930\ 5$ API°<20 (K<11.5)

表 5-12 按照关键馏分原油的分类

编号	第一关键馏分	第二关键馏分	原油类别
1	石蜡基	石蜡基	石蜡基
2	石蜡基	中间基	石蜡-中间基
3	中间基	石蜡基	中间-石蜡基
4	中间基	中间基	中间基
5	中间基	环烷基	中间-石蜡基
6	环烷基	中间基	环烷-中间基
7	环烷基	环烷基	环烷基

表 5-13 工业分类法分类标准

按相对密度分类		按含硫量分类		按含蜡量分类		按含胶量分类	
相对密度	原油名称	含硫量	原油名称	含蜡量	原油名称	含胶量	原油名称
<0.830	轻质原油	<0.5%	低硫原油	0.5%~2.5%	低蜡原油	<5.0%	低胶原油
0.830~0.904	中质原油	0.5%~2.0%	含硫原油	2.5%~10%	含蜡原油	5%~15%	含胶原油
0.904~0.966	重质原油	>2.0%	高硫原油	>10.0%	高蜡原油	>15%	多胶原油
>0.966	特重原油						

之为"原油评价"。根据评价目的不同，原油评价分为原油性质分析、简单评价、常规评价和综合评价四类。原油性质分析的目的是在油田勘探开发过程中及时了解单井、集油站和油库中原油一般性质，掌握原油性质变化规律和动态。简单评价的目的是初步确定原油性质和特点。常规评价的目的是为一般炼油厂提供设计数据。综合评价的目的是为综合性炼油厂提供设计数据，它包括四部分内容即：原油的一般性质；使沸点蒸馏所得原油馏分组成及馏分性质；各馏

分的化学组成；各种石油产品的潜含量及其使用性能。

（三）原油加工方案的确定

所谓原油加工方案，其基本内容是生产什么产品，使用什么样的加工过程来生产这些产品。原油加工方案的确定取决于诸多因素，例如市场需要、经济效益、投资力度、原油的特性等。通常主要从原油特性的角度来讨论如何选择原油加工方案。理论上，可以从任何一种原油生产出各种所需的石油产品，但实际上，如果选择的加工方案适应原油的特性，则可以做到用最小的投入获得最大的产出。

（四）原油预处理

从地层中开采出来的原油中均含有数量不一的机械杂质、轻烃气体、水以及无机盐类等。原油含盐含水对原油储运、加工、产品质量及设备等均造成很大危害。因此原油进入炼油厂后，需要进行预处理。

1. 原油的预处理方法

原油的脱水脱盐主要根据电脱盐过程的基本原理进行（图5-21），即向原油中注入部分含氯低的新鲜水，以溶解原油中的结晶盐类，并稀释原有盐水，形成新的乳状液，然后在一定温度、压力和破乳剂及高压电场作用下，使微小的水滴，聚集成较大水滴，因密度差别，借助重力水滴从油中沉降、分离，达到脱盐脱水的目的。

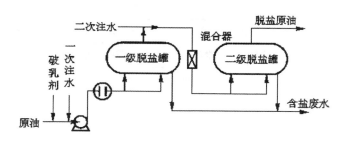

图 5-21 两级脱盐脱水流程示意图

电脱盐方法主要分为三个阶段：热脱水阶段、化学脱水阶段和电脱水阶段。

2. 原油预处理的主要设备

主要包括电脱盐罐、混合设施和防爆高阻抗变压器三种。电脱盐罐有卧式、立式和球形等几种形式。混合设施一般采用可调节混合强度的可调差压混合阀与静态混合器串联使用。变压器是电脱盐装置中最关键设备之一，一般采用电抗器接线或可控硅交流自动调压设备。

二、石油加工方法及工艺

石油加工方法包括两种加工方法：一次加工和二次加工。一次加工即指原油蒸馏；二次加工包括催化裂化、催化重整和加氢裂化。

(一) 原油的蒸馏

原油蒸馏是根据组成石油的各种烃类等化合物沸点的不同，利用换热器、加热炉和蒸馏塔等设备，把原油加热后，在蒸馏塔中进行多次部分气化和部分冷凝，使气、液两相进行反复充分的物质交换和热交换，从而达到将原油分离成不同沸程的汽油、煤油、柴油、润滑油馏分或各种二次加工原料及渣油的加工过程。

根据压力的不同，蒸馏分为常压蒸馏、减压蒸馏两种。根据所用设备和操作方法的不同，蒸馏方式可分为闪蒸（见图 5-22）、简单蒸馏（见图 5-23）和精馏三种。

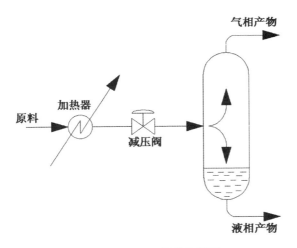

图 5-22　闪蒸示意图

(二) 催化裂化

催化裂化过程是原料在催化剂作用下，在 470℃~530℃和 0.1~0.3 MPa 的条件下，发生裂解等一系列化学反应，转化成气体、汽油、柴油等轻质产品和焦炭的工艺过程。

催化裂化的原料一般是重质馏分油，如减压馏分油（减压蜡油）和焦化重馏分油等。部分或全部渣油也可作为催化裂化的原料。

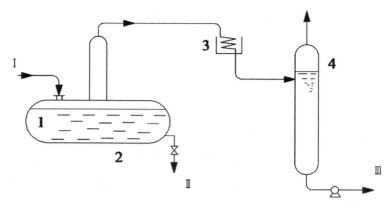

图 5-23　简单蒸馏示意图

1. 催化裂化特点

催化裂化过程有以下几个特点：

（1）轻质油收率高，可达 70%~80%；

（2）催化裂化汽油的辛烷值较高，汽油的安定性也较好；

（3）催化裂化柴油的十六烷值较低，常需与直馏柴油调和后才能使用，或者经过加氢精制以满足规格要求；

（4）催化裂化气体产品中 80% 左右是 C_3 和 C_4 烃类（称为液化石油气 LPG），其中丙烯和丁烯占一半以上，因此这部分产品是优良的石油化工生产高辛烷值汽油组分的原料。

2. 催化裂化装置

催化裂化自工业化以来，先后出现过多种形式的催化裂化工业装置。固定床和移动床催化裂化是早期的工业装置，随着微球硅铝催化剂和沸石催化剂的出现，流化床和提升管催化裂化相继问世。1965 年我国建成了第一套同高并列式流化床催化裂化工业装置，1974 年我国建成投产了第一套提升管催化型化工业装置。到目前为止，我国已拥有 500kt/a 以上规模的催化裂化装置 60 余套，绝大部分是技术先进的提升管催化裂化。

（三）催化重整

催化重整是石油加工过程中重要的二次加工手段，是用以生产高辛烷值汽油组分或苯、甲苯、二甲苯等重要化工原料的工艺过程。

"重整"系指烃类分子重新排列成新的分子结构的工艺过程。催化重整即在催化剂作用下进行的重整，采用铂金属催化剂，故重整过程称铂重整，采用铂铼催化剂的称铂镍重整（或双金属重整），采用多金属催化剂的称多金属重整。

1. 催化重整类型

按原料馏程，可分为窄馏分重整和宽馏分重整；按催化剂类型，可分为铂重整、双金属重整和多金属重整；按反应床层状态，可分为固定床重整、移动床重整和流化床重整；按催化剂的再生形式，可分为半再生式重整、循环再生式重整和连续再生式重整。

2. 催化重整工业装置

目前我国现有的催化重整装置，大部分是固定床半再生式重整过程，使用的是双金属或多金属催化剂。同时也建成了或正在建设一批连续再生式重整装置。

重整反应器是催化重整装置的关键设备，它的设计和操作的优劣对整个生产过程起着决定性的作用。目前工业用重整反应器有轴向和径向两种结构形式，它们的主要差别是气体流动方式不同、不同相床层压降不同。

（四）催化加氢

催化加氢过程是指石油馏分（包括渣油）在氢气存在下催化加工过程的通称。按照生产目的的不同，催化加氢过程分为加氢精制、加氢裂化、加氢处理、临氢降凝和润滑油加氢等工艺。

催化加氢对于提高原油的加工深度、合理利用石油资源、改善产品质量、提高轻质油收率以及减少大气污染等，都具有重要意义。

（五）其他油品工艺方法

1. 热破坏加工

热破坏加工是有别于催化裂化过程的另一种典型的去碳过程，它是将原油重质组分通过缩合反应将碳集中于更重组分，甚至焦炭；通过裂解反应将氢集中于轻组分，以达到重组分转化为轻组分的目的。

在燃料油生产中，根据原料性质、操作条件及加工目的不同，热破坏加工主要包括热裂化、减粘裂化、焦炭化三个过程。

2. 燃料油品精制

常用的石油燃料油品精制方法有化学精制（酸碱精制、脱硫醇等）、溶剂精制、吸附精制、加氢精制、柴油脱蜡（尿素脱蜡、冷榨脱蜡、分子筛脱蜡等）等。

3. 润滑油生产

润滑油的生产工艺方法包括：①常减压蒸馏切割，以得到黏度基本合适的润滑油馏分和减压渣油；②减压渣油溶剂脱沥青，以得到残渣润滑油组分；③溶剂精制以除去各种润滑油馏分和组分中的非理想组分；④溶剂脱蜡以除去高凝点组分，降低其凝点；⑤白土或加氢补充精制。

4. 炼厂气

炼厂气是石油加工过程中产生的气体烃类。主要产自二次加工过程，如催化裂化、热裂化延迟焦化、催化重整、加氢裂化等，其气体产率一般占所加工原油的 5%~10%。炼厂气除含有低分子烃外，还含有大量的 C_3 和 C_4 烃类，我们要合理利用这些气体，所以炼厂气的加工和利用常被看作是石油的第三次加工。石油气体的利用途径主要是生产石油化工产品、高辛烷值汽油组分或直接用作燃料等。

三、石油加工设备

炼油厂主要由两大部分组成，即炼油过程和辅助设施。从原油生产出各种石油产品一般须经过多个物理的及化学的炼油过程。通常，每个炼油过程相对独立地自成为一个炼油生产装置。在这些炼油厂，从有利于减少用地、余热的利用、中间产品的输送、集中控制等考虑，把几个炼油装置组合成一个联合装置。

各种炼油生产装置按生产目的，分为原油分离装置、重质油轻质化装置、油品改质及油品精制装置、油品调和装置、气体加工装置、制氢装置、化工产品生产装置等。

四、石油化工与环境

石油加工过程中不可避免地会产生各种废水、废气和废渣，如不加以治理，必将严重污染环境，危害人们的健康。为了保护环境，炼油厂必须按照国家规定对所产生的各种废水、废气和废渣严格进行治理，不能随意排放。此外，噪声也是一种污染，过强的噪声会引起多种疾病，同样需要加以治理。

（一）废水及防治

1. 废水的来源

炼油厂废水的来源主要有：原油脱盐水、循环水排污、工艺冷凝水、产品洗涤水、机泵冷却水及油田排水等。

由于各种来源的废水的污染情况不尽相同，炼油厂中往往将其废水分为含油废水、含硫废水、含盐废水和含碱废水等分别进行收集和处理。

2. 含硫废水的预处理

含硫废水不能直接进入污水处理装置，必须经过预处理。含硫废水的预处理分为空气氧化法和蒸汽汽提法两种。对于数量少且含硫浓度较低的废水可用空气氧化法，而对于数量多且含硫浓度较高的废水则需用蒸汽汽提法。

3. 废水处理方法

炼油厂常用的废水处理主要包括物理处理方法、物理—化学处理方法和生物化学处理方法三种。物理处理方法主要有沉淀、隔油和聚集过滤三种。物理—化学处理方法主要有混凝法和气浮法两种。生物化学处理方法主要有活性污泥法和生物过滤法。

这些方法可以根据废水的性质及其处理的难易程度来选用，并组合成最佳的处理流程。

（二）废渣及处理

炼油厂废水在隔油、气浮和生化处理过程中会产生油泥、浮渣和剩余活性污泥等废渣。这些废渣中含有大量的污染物，必须经过处理。由于此类废渣中的含水量高达99%以上，所以要先进行脱水，然后再送入焚烧炉进行焚烧。

（三）废气及处理

炼油厂的废气来源很多，其组成和性质也各不相同，需要采取不同的方法加以处理。其主要的措施包括气体脱硫及硫黄回收、氧化沥青尾气的处理、锅炉及加热炉的烟气脱硫、减少设备的泄漏及储存、装车时的蒸发损失等。

（四）噪声污染及其防治

炼油厂内的噪声主要来自机泵、加热炉、气压机及风机等，其强度较高。由于炼油装置的生产是连续的，其设备及机械所产生的多为连续的稳定噪声，而且以低中频的气流噪声为主。这些噪声的声压级多在85 dB（A）以上，有时甚至高达100~110 dB（A）。再者，炼油厂的设备及机械大多是露天的，又是高程传播，所以对周围环境的影响较大。

针对炼油厂中不同的噪声来源，需采取不同的防治方法。对于加热炉，可采用隔声罩以减少噪声，或采用低噪声的燃烧喷嘴。对于风机和压缩机，除在安装方面要严格要求外，可在进出口装设消声器，在设备基础上装减振器或减振材料等。对于电机的噪声，可装设隔声罩，改善冷却风扇的结构，或选用低噪声的电机。在装置的各个放空口，均需安装不同形式的消声器，以控制其噪声。

第三节　天然气的加工转化工程

一、天然气的主要质量指标

天然气因其成分较多、性质多变，所以必须要具备一定的质量要求。天然气的性质及杂质含量要求主要有热值（发热量）、华白指数、烃露点、水露点（也称露点）、硫含量和二氧化碳含量等。表5-14列出的是我国天然气的主要质量指标。

表 5-14　我国天然气质量指标

项　　目		质 量 指 标			
		I	II	III	IV
高位热值 （MJ/Nm³）	A 组	>31.4 （>7 500 kcal/m³）			
	B 组	14.65~31.4 （3 500 ~7 500 kca/m³）			
总硫（以硫计）含量（mg/m³）		≤ 150	≤ 270	≤480	>480
硫化氢含量（mg/m³）		≤ 6	≤ 20	实测	实测
二氧化碳体积含量（%）		≤3		—	
水分		无游离水			

二、天然气分离除尘工艺方法及设备

在油气田把气体开采到地面上来在中心处理站、原油联合站或者集气站、天然气净化厂、输气管道的首站、中间站、调压计量站、配气站等场安装分离除尘器，保证输出的气体含尘不超过规定的要求。

分离除尘器的种类很多，常用的有旋风除尘器、循环分离器、重力分离器和分离过滤器（陶瓷、纤维和金属网过滤器）等。

选择分离除尘装置时，需考虑天然气携带的杂质成分、输送压力和流量的稳定性、波动幅度等因素，在满足输出的气质要求的前提下，应力求其结构简单，分离效果好，气流压力损失较小，不需要经常更换和清洗部件。

三、天然气脱水

（一）脱水方法

天然气脱水的方法一般包括低温法、溶剂吸收法、固体吸附法、化学反应法和膜分离法等。

1. 低温分离法

低温分离是利用焦耳—汤姆逊效应使高压天然气节流膨胀制冷获得降温，从而使气体中一部分水蒸气和烃类冷凝析出（图5-24）。

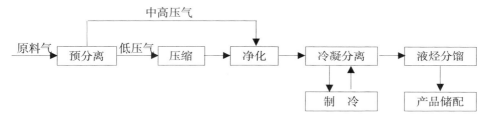

图5-24　低温分离工艺示意图

低温分离法分为两种方法：对于高压天然气，根据焦耳—汤姆逊效应，经过节流膨胀造低温，一部分水分分离出来，使天然气的露点温度降低；对于压力较低的天然气，则先进行加压后，再冷却脱水。但由于先加压后冷却的低温分离法工艺复杂、设备多、成本高，因此，一般不予采用。

低温分离法一般适用于高压气田。由于低温分离后天然气中的水蒸气仍处于该温度下的饱和态，仍有可能在输气管道上某点析出，造成冰堵等，因此，该方法一般作为辅助措施，与其他更深度脱水方法一起使用。

2. 溶剂吸收法

根据吸收原理，采用一种亲水液体与天然气充分逆流接触，从而脱除天然气中的水蒸气。吸水后的吸收剂经加热处理将水蒸出，使溶剂得以再生，然后循环使用。

甘醇的化学结构可看出，分子中有两个羟基，存在氢键，当天然气与甘醇充分接触时，甘醇靠氢键作用与天然气中的水汽分子结合成缔合物，从而脱除天然气中的水分。吸收水分的甘醇可通过加热蒸发其水分而再生（图5-25）。

3.固体吸收法

用多孔性的固体吸附剂处理气体混合物，使其中一种或多种组分吸附于固体表面上，其他的不吸附，从而达到分离操作。

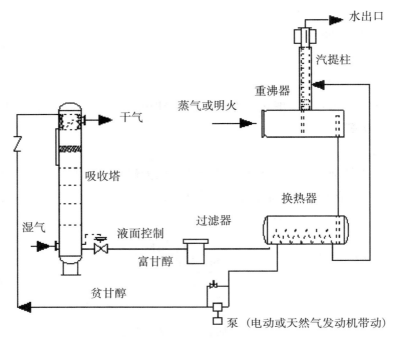

图 5-25　简单的 TEG 法天然气脱水的原理流程

天然气工业常用的吸附剂有活性氧化铝、硅胶和分子筛三种。

4. 膜分离用于天然气脱水

在国外，20 世纪 80 年代末开始研究天然气脱水的膜分离技术，并与脱酸性气体的膜分离装置组成复合净化装置，但目前在工业上还应用不多，主要难点是在脱水的同时，如何使甲烷的损失量达到最小。

膜法用于天然气脱水具有如下优点：压力损失小、无污染、无须再生、工艺简单、组装方便、操作简单、占地少、费用低、天然气露点降幅度大等。

（二）天然气脱水装置

天然气脱水装置的主要设备包括：塔设备，如吸收塔、再生塔、精馏塔等；传热设备，如换热器、冷凝器、冷却器、加热器、过冷器等，以及各类机泵、气液分离器、膜分离器等。

四、天然气脱硫

（一）化学吸收法

这类方法是以可逆的化学反应为基础，以碱性溶剂为吸收剂的脱硫方法，溶剂与原料气中的酸性组分（主要是 H_2S 和 CO_2）反应而生成某种化合物；吸收了酸气的富液在升高温度、降低压力的条件下，该化合物又能分解而放出酸气。这类方法中最具代表性的是碱性盐溶液法和醇胺法（图 5-26）。醇胺法是天然气脱硫最常用的方法，以它们处理含酸性组分的天然气，再后继以克劳斯法装置从再生酸气中回收元素硫，是天然气脱硫工业上最基本的技术路线。

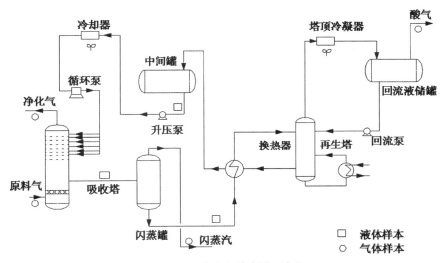

图 5-26　醇胺法脱硫原理流程

（二）物理吸收法

这类方法是基于有机溶剂对原料气中酸性组分的物理吸收而将它们脱除，溶剂的酸气负荷正比于气相中酸性组分的分压。物理吸收一般在高压和较低的温度下进行，溶剂酸气负荷高，适宜于处理酸气分压高的原料气。此外，物理吸收法还具有溶剂不易变质、比热容小、腐蚀性小、能脱除有机硫化物等优点。但物理吸收法不宜用于重烃含量高的原料气，且多数方法由于受溶剂再生程度的限制，净化度比不上化学吸收法。

物理吸收法的流程较简单，主要设备为吸收塔、闪蒸塔和循环泵。溶剂通常靠多级闪蒸而再生，不需要蒸汽和其他热源。只有要求很高的净化度时，才采用真空解吸、惰气吹脱和加热溶剂等办法以提高贫液质量（图 5-27）。

（三）氧化还原法又称为直接氧化法

这类方法目前在天然气脱硫方面应用不很多，但在焦炉气、水煤气、合成气等工业气脱硫和尾气处理方面则有广泛应用。总体看来，这类方法的硫容量较低（一般在 0.3 g/L 以下），适用于原料气压力较低以及产硫量不多的场合。

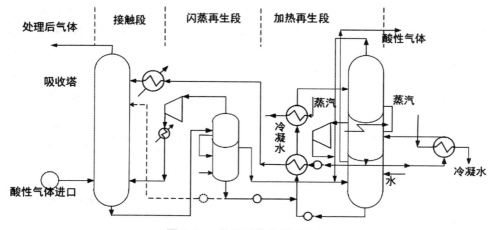

图 5-27　物理吸收法原理流程

（四）物理溶剂法——冷甲醇法

此方法利用硫化氢、二氧化碳、甲烷等在溶剂中的溶解度的差异脱硫。

（五）膜分离法

膜分离法技术（图 5-28）应用于气体分离后，显示出一系列独特的优点：能耗低、不使用化学药剂，无二次污染、基本不存在装置腐蚀问题、设备简单、占地少、容易操作等。因此，膜分离法用于天然气脱酸性气体是最先进的方法。

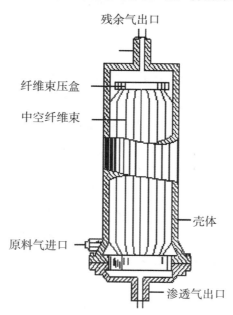

图 5-28　膜分离简图

五、天然气的轻烃回收

轻烃回收是指将富气中比甲烷或乙烷更重的组分以液态形式回收的过程。轻烃回收的目的一方面是为了控制天然气的烃露点以达到商品气质量指标，避免气液两相流动，另一方面，回收的液烃有很大的经济价值，可直接用作燃料或进一步分离成乙烷、丙烷、丁烷或丙丁烷混合物（液化气）、轻油等，也可用作化工原料。

轻烃回收方法主要有吸附法、油吸收法和冷凝分离法三种。

六、天然气化工与环境

天然气化工与石油化工相比，清洁，污染少。但是如果操作不当，也会产生一定量的烟尘、一氧化碳及烃类等。另外，含硫天然气还会产生硫氧化合物，对环境有一定污染，所以针对含硫及硫氧化物等尾气进行处理。处理方法大致有四种：尾气灼烧、还原吸收、氧化吸收、低温克劳斯反应等。

在天然气净化过程中，应采用两级及以上克劳修斯或其他实用高效的硫回收技术，在回收硫资源的同时，控制二氧化硫排放。

第六章　能源转换利用工程

一次能源是从自然界取得的能源，能够直接用作终端能源利用的一次能源是很少的。为了供应适合消费者需要的能源，大部分一次能源需要转换为容易运输、分配并在各种设备中使用的二次能源形态，从而趋向于形成能源供应的网络，如电力、燃气和区域供热网等。

本章将在工业生产、居民生活中应用最为广泛的二次能源——电能和热能作为对象，介绍其转换原理和生产过程、能源利用系统和装置、能源质量评价等。

第一节　电能与电力工程

在"二次能源"中，电能是最具生命力的优质能源。它能很方便地转变成机械、热、光、声、化学等多种形式的能量；电能十分便于通过变压设备和电力输电线路，实现远距离传输而且损失较少。对电能的生产和使用，能实现有效而精确的控制。

电能由各种一次能源按不同的转换方式而获得。具有一定转换规模、能连续不断地对外界提供电能的工厂，称为发电厂。

基于一次能源种类和转换方式的不同，发电厂可分为不同的类型，例如火力发电厂、水力发电厂、原子能发电厂、风力发电厂、地热发电厂和太阳能发电厂等。目前世界上已形成规模，具有成熟开发利用技术，并已大批量投入商业运营的发电厂，主要是火力发电厂、水力发电厂和原子能发电厂。

电能生产后供给用户使用，要经过变电、输电、配电和用电几个环节。由发电机、输配电线路、变配电所以及各种用户用电设备连接起来所构成的整体，称为电力系统。

一、电能的常规生产过程

（一）火力发电

火力发电是指利用煤炭、石油、天然气等固体、液体、气体燃料燃烧时产生的热能，通过热能来加热水，使水变成高温高压水蒸气，然后再由水蒸气推动发电机的一种发电方式。我国煤炭资源丰富，燃煤电厂占 70% 以上。由于繁重的煤炭运输和灰渣处理问题，我国致力于优先发展坑口电厂（如山西、陕西、内蒙古、河南和贵州等煤炭基地）、港口电厂（如东南沿海和沿江地区）和路口电厂（沿铁路主干线）。

1.火电厂的分类

按燃料不同可分为：燃煤发电厂、燃油发电厂、燃气发电厂、余热发电厂等。按原动机的差别可分为：汽轮机发电厂、燃气轮机发电厂、内燃机发电厂和蒸汽—燃气轮机发电厂等。按供出能源方式的不同可分为：凝汽式发电厂、热电厂。

按发电厂总装机容量大小的不同可分为：小型发电厂，其装机总容量在 100MW 以下的发电厂；中型发电厂，其装机总容量在 100~250 MW 范围内的发电厂；大中型发电厂，其装机总容量在 250~600 MW 范围内的发电厂；大型发电厂，其装机总容量在 600~1000 MW 范围内的发电厂；特大型发电厂，其装机总容量在 1000 MW 以上的发电厂。

按蒸汽压力和温度的不同可分为：中低压发电厂，蒸汽压力在 3.92 MPa、温度为 450℃ 的发电厂，其单机功率一般小于 25 MW；高压发电厂，蒸汽压力一般为 9.9 MPa、温度为 540℃ 的发电厂，其单机功率一般小于 100 MW；超高压发电厂，蒸汽压力一般为 13.83 MPa、温度为 540/540℃ 的发电厂，其单机功率一般小于 200 MW；亚临界压力发电厂，蒸汽压力一般为 16.77 MPa、温度为 540/540℃ 的发电厂，其单机功率一般为 300~1000 MW 不等；超临界压力发电厂，蒸汽压力大于 22.11 MPa、温度为 550/550℃ 的发电厂，其机组功率一般为 600 MW 及以上。

按供电范围可分为：区域性发电厂、孤立发电厂、自备发电厂。

2. 火电厂特点

与水电厂和其他类型的电厂相比，火电厂有如下特点：① 火电厂布局灵活，装机容量大小可按需要决定；② 火电厂建造工期短，一般为水电厂的一半甚至更短，一次性建造投资少，仅为水电厂的一半左右；③ 火电厂耗煤量大，目前发电用煤约占全国煤炭总产量的 25%左右，加之运煤费用高和大量用水，其生产成本比水力发电要高出 3~4 倍；④ 火电厂动力设备繁多，发电机组控制操作复杂，厂用电量和运行人员都多于水电厂，运行费用高；⑤ 汽轮机开、停机过程时间长，耗资大，不宜作为调峰电源用；⑥ 火电厂对空气和环境的污染大。

3. 火电厂构成及生产流程

火电厂的运行过程概括地说就是把燃料（煤、石油、天然气等）中含有的化学能转变为电能的过程。从火电厂相关设备构成上进行划分，可将整个生产过程分为三个部分：第一，燃料的化学能在锅炉中转变为热能，加热锅炉中的水使之变为蒸汽，其相关设备系统常称为燃烧系统；第二，锅炉产生的蒸汽进入汽轮机，推动汽轮机旋转，将热能转变为机械能，其相关设备系统常称为汽水系统；第三，由汽轮机旋转的机械能带动发电机发电，把机械能转变为电能并送入电网，其相关设备系统常称为电气系统。由此，火电厂也可概括为主要由燃烧系统、汽水系统和发电系统等三大系统构成。

（1）燃烧系统。燃烧系统是由输煤、磨煤、粗细分离、排粉、给粉、锅炉、除尘、脱硫等组成。煤由皮带输送机从煤场输运，通过电磁铁、碎煤机然后送到煤仓间的煤斗内，再经过给煤机进入磨煤机进行磨制，磨好的煤粉由空气预热器送来的热风输至粗细分离器，分离出合格的细粉由排粉风机输至燃烧器（或先送至粉仓，再经给粉机将煤粉输至燃烧器）进而喷入炉膛燃烧。烟气经过除尘、脱硫系统减排后排入大气。

（2）汽水系统。火力发电厂的汽水系统由锅炉、汽轮机、凝汽器、高低压加热器、凝结水泵和给水泵等组成，包括汽水循环、化学水处理和冷却系统等。水在锅炉中被加热成蒸汽，由过热器进一步加热后变成过热蒸汽，再通过主蒸汽管道进入汽轮机。由于蒸汽不断膨胀，高速流动的蒸汽推动汽轮机的叶片转动从而带动发电机。为了进一步提高热效率，一般都从汽轮机的某些中间级后抽出作过功的部分蒸汽，用以加热给水。在现代大型汽轮机组中都采用这种给水回热循环。

此外，在超高压机组中还采用再热循环，即从汽轮机的高压缸出口做过功的蒸汽全部抽出，送到锅炉的再热器中加热后，再引入汽轮机的中、低压缸继续膨胀做功。在蒸汽不断做功的过程中，蒸汽压力和温度不断降低，最后排入凝汽器并被冷却水冷却，凝结成水。凝结水集中在凝汽器下部由凝结水泵打至低压加热器，再经过除氧器除氧，给水泵将预加热除氧后的水送至高压加热器，经过加热后的热水送入锅炉蒸发，在过热器中生成过热蒸汽，送至汽轮机做功，这样周而复始不断地做功。在汽水系统中的蒸汽和凝结水在运行过程中不可避免地会有损失，因此必须不断地向系统中补充经过化学处理过的软化水，这些补给水一般都补入除氧器中。

（3）发电系统。发电系统由励磁机、励磁盘、发电机、变压器、高压断路器、升压站、配电装置等组成。副励磁机（永磁机）发出高频电流，经过励磁盘整流，再送到主励磁机，主励磁机发出的电经过调压器和灭磁开关，再通过碳刷送到发电机转子。发电机转子旋转，相当于该转子磁力线旋转，这过程被定子线圈所切割，其定子线圈便感应出电流，强大的电流通过发电机出线分为两路，一路送至厂用电变压器，另一路送到高压断路器，由高压断路器送至电网。

（二）水力发电

水力资源作为可再生的清洁能源，是能源资源的重要组成部分，我国水力资源丰富，在能源平衡和能源可持续发展中占有重要的地位。水力资源总量包括理论蕴藏量、技术可开发量和经济可开发量。水力发电是电力工业的一大支柱，据统计，我国河流水能资源蕴藏量 6.94 亿 kW，年发电量 60800 亿 kWh；技术可开发水能资源的装机容量 5.42 亿 kW，年发电量 24700 亿 kWh；经济可开发装机容量为 4.02 亿 kW，经济可开发年发电量为 17500 亿 kWh。

1. 水力发电的分类

按照水源的性质可分为：常规水电站，即利用天然河流、湖泊等水源发电；抽水蓄能电站，利用电网负荷低谷时多余的电力，将低处下水库的水抽到高处上存蓄，待电网负荷高峰时放水发电，尾水收集于下水库。

按水电站开发水头手段可分为：坝式水电站、引水式水电站和混合式水电站。

按水电站利用水头的大小可分为：高水头（70 米以上）、中水头（15~70 米）和低水头（低于 15 米）水电站。

按水电站装机容量的大小可分为：大型、中型和小型水电站。一般装机容量 5000kW 以下的为小水电站，5000 至 10 万 kW 为中型水电站，10 万 kW 或以上为大型水电站或巨型水电站。

2. 水力发电的特点

水电属再生能源发电，与火电相比特点鲜明。

（1）发电成本低。水力发电只是利用水流所携带的能量，无须再消耗其他动力资源，而且上一级电站使用过的水流仍可为下一级电站利用；由于水电站的设备比较简单，其检修、维护费用也较同容量的火电厂低得多，如计及燃料消耗在内，火电厂的年运行费用约为同容量水电站的 10 倍至 15 倍。

（2）高效而灵活。水轮发电机组的发电效率高达 90% 以上，而且可以在几分钟内从静止状态迅速启动投入运行，在几秒钟内完成增减负荷的任务。因此，利用水电承担电力系统的调峰、调频、负荷备用和事故备用等任务，可以提高整个系统的经济效益。

（3）工程效益的综合性。由于筑坝拦水形成了水面辽阔的人工湖泊，控制了水流，因此兴建水电站一般都兼有防洪、灌溉、航运、给水以及旅游等多种效益。

（4）环境影响。巨大的水库可能引起地表的活动，甚至诱发地震，还会引起流域水文上的改变，如下游水位降低或来自上游的泥沙减少等。

3. 水电站和水力发电过程

水电站是为开发利用水能资源、将水能转变为电能而修建的工程建筑物和机械、电气设备的综合工程设施。水轮机、发电机和其他附属机电设备，一般都布置在发电厂房内。水力发电利用一系列的水工建筑物和水电站建筑物，集中河道的落差、形成水库，并控制和引导水流通过水轮机，将水能转变为旋转的机械能，接着由水轮机带动发电机转动从而发出电能。通过母线将电能送至变压器升高电压后，经开关站用高压输电线送往用户。

4. 水电站的基本型式

根据河道地形、地质、水文等条件的不同，水电站集中落差、调节流量、引水发电的情况也不同。如前分类中所述，按照集中落差的方式，水电站的基本型式可分为坝式水电站、引水式水电站和混合式水电站。

（1）坝式水电厂。坝式水电厂又称坝库式、堤坝式、蓄水式水电厂，它是由河道上的挡水建筑物壅高水位而集中水头的水电厂。当水头不高且河道较宽时，用厂房作为挡水建筑物的一部分，这类水电厂又称河床式水电厂。坝式水电厂的发电厂房有坝后式、坝内式、溢流式、岸边式、地下式和河床式几种类型。

（2）引水式水电厂。引水式水电厂建在河道坡降较陡的河段或大河湾处，在河段上游筑坝引水，用引水渠道、隧洞、压力水管等将水引到河段下游，用以集中水头发电，这类水电厂大都为高水头水电厂。跨流域引水发电的水电厂必然是引水式水电厂。

（3）混合式水电厂。混合式水电厂或称水库引水式水电厂，这类水电厂由挡水建筑物和引水系统共同集中发电水头，并由水库调节径流发电。

（三）核电

原子结构发生变化时释放出的巨大能量称为核能（或原子能），利用核能发电的电站称为核电站。原子能可分为两种：一种是重金属元素，如铀、钍等的原子核发生裂变放出能量，称为裂变反应；另一种是轻元素，如氢的同位素氘和氚等的原子核聚合成较重的原子核放出能量，称为聚变反应。核电厂主要采用前一种，即利用铀235被中子轰击发生原子核裂变所放出的能量作为热源，由水或气体作为冷却剂带出热能，在蒸汽发生器中把水加热变成蒸汽，推动汽轮发电机做功发出电能。

1. 核电站的分类及原理

（1）压水堆核电站。以压水堆为热源的核电站，它主要由核岛和常规岛组成。压水堆核电站核岛中的四大部件是蒸汽发生器、稳压器、主泵和堆芯。在核岛中的系统设备主要有压水堆本体、一回路系统，以及为支持一回路系统正常运行和保证反应堆安全而设置的辅助系统。常规岛主要包括汽轮机组及二回路等系统，其形式与常规火电厂类似。

压水堆是核电站使用最多的型式。将小指头大的烧结二氧化铀芯块作为核燃料，装到锆合金管中，将三百多根装有芯块的锆合金管组装在一起，成为燃料组件。大多数组件中都有一束控制棒，控制着链式反应的强度和反应的开始与终止。压水堆以水作为冷却剂，在主泵的推动下流过燃料组件，吸收了核裂变产生的热能后流出反应堆，进入蒸汽发生器，在那里把热量传给二次侧的水，使它们变成蒸汽送去发电，而主冷却剂本身的温度降低。从蒸汽发生器出来的主冷却剂再由主泵送回反应堆去加热。

（2）沸水堆核电站。以沸水堆为热源的核电站。沸水堆是以沸腾轻水作为慢化剂和冷却剂、并在反应堆压力容器内直接产生饱和蒸汽的动力堆。沸水堆与压水堆同属轻水堆，都需使用低富集铀做燃料。沸水堆核电站系统有：主系统（包括反应堆），蒸汽—给水系统，反应堆辅助系统等。

（3）重水堆核电站。以重水堆为热源的核电站，是发展较早的核电站。重水堆是以重水做慢化剂的反应堆，可以直接利用天然铀作为核燃料。重水堆可用轻水或重水做冷却剂，重水堆分压力容器式和压力管式两类。

（4）快堆核电站。由快中子引起链式裂变反应所释放出来的热能转换为电能的核电站。快堆在运行中既消耗裂变材料，又生产新裂变材料，而且所产可多于所耗，能实现核裂变材料的增殖。

（5）石墨气冷堆。以气体（二氧化碳或氦气）作为冷却剂的反应堆，历经天然铀石墨气冷堆、改进型气冷堆和高温气冷堆三种堆型。天然铀石墨气冷堆实际上是以天然铀做燃料，石墨做慢化剂，二氧化碳做冷却剂的反应堆。改进型气冷堆设计的目的是改进蒸汽条件，提高气体冷却剂的最大允许温度，石墨仍为慢化剂，二氧化碳为冷却剂。高温气冷堆是石墨作为慢化剂，氦气作为冷却剂的堆。

2. 核电站的特点

（1）核能发电不像化石燃料发电那样排放巨量的污染物质到大气中，也不会产生加重地球温室效应的二氧化碳；但因核能发电厂热效率较低，因而比一般化石燃料电厂排放更多废热到环境中，故核能电厂的热污染较严重。

（2）核燃料能量密度比化石燃料高几百万倍，故核能电厂所使用的燃料体积小，运输与储存都很方便，如一座 1000 MW 的核能电厂一年只需 30t 的铀燃料。

（3）核能发电成本中，燃料费用所占的比例较低，其发电成本不易受到国际经济情势影响，故发电成本较其他发电方法稳定。

（4）核电厂的反应器内有大量的放射性物质，如果在事故中释放到外界环境，会对生态及民众造成伤害；核能电厂会产生高低阶放射性废料，必须慎重处理。

3. 我国核电发展现状与展望

中国长期以来，以煤炭为主的能源结构不仅已无法适应经济的快速发展，也造成了较严重的社会能源、环境问题。核电作为一种清洁能源，对于满足中国电力需求、优化能源结构、减少环境污染、促进经济能源可持续发展具有重要战略意义。

截至 2013 年 6 月，我国投入商业运行的核电机组数量已达 17 台，核电总装机容量 14745.99 MW，约占全国累计发电量的 1.98%。并且中国已形成广东、浙江、江苏三个核电基地。同时，中国跨入了核电站出口国行列，巴基斯坦恰希玛核电站是中国第一座按国际安全标准自主设计、生产制造的核电站。中国在核电的科研、设计、建设、运行等方面还培养锻炼了一批专业人才，具有相对完整的核电人才队伍。

在《新中国成立 60 周年能源发展报告》中，对于我国未来能源发展做了规划，根据中国核电产业发展规划，从沿海的广东、浙江、福建到内陆的湖北、湖南、江西将建设数十座核电站。到 2020 年，中国将建成 13 座核电站，拥有 58 台百万 kW 级核电机组，核电总装机容量达 4000 万 kW，核电年发电量将超过 2600 亿 kWh，核电占中国全部发电装机容量的比重为 4% 左右，发电量比重占全国发电量的 6% 以上。

二、电能的分配与利用

（一）电气主接线

在发电厂和变电所中，发电机、变压器、断路器、隔离开关、电抗器、电容器、互感器、避雷针等高压电气设备，以及将它们连接在一起的高压电缆和母线，构成了电能生产、汇集和分配的电气主回路。这个电气主回路称为电气一次系统，又叫作电气主接线。

发电厂、变电所的电气主接线可以有多种形式。选择何种电气主接线，是发电厂、变电所电气部分设计中的最重要问题，对各种电气设备的选择、配电装置的布置、继电保护和控制方式的拟定等都有决定性的影响，并将长期影响电力系统运行的可靠性、灵活性和经济性。

主接线的基本形式，就是主要电气设备常用的几种连接方式，概括地可分为两大类：有汇流母线的接线和无汇流母线的接线，具体又有多种形式（见图 6-1）。

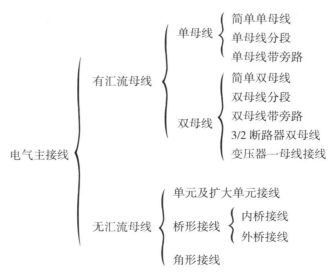

图 6-1　电气主接线形式

发电厂和变电所电气主接线的基本环节是电源（发电机或变压器）、母线和出线（馈线）。各个发电厂或变电所的出线回路数和电源数不同，且每路馈线所传输的功率也不一样。在进出线数较多时（一般超过4回），为便于电能的汇集和分配，采用母线作为中间环节，可使接线简单清晰，运行方便，有利于安装和扩建；但有母线后，配电装置占地面积较大，使用断路器等设备增多。无汇流母线的接线使用开关电器数量较少，占地面积小，一般适用于进出线回路少，不再扩建和发展的发电厂或变电所。

1. 有汇流母线的电气主接线

（1）单母线接线。图6-2为单母线接线图，这是一种最简单的接线型式。它仅有一组母线，电源和引出线都通过二组隔离开关和一组断路器接入母线。主母线保证电源G1和电源G2并联工作，同时任一引出线可以从母线获得电源。所以主母线起到汇流和分配电能的作用。

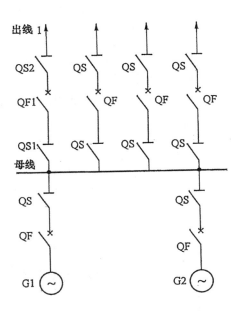

图6-2　单母线接线

在单母线接线中靠近主母线侧的隔离开关称之为母线隔离开关；而靠近出线侧的隔离开关称之为出线隔离开关。值得注意的是，当隔离开关与断路器联合操作时，应遵守隔离开关"先通后断"或者在等电位的情况下操作的原则。如出线1停电时，应先断开断路器QF1，然后依次断开出线隔离开关QS2和母线隔离开关QS1；若出线1送电时，先依次合母线隔离开关QS1和出线隔离开关 QS2，然后合断路器 QF1。除了要严格遵守操作规程外，还应优先采用加装有闭锁装置的断路器。

单母线接线主要优点是接线简单、清晰，操作方便；所用电气设备少，配电装置造价低；隔离开关仅作为隔离电源用，不作为操作电器，可减少误操作机会。

单母线接线主要缺点是可靠性、灵活性差。当母线或母线隔离开关故障或检修时，所有回路必须停止运行，直待修复完毕才能恢复供电。故这种接线只适用于可靠性、灵活性要求不高，小容量的配电装置，若采用成套开关柜可相应地提高可靠性。

为了克服单母线接线的缺点，一般可采取主母线分段和加旁路母线等措施。

（2）双母线接线。单母线接线具有接线简单、清晰，操作方便及易于发展的优点。但是，当有大量重要用户且系统中没有备用线路，这时为保证供电可靠性和灵活性，就应采用双母线接线。

图 6-3 所示为单断路器的双母线接线。这种接线具有两组主母线，每回路通过一组断路器和三组隔离开关分别连到两组母线上，两组主母线通过母联断路器 QF1 连接。双母线接线由于有两组母线就可以做到：轮流检修主母线而不中断供电；检修任一回路母线隔离开关时，只断开该回路；工作母线发生故障，可将全部回路转换到备用母线上，以便迅速恢复供电；两组母线带有均衡负荷，

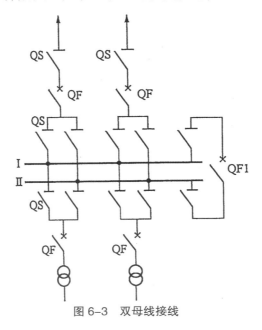

图 6-3 双母线接线

当母联断路器投入并联运行时，相当于单母线分段接线的作用；任一回路运行中的断路器故障、拒绝动作或不允许操作时，可利用母联断路器代替之，以断开该回路而检修故障断路器。

双母线接线具有较高的可靠性和灵活性；但接线复杂、设备多、造价高，母线故障仍需短时停电。它最主要的缺点是在倒闸操作过程中隔离开关作为操作电器，易引起误操作。由此，引入旁路母线，当出线回路数较多，而且检修出线断路器又不允许停电的情况下均应设置旁路母线，多用于 35 kV 以上电网。

随着机组单机容量的增大和超高电压等级的出现，为了提高供电灵活性和可靠性，可采用一个半断路器的接线。此种接线有两组主母线，有三台断路器串接在两组母线之间，三台断路器控制着两条回路，故又名为 3/2 接线。此种接线即使两组母线同时故障也不会停止供电，因而具有很高的可靠性和灵活性。目前我国 500kV 超高压系统大都采用此种接线。

2. 无汇流母线的电气主接线

无汇流母线的接线，其最大特点是使用断路器数量较少，一般采用断路器数等于或小于出线回路数，从而结构简单，投资小，一般在 6~220 kV 级电气主接线中广泛采用。该类主接线常见的有以下几种基本形式。

（1）桥形接线。主母线起到了汇总和分配电能的作用；但若主母线故障就会引起较大面积停电，同时为了减少断路器数目，出现了无主母线的桥形接线。

图 6-4 所示为桥形接线，桥路上断路器 QF3 连接两个单元。由于 QF3 的位置不同出现了内桥接线和外桥接线，两种接线断路器数目相同，隔离开关数目

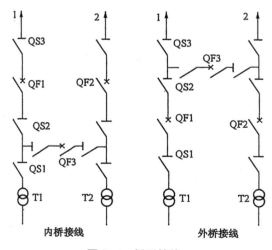

图 6-4　桥形接线

略有不同。正常情况下两种接线运行状况相同，但当故障或检修时，两种接线状况大不相同。如当出线 1 故障，内桥接线只跳 QF1，T1 继续运行；而在外桥接线中 QF1、QF3 均跳，T1 被切除，要恢复 T1 必须拉开 QS3，合 QF1、QF3。如若主变压器 T1 故障或检修，内桥接线要跳开 QF1、QF3，要恢复出线 1 供电，首先拉开 QS1，再合 QF1、QF3；而外桥接线仅停 QF1 及相应隔离开关就行了。所以内桥接线适用于线路较长，主变压器不经常切除的情况；而外桥接线适用于线路较短，主变压器需经常切除，且有穿越功率的情况。

桥形接线简单清晰、使用电器少，具有一定的可靠性和灵活性，适用于具有两进两出回路的情况或者作为一种过渡接线。

（2）单元接线。几个元件直接串联，其间没有横向联系的接线称为单元接线，它也是无主母线的接线。图 6-5 所示为几种单元接线。

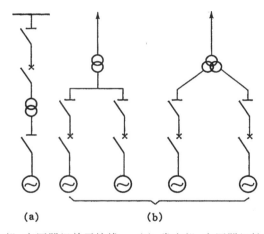

(a) 发电机-变压器组单元接线； (b) 发电机-变压器组扩大单元接线

图 6-5 单元接线

单元接线简明清晰、故障范围小、运行可靠灵活、设备元件少、配电装置布置简单方便。单元接线主要缺点是当单元中任一元件故障，即可引起整个单元停止工作。不过现代的发电机和变压器可靠性相当高，上述缺点并不突出。目前大中型电厂没有发电机端电压负荷，均采用单元接线。

（3）角形接线。角形接线没有集中的母线，相当于把单母线用断路器按电源和引出线数目分段，且连成环形的接线。常用的角形接线有三角形接线、四角形接线等，如图 6-6 所示。

角形接线由于没有主母线，就不存在主母线故障的缺点；检修任一台断路器，进出线完全可以不停电，只需断开断路器和两侧隔离开关即可，隔离开关

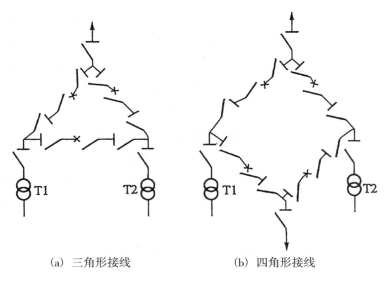

(a) 三角形接线　　　　(b) 四角形接线

图 6-6　角形接线

不作为操作电器。角形接线具有较高的供电可靠性、运行灵活性和经济性。角形接线的主要缺点是当检修断路器时，角形接线就变成开环运行，如果再有一台断路器故障，就可能造成停电；角形接线会使继电保护复杂，选择设备容量过大等。角数越多，这些缺点越突出。因此角形接线主要采用三角形接线和四角形接线。

（二）电力设备及选择

1. 电力设备选择的一般原则

各种电力设备，尽管型式不同，作用和性能也不完全一样，但电力系统对它们有以下的共同要求：

（1）绝缘安全可靠，高压电器设备的绝缘能力既要能承受工频最高工作电压的长期作用，也要能承受内部过电压和外部过电压的短时作用；

（2）具有一定的过负荷能力；

（3）正常工作电流通过时，能正常工作，正常运行时发热不得超过允许温度；

（4）具有足够的动稳定性能和热稳定性能，即能承受短路电流电动力效应和热效应而不损坏；

（5）工作性能可靠、结构简单、成本低廉。

为了保证电气设备安全可靠运行，必须根据以上基本要求合理选择设备。

2. 母线、电缆、绝缘子

（1）裸露母线。发电厂、变电所中各级电压配电装置的母线，各种电器之间的连接线，发电机、变压器等电力设备与相应配电装置母线之间的连接线，统称为母线。它起到连接各种电力设备、汇集分配和传送电能的作用。母线有较大功率通过，短路时又承受着很大的发热和电动力效应，所以要合理选择母线，以达到安全、经济运行目的。

母线一般采用铝材，只有在持续工作电流较大，且位置特别狭窄的发电机出线端部或有较严重腐蚀场所才选用铜材。

母线截面形状要满足散热良好，截面系数大，集肤效应小，安装检修简单和连接方便等要求，工程上多采用矩形、双槽形、圆管形截面，如图 6-7 所示。当工作电流大于 8000 A 时采用封闭母线。目前我国在单机容量为 200 MW 及以上机组出口均采用封闭母线，有效地解决了过大的电动力和母线附近钢构发热问题。在屋外配电装置中大多采用钢芯铝绞线作为母线，称为软导线。当母线通过较大电流，单根绞线不能满足要求时，可采用组合导线。组合导线是把许多根铝绞线用金具固定的导体，它载流量大、散热好。对于矩形、双槽形、圆管形的硬母线，都要涂上油漆以识别相序，增强辐射散热能力和防腐蚀能力。其颜色标志为：

三相交流：A 相—黄色；B 相—绿色；C 相—红色。

直流：正极—红色；负极—蓝色。

中性线：接地中性线—紫色；不接地中性线—白色。

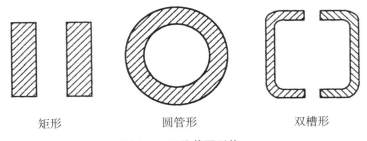

矩形　　　　　　圆管形　　　　　　双槽形

图 6-7　母线截面形状

（2）电力电缆。电力电缆是发电厂变电所中的重要组成部分，与裸导线相比，电力电缆布置紧凑，可以在地下沟道和构架上敷设，显得很灵活。其主要缺点是散热差、载流量小、有色金属利用率低、价格高、导线故障的修复不便等。电力电缆品种很多，我国生产的 6~330 kV 各电压等级高压电力电缆根据绝缘类别可分为油浸纸绝缘电缆、橡皮绝缘、塑料绝缘电缆和高压充油电缆等。我国制造的有 110 kV、220 kV、330 kV 的充油单芯电缆。

（3）绝缘子。绝缘子是母线结构的重要部分，绝缘子应具有足够的绝缘强度与机械强度，并有较好的耐热、耐潮、防污性能。绝缘子按其作用分为电站用绝缘子、电器用绝缘子和线路绝缘子。

电站用绝缘子的作用是支撑和固定发电厂、变电站屋内外配电装置的硬母线，并使母线与地绝缘。电站绝缘子又分支柱绝缘子和套管绝缘子，后者用于母线穿过墙壁或楼板处起绝缘作用。

线路绝缘子用来固结架空输电线的导线和屋外配电装置的软母线，并使它们之间以及它们与接地部分之间绝缘。线路绝缘子又分为针式绝缘子和悬式绝缘子两种，如图6-8（a）、（b）所示。

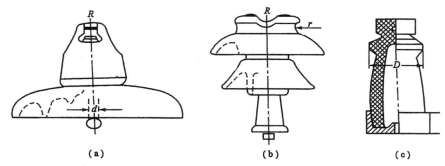

注：（a）悬式绝缘子；（b）针式绝缘子；（c）支柱绝缘子。

图6-8　绝缘子外形图

3. 高压断路器

高压断路器是高压开关设备中最重要最复杂的开关电器，既能切断正常负荷电流，又能迅速切除短路故障电流，同时承担着控制和保护的双重任务。大部分断路器能进行快速自动重合闸操作，在排除线路临时性故障后，能及时地恢复正常运行。

机械式断路器一般是用触头的位移来开断电路电流的，而在开断过程中当两触头间电压高于10~20 V，通过其间的电流大于80~100 mA 时，就会在动、静触头间产生电弧。尽管此时电路连接已被断开，而电路的电流还在继续流通，直到电弧熄灭，动、静触头间隙成为绝缘介质后，电流才真正被断开。触头间电弧的产生在开断或接通电路中是不可避免的，其强度与开断回路的电压高低、电流大小有关，电压越高，开断电流越大，则电弧燃烧越强烈。交流电弧的熄灭在很大程度上取决于电弧周围介质的特性，采用灭弧性能强的新型介质，可促进电弧的熄灭。

根据灭弧介质不同，断路器可分为油断路器、空气断路器、六氟化硫断路器、真空断路器等。

油断路器可分为多油式、少油式。多油式断路器中油作为灭弧介质和绝缘介质，同时也用于对地绝缘。多油断路器体积大，消耗油量和钢材多，增加了火灾和爆炸的危险性，不过它结构简单，工艺要求低，使用可靠，气候适应性强。我国目前只生产 35 kV 电压等级的多油断路器，如图 6-9 所示。少油断路器（如图 6-10 所示）中油仅作为灭弧介质，不用作主要绝缘介质，因此用油量少。空气断路器是以压缩空气为灭弧介质。与油断路器相比较，它灭弧能力强，能快速动作，防火防爆，低温下能可靠动作，体积小，维护检修方便；但结构复杂，工艺要求高，特别是需要配备一套压缩空气辅助设备。我国制造的空气断路器主要是 220 kV 和 330 kV 等级。国外已有 750 kW 电压等级的空气断路器。

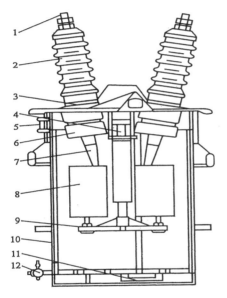

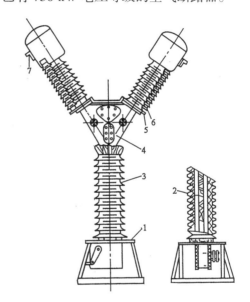

注：1-导电杆；2-绝缘瓷套；3-油箱盖；4-传动机构；5-油标；6-电流互感器；7-电容式套管；8-灭弧室；9-动触头及横担；10-油箱箱身；11-电热器；12-放油阀。

图 6-9　35kV 多油断路器的单相结构图

注：1-底架（角钢架）；2-提升杆；3-支柱瓷管；4-中间机构箱；5-灭弧室；6-均压电容；7-接线板。

图 6-10　SW6-110GA 型
少油断路器外形图

SF$_6$（六氟化硫）断路器是 20 世纪 80 年代广泛采用的断路器，以 SF$_6$ 气体作为灭弧和绝缘介质。它切断性能好，开断能力大，动作迅速，防火防爆；缺点是结构复杂、工艺要求高，对环保有影响。SF$_6$ 断路器在 220 kV 及以上电压等级已被广泛应用。

真空断路器的动静触头密封在真空灭弧室内，利用真空作为绝缘介质和灭弧介质。它灭弧速度快、触头材料不易老化、体积小、无噪声、无爆炸可能性，是一种很有发展前途的电器设备。

4. 隔离开关

隔离开关是一种没有灭弧装置的开关电器，在分闸时有明显可见断口，在合闸状态能可靠地通过正常工作电流和短路电流；主要特点是在有电压无负荷电流情况下，用于分、合电路。它的主要作用为：

（1）分闸后建立可靠的绝缘间隙，使需要检修的线路或电力设备与电源隔开，有明显可见的断开点，以保证检修人员及设备的安全；

（2）在断口两端接近等电位的条件下，可进行合闸、分闸，倒换双母线或改变不长并联线路的接线方式。

隔离开关由于没有灭弧装置，不能用来切断负荷电流，更不能开断短路电流，否则将会在触头之间形成电弧，不仅会损坏设备，甚至会引起相间短路，对运行人员、对设备都将是危险的。通常隔离开关与断路器都有机械或电气连锁，以保证动作的先后次序，即在断路器切断电流之后，隔离开关才能分闸，隔离开关合闸之后，断路器才能合闸。图 6-11 为两种典型隔离开关的外形图。

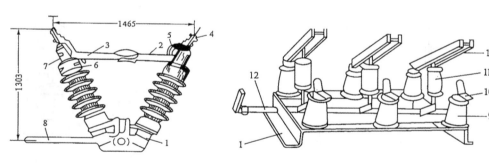

（a）GW5-110D 型隔离开关外形图　　　（b）户内式隔离开关的典型外形图

注：1-底座；2、3、12-闸刀；4-接线端子；5-挠性连接导体；6-棒式绝缘子；7-支承座；8-接地闸刀；9-支柱绝缘子；10-静触头；11-转动绝缘子；12-转轴；13-动触头。

图 6-11　隔离开关外形图

（三）电力变压器

电力变压器是电力系统中输配电能的主要设备。现代大型发电厂多数建在能源（煤矿和河流）附近的地区，这些地区一般与电力主要用户所在的大城市或工业区相距较远。因此，远距离输送大功率的电能便成为现代电力系统的特点。为减少电能输送中的损耗和过多的电压降低，必须经升压变压器升高电压后输送，而在负荷中心则安装降压变压器和多处配电变压器（如用户变压器），把高压电能变换成便于直接使用和安全经济的低压电能。经输配电线路将发电厂和变电所的变压器连接在一起，便构成了工农业生产的主能源网络——电力网。可见，变压器在电力网中有极其重要的作用。

1. 变压器的基本原理与结构

变压器是根据电磁感应原理工作的，变压器由两个互相绝缘且匝数不等的绕组，套在良好导磁材料制成的同一个铁芯上，其中一个绕组接交流电源，称为一次绕组；另一个绕组接负荷，称为二次绕组。当一次绕组中有交流电流过时，在铁芯中产生交变磁通，其频率与电源电压频率相同；铁芯中的磁通同时交链一、二次绕组，由电磁感应定律可知，一、二次绕组中分别感应出与匝数成正比的电动势，其二次绕组内感应的电动势，向负荷输出电能，实现了电压的变化和电能的传递。可见，变压器是利用一、二次绕组匝数的变化实现变压的。变压器在传递电能的过程中效率很高，可以认为两侧电功率基本相等，所以当两侧电压变化时（升压或降压），两侧电流也相应变化（变大或变小），即变压器在改变电压的同时也改变了电流。

电力变压器一般由铁芯、绕组、油箱（壳体）及附件、冷却系统、测量及保护系统组成。变压器最主要的部件是铁芯和绕组，此二者装配在一起又称器身，器身置于装满变压器油的油箱中；油箱外装有散热器，油箱上还装有储油柜、安全气道、套管等。

（1）铁芯。铁芯构成变压器的磁路，也是绕组的机械骨架。一般采用磁导率高、磁滞和涡流损耗小的硅钢片叠装而成，其表面涂有高机械强度、高耐热性和高绝缘性能的绝缘漆，使片与片间绝缘。叠装成型后的铁芯，分为铁芯柱和铁轭两部分，铁芯柱上套装一、二次绕组，上、下铁轭将铁芯柱连接起来，形成闭合的磁路。

（2）绕组。绕组是变压器中发生电磁感应的电路部分，它由带绝缘包层的高导电性能的电解铜导线（或铝导线）绕制而成，输入电能侧的绕组称为一次绕组，输出电能侧的绕组称为二次绕组。电力变压器的一、二次绕组在铁芯柱上的排列形式不同，构成多种形式的绕组，如圆筒式、螺旋式、连续式、纠结式、内屏蔽式等。

（3）油箱及附件。油箱是油浸式变压器的外壳，用钢板焊成，为增强冷却效果，油箱壁外焊有散热管或装有散热器。变压器的铁芯和绕组置于充满变压器油的油箱内。油箱有起吊器身式和吊箱壳式（又称钟罩式）两种。小容量变压器采用可揭开箱盖、起吊器身的普通油箱；大容量变压器的器身质量大，多采用吊箱壳式油箱，检修变压器时吊去上节油箱（钟罩），器身全部暴露在外，以方便进行检修。在变压器油箱的上部或侧面，装有用于连接、测量和保护用的多个附件，如绝缘套管、分接开关、储油柜、压力释放装置、气体继电器、净油器、呼吸器等。

2. 变压器的分类

变压器有不同的使用条件、安装场所，有不同的电压等级和容量级别，有不同的结构形式和冷却方式，所以应按不同原则进行分类。通常变压器的分类方式如表 6-1 所示。

表 6-1　变压器的不同分类方式

分类方式	名称
按用途分	电力变压器、特种变压器
按结构形式分	单相变压器、三相变压器及多相变压器
按冷却介质分	干式变压器、液浸变压器、充气变压器
按冷却方式分	自然冷式、风冷式、水冷式、强迫油循环风冷方式、水内冷式
按线圈数量分	自耦变压器、双绕组及三绕组变压器
按导电材质分	铜线变压器、铝线变压器、半铜半铝、超导等变压器
按调压方式分	无励磁调压变压器、有载调压变压器
按中性点绝缘水平分	全绝缘变压器、半绝缘变压器
按铁芯形式分	心式变压器、壳式变压器及辐射式变压器

3. 变压器的型号

变压器的铭牌上，除规定了该台变压器的额定运行数据之外，还用各种符号表示了变压器的型号。电力变压器用字母及数字的表示方法见图 6-12。

产品型号即变压器型号由字母和数字表示，一般格式如下。

1	2	3	4	5	6

1-绕组耦合方式；2-相数；3-冷却方式；4-绕组数；5-绕组导线材质；6-调压方式。

具体符号含义如下：

O-自耦；D-单相；S-三相；G-空气自冷式；F-油浸式风冷式；W-水冷

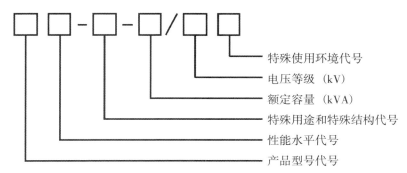

图 6-12 电力变压器型号表示方法

式；P-强迫油循环；Z-有载调压；L-铝；F-分裂变压器；FP-强迫油循环风冷；WP-强迫油循环水冷。

例如，新型号表示为 SFP7-360000/220，表示三相油浸风冷强迫油循环式电力变压器，额定容量为 360000 kVA，额定电压为 220 kV。

4. 变压器的额定参数

（1）额定频率 f_N。变压器的额定频率即是所设计的运行频率，我国为 50 Hz。

（2）额定电压 U_N。一次侧额定电压 U_{1N}，指加到一次绕组上的规定电压值；二次侧额定电压 U_{2N}，指一次侧加入额定电压 U_{1N} 时，二次侧的空载电压。额定电压的单位为 kV。三相变压器的额定电压都是指线电压。

（3）额定电流 I_N。在额定使用条件下（或根据发热限制而规定的绕组中允许长期通过的电流值），一次侧输入的电流叫一次侧额定电流，用 I_{1N} 表示；二次侧输出的电流叫二次侧额定电流，用 I_{2N} 表示。额定电流都是指线电流，单位为 A 或 kA。

（4）空载电流 I_0。变压器加额定电压空载运行时的电流，常以额定电流的百分比来表示，可以折算到一次侧，也可折算到二次侧。

（5）空载损耗 P_0。在变压器一个绕组上加入额定电压，其余绕组均为开路时，变压器的有功损耗，单位为 kW。

（6）短路损耗 P_k。当变压器的一个绕组通以额定电流，而另一个绕组短接时的有功损耗，单位为 kW。

（7）短路阻抗百分比 $U_k\%$。当一个绕组短接时，在另一个绕组中为产生额定电流所加入的电压称为短路阻抗，以额定电压的百分比 $U_k\%$ 来表示。

（四）变电站电气二次系统

对一次系统设备的工作状况进行监视、测量、控制、保护、调节所必需的电气设备组成的系统。通常还包括电流互感器、电压互感器的二次绕组引出线和站用直流电源。这些二次设备按一定要求连接在一起构成的电路，称为二次接线或二次回路。电气二次系统包括控制系统、信号系统、测量与监察系统、继电保护及自动装置系统、操作电源系统。

1. 控制系统

控制系统的作用是对变电站的开关设备进行就地或远方跳、合闸操作，以满足改变主系统运行方式及处理故障的要求。控制系统由控制器具（装置）、控制对象及控制网络构成。在实现了综合自动化的变电站中，控制系统控制方式包括远方控制和就地控制。远方控制有变电站端控制和调度（或集控中心）端控制方式，就地控制有操动机构处和保护（或监控）屏处控制方式。

2. 信号系统

信号系统的作用是准确及时地显示出相应一次设备的运行工作状态，为运行人员提供操作、调节和处理故障的可靠依据。信号系统由信号发送机构、信号接收显示元件（装置）及其网络构成。

3. 测量与监察系统

测量与监察系统的作用是指示或记录电气设备和输电线路的运行参数，作为运行人员掌握主系统运行情况、故障处理及经济核算的依据。测量与监察系统由各种电气测量仪表、监测装置、切换开关及其网络构成。变电站常见的有电流、电压、频率、功率、电能等的测量和交流、直流绝缘监察。

4. 调节系统

调节系统的作用是调节某些主设备的工作参数，以保证主设备和电力系统的安全、经济、稳定运行。调节系统由测量机构、传送设备、自控装置、执行元件及其网络构成。常用的调节方式有手动、自动或半自动方式。

5. 继电保护及自动装置系统

继电保护及自动装置系统的作用是当电力系统发生故障时，能自动、快速、有选择地切除故障设备，减小设备的损坏程度，保证电力系统的稳定，增加供电的可靠性；及时反映主设备的不正常工作状态，提示运行人员关注和处理，保证主设备完好及环境的安全。

6. 操作电源系统

操作电源系统的作用是供给上述各二次系统的工作电源，断路器的跳、合闸电源，及其他设备的事故电源等。操作电源系统是由直流电源或交流电源供电，一般常由直流电源设备和供电网络构成。

三、电能质量分析

(一) 电能质量的基本概念和评价指标

1. 电能质量的基本概念

在三相交流电力系统中，各相的电压和电流应处于幅值大小相等、相位互差 120° 的对称状态。但由于系统各元件（如发电机、变压器、线路等）参数并不是理想线性和对称的，加之调控手段的不完善、负荷性质各异且其变化随机，以及运行操作、各种故障等原因，理想状态在实际当中并不存在，因此产生了电能质量的概念。

从普遍意义上讲，电能质量是指优质供电，它包括频率、供电持续性、电压稳定和电压波形。但迄今为止，对电能质量的技术含义还存在着不同的认识，这是由于人们看问题的角度不同所引起的。如电力企业可能把电能质量简单看成是电压（偏差）与频率（偏差）的合格率；电力用户则可能把电能质量笼统地看成是否向负荷正常供电；而设备制造厂家则认为合格的电能质量就是指电源特性完全满足电气设备正常设计工况的需要，但实际上不同厂家和不同设备对电源特性的要求可能相去甚远。另一方面，对电能质量的认识也受电力系统发展水平的制约，特别是用电负荷的性能和结构。

国际电气电子工程师协会（IEEE）协调委员会采用"Power Quality"（电能质量）这一术语，并且给出了相应的技术定义：合格电能质量的概念是指给敏感设备提供的电力和设置的接地系统均是适合该设备正常工作的。这个定义的缺点是不够直接和简明。国际电工委员会（IEC）标准（IEC1000-2-2/4）将电能质量定义为：供电装置正常工作情况下不中断和干扰用户使用电力的物理特性。目前，电能质量被人们较为普遍地理解为：导致用户电力设备不能正常工作的电压、电流或频率偏差、造成用电设备故障或误动作的任何电力问题都是电能质量问题，包括频率偏差、电压偏差、电压波动与闪变、三相不平衡、暂时或瞬态过电压、波形畸变、电压暂降与短时间中断以及供电连续性等。

目前，研究和解决电能质量问题已成为电力发展的当务之急，主要研究课题包括如下多项。

(1) 研究谐波对电网电能质量污染的影响并采取相应的对策。由于钢铁等金属熔炼企业的发展，化工行业整流设备的增加，大功率晶闸管整流装置及电力电子器件的开发应用，使公用电网的谐波影响日趋严重，电源的波形产生了严重的畸变，影响了电网安全可靠运行。

（2）研究谐波对电力计量装置的影响并采取相应的措施。由于波形畸变，使电力计量的准确度与精确度受到影响，致使计量误差，产生附加的功率损耗，造成不必要的经济损失。

（3）研究电能质量污染对高新技术企业的影响并采取相应的技术手段。由于计算机系统和基于微电子技术控制的自动化生产流水线以及新兴的 IT 产业、微电子芯片制造企业等，对电能质量的要求和敏感程度比一般电力设备要高得多，任何暂态和瞬态的电能质量问题都可能造成设备的损坏或运行异常，影响正常的生产，给电力用户造成经济损失。

（4）加强电能质量控制装置的研制。电能质量控制装置的基本功能是要在任何条件，甚至是极为恶劣的供电条件下改善电能质量，保证供电电压、电流的稳定、可靠，在谐波干扰产生的瞬间能立即将其抑制或消除。

2. 电能质量评价指标

（1）电压偏差。供电系统在正常运行方式下，某一节点的电压测量值与系统标称电压之差相比系统标称电压的百分数称为该节点的电压偏差。

（2）频率偏差。电力系统在正常运行条件下，系统频率的实际值与标称值之差称为系统的频率偏差。

（3）三相不平衡度。根据对称分量法，三相系统中的电量可分解为正序分量、负序分量和零序分量三个对称分量。电力系统在正常运行方式下，电量的负序分量方均根值与正序分量方均根值之比定义为该电量的三相不平衡度。

（4）供电可靠性。供电可靠性是由用户平均停电频率（CAIFI，次/年）和用户平均停电累计时间（CAIDI，min/年）以及全部用户平均供电时间占全年时间的百分数来表示。供电可靠率是以用户年平均停电时间和全年累计小时数来表示，包括：

用户平均停电频率（CAIFI）=用户停电总次数/停电用户总数；

用户平均停电累计时间（CAIDI）=用户停电累计时间总和/停电用户总数；

供电可靠率= [1−用户年平均停电时间/全年小时数（8760）] ×100%。

（二）电能质量扰动的产生原因、危害及解决方法

随着电力系统规模的不断扩大，电能质量问题产生的原因主要有以下几个方面。

（1）电力系统元件存在的非线性问题，主要包括发电机产生的谐波、变压器产生的谐波、直流输电产生的谐波，以及输电线路（特别是超高压输电线路）

对谐波的放大作用。此外，还有变电站并联电容器补偿装置等因素对谐波的影响。其中，直流输电是目前电力系统最大的谐波源。

（2）在工业和生活用电负载中，非线性负载占很大比例，这是电力系统谐波问题的主要来源。电弧炉是主要的非线性负载，它的谐波主要是由起弧的时延和电弧的严重非线性引起的。在人们生活负荷中，荧光灯的伏安特性是严重非线性的，也会引起严重的谐波电流，其中三次谐波的含量最高。大功率整流或变频装置也会产生严重的谐波电流，对电网造成严重污染，同时也使功率因数降低。

（3）电力系统运行的内外故障也会造成电能质量问题，如各种短路故障、自然灾害、人为误操作、电网故障时发电机及励磁系统的工作状态的改变、故障保护装置中的电力电子设备的启动等都将造成各种电能质量问题。

表 6-2 概括了电能质量问题的性质、产生原因及解决方法。

表 6-2　电能质量问题的性质、产生原因及解决方法

类型	性质	特征指标	产生原因	后果	解决方法
谐波	稳态	谐波频谱电压、电流波形	非线性负载、固定开关负载	设备过热、继电保护误动、设备绝缘破坏	有源、无源滤波
三相不对称	稳态	不平衡因子	不对称负载	设备过热、继电保护误动、通信干扰	静止无功补偿
陷波	稳态	持续时间、幅值	调速驱动器	计时器计时错误、通信干扰	电容器、隔离电感器
电压闪变	稳态	波动幅值、出线频率、调制频率	电弧炉、电机启动	伺服电动机运行不正常	静止无功补偿
谐振暂态	暂态	波形、峰值、持续时间	线路、负载和电容器组的投切	设备绝缘破坏、损坏电力电子设备	滤波器、隔离变压器、避雷器
脉冲暂态	暂态	上升时间、峰值、持续时间	闪电电击线路、感性电路开合	设备绝缘破坏	避雷器
瞬时电压上升/下降	暂态	幅值、持续时间、瞬时值/时间	远端发生故障、电机启动	设备停运、敏感负载不能正常运行	不间断电源、动态电压恢复器
噪声	稳态暂态	幅值、频谱	不正常接地、固态开关负载	微处理器控制设备不正常运行	正确接地、滤波器

第二节　热能工程

一、热能利用方法

热能的利用分为直接利用与间接利用，即不对其能量形式加以转换而直接利用，或是将热能转换为其他能量形式之后再进行利用。绝大多数的机械能和电能由热能转换而来。将热能转换为机械能或电能再间接利用是能量生产和应用的主干线。机械能与电能之间的转换，在理论上可以 100% 地进行，而且较为简单。但将热能转换为机械能或电能却是有条件的，较为先进的大型热力发电机组转换效率仅为 40% 左右，而且实现热功转换的设备系统和过程也较为复杂。因此，热能与机械能或电能之间的相互转换是能量生产与利用结构体系的关键。

利用热能获得机械能的设备装置，简称热机。工程上最常见的热机有蒸汽动力装置、燃气轮机装置和内燃机。

（一）蒸汽动力装置

水在锅炉内吸收燃料燃烧释放出的热能称为过热蒸汽，然后进入汽轮机膨胀做功，机械能通过汽轮机的轴输出，做功后的乏汽流入凝汽器放热凝结为水，所放出的热能由循环冷却水吸收，凝结水由给水泵加压送入锅炉。如此周而复始，连续不断地将燃料燃烧释放的热能一部分转换为机械能，而另一部分排放给大气环境。

（二）燃气轮机

空气和燃料分别经压气机与泵加压后送入燃烧室，在燃烧室内燃料燃烧将化学能转换为热能，燃烧释放的热能被产生的烟气吸收形成高温烟气，然后进入燃气轮机膨胀做功，机械能通过燃气轮机的轴输出，做功后的废气排放至大气环境，与此同时废气所携带的一部分由燃料燃烧得到的热能也排给了大气环境。如此不断地吸入空气与燃料、排出废气，将热能部分地转换为机械能。

（三）内燃机

打开进气阀，吸入燃料和空气后关闭进气阀，对燃料和空气的混合气体进行压缩。压缩终了，燃料和空气的混合气体在气缸中燃烧（点燃或压燃）产生高温高压的烟气,推动活塞膨胀做功。烟气膨胀做功后,排气阀打开,活塞将废气推出气缸排放至大气环境。然后再次吸入燃料和空气,重复上述过程,不断地将燃料燃烧释放的热能一部分转换为机械能而另一部分排给大气环境。

二、热能利用系统及其分类

(一)蒸汽动力循环系统

蒸汽动力循环是以蒸汽为工质,将热连续地转变成功的过程。80%以上的电能是由燃料通过蒸汽动力循环转换而来。核电站也离不开蒸汽动力循环,即首先将核能转换成蒸汽热能,然后再转换成电能。很多大型工业联合企业的自备电站也是以燃料为能源的蒸汽电站。不少大型鼓风机的拖动,为了节约能源,也适宜用蒸汽轮机直接拖动。因此,蒸汽动力循环是应用最广、最重要的一种热力循环。

1. 朗肯循环

朗肯循环是最基本的蒸汽热力循环。该循环系统由锅炉、汽轮机、冷凝器和给水泵等主要热力设备组成,如图6-13所示。

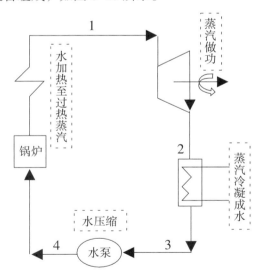

图6-13 朗肯循环系统

朗肯循环包括4个过程。

3-4过程:在水泵中水被压缩升压,过程中流经水泵的流量较大,水泵向周围的散热量折合到单位质量工质,可以忽略,因而3-4过程简化为可逆绝热压缩过程，即等熵压缩过程。

4-1过程：水在锅炉中被加热的过程本来是在外部火焰与工质之间有较大温差的条件下进行的，而且不可避免地工质会有压力损失，是一个不可逆加热过程。我们把它理想化为不计工质压力变化，并将过程想象为无数个与工质温度相同的热源与工质可逆传热，也就是把传热不可逆因素放在系统之外，只着眼于工质一侧。这样，将加热过程理想化为定压可逆吸热过程。

1-2过程：蒸汽在汽轮机中膨胀过程也因其流量大、散热量相对较小，当不考虑摩擦等不可逆因素时，简化为可逆绝热膨胀过程，即等熵膨胀过程。

2-3过程：蒸汽在冷凝器中被冷却成饱和水，同样将不可逆温差传热因素放于系统之外来考虑，简化为可逆定压冷却过程。因过程在饱和区内进行，此过程也是定温过程。

2. 再热循环

所谓再热循环是在朗肯循环的基础上，将做过部分功的蒸汽从汽轮机的某一中间位置（一般为高压缸排汽）抽出来，通过管道送回锅炉内的再热器，使之再加热到与过热器出口过热蒸汽相同或稍高的温度，然后返回到汽轮机的中、低压缸继续膨胀做功，直至达到终压。

采用再热循环的最初目的是为了保证膨胀终点的蒸汽湿度在允许的范围内。一般再热蒸汽压力为过热蒸汽压力的20%~25%。采用蒸汽再热后，不但能提高汽轮机末级叶片蒸汽的干度，而且还能进一步提高机组的循环热效率。一般采用一次再热系统可使电厂热效率提高约4%~6%。我国125 MW以上机组都采用一次中间再热系统。二次再热可使循环热效率再提高约2%，但系统复杂，目前国产机组鲜有采用，但国外大容量机组已经开始使用。

3. 回热循环

朗肯循环在采用了提高初参数、降低终参数以及再热等措施后，其热效率还是远低于同温限间的理想卡诺循环，其根本原因在于朗肯循环的整个吸热过程是非定温过程，尤其是水的预热阶段，吸热温度远低于吸热过程的最高温度，造成循环的平均吸热温度远低于最高吸热温度，致使热效率很低。为了消除或减少水在预热阶段吸热温度过低的不利影响，提出了回热循环。

回热循环（如图6-14）也是在基本朗肯循环基础上，从汽轮机的某些中间部位抽出一部分做过功的蒸汽，送入回热加热器中用来加热凝汽器来的凝结水，使锅炉的入口水温升高。由于锅炉中水的预热起点温度提高，工质在锅炉内的平均吸热温度将提高，故可使热效率提高。

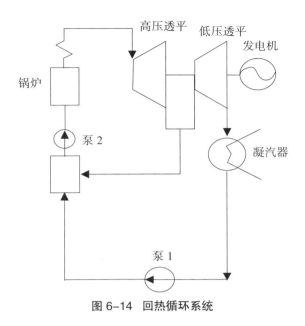

图 6-14　回热循环系统

　　上述如从汽轮机内抽出一股蒸汽来加热锅炉给水，称为一级回热。回热可具有任意多级。从理论上讲，当回热具有无穷多级时，其热效率趋于卡诺循环。但由于技术上无法实现无穷多级，且随着级数的增加，热效率增加的幅度将随之减小，而系统的设备投资等费用却随之增加，故实际上只采用有限的几级回热，一般超高压以上的机组采用 7~9 级回热。

　　（二）燃气动力循环

　　燃气轮机动力装置是一种比较新型的热力原动机。从理论上讲，一方面它没有像内燃机那样必须有往复运动的部分，因此可以进行完全膨胀，也可以高速旋转；另一方面它也不用像蒸汽轮机装置那样必须具有比较笨重的蒸汽锅炉，因此重量轻，功率大。燃气轮机装置兼有内燃机与蒸汽轮机二者的优点。目前燃气轮机装置已广泛应用于航空、机车、船舶等运输部门，以及冶金工业、石油工业、陆用电厂等。

　　燃气轮机是用由燃烧室来的高温气体进行操作的，为了得到高效率，必须在燃烧前把空气压缩到几个大气压。采用离心式压缩机，透平机与压缩机安装在同一个轴上操作，应用气轮机所产生的功的一部分来驱动压缩机，见图 6-15所表示的是一整套燃气轮机装置。气轮机是整套装置中的一部分，它与蒸汽动力装置中的蒸汽轮机的功能是一样的。

　　进入气轮机的燃气温度愈高，此装置的效率愈高。温度的限制将取决于气

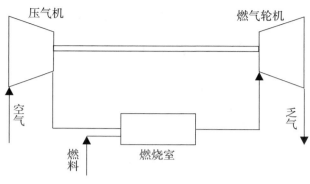

图 6-15　燃气轮机系统

轮机叶片金属材料的强度。因为温度与气体向叶片的传热速率有关，因此任何一种降低传热速率及加速冷却叶片的方法将有助于燃气轮机在较高的温度下运行。但不管怎样，叶片所能承受的温度都要比火焰本身的温度低得多。因此，必须应用低的燃料—空气比，以提供足够稀释的空气，这样可以把燃烧温度降低到安全线以下。

　　燃气轮机装置的理想循环（以空气为基础），如图 6-16 所示。压气机过程 1—2 是一个可逆绝热（等熵）操作，在此过程中压力由 p_1 升高到 p_2。对实际的燃烧过程，这里用加热量为 Q_{23} 的等压过程来代替，气轮机等熵膨胀做功，使压力降低到 p_4。乏气从汽轮机被排到大气中去，因此 $p_4=p_3$。将空气在等压下进行冷却（过程 4-1）完成此理想循环。

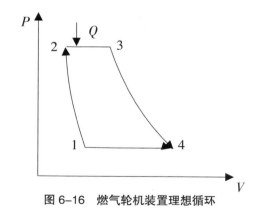

图 6-16　燃气轮机装置理想循环

（三）燃气—蒸汽联合循环

　　提高蒸汽参数，采用再热循环或回热循环等，都可提高蒸汽动力厂的经济性，并已逐步应用于实际中。但是这些都是把注意力集中在蒸汽循环的改善上。

事实上，如在蒸汽动力厂中除了蒸汽—水之外再加上空气—燃气的利用也会提高整个动力厂的经济性。当今燃气轮机技术的飞速发展，给空气—燃气的利用提供了新的途径，这就是蒸汽—燃气联合循环研究和应用的目的。

由于蒸汽压力和温度之间的关系，对蒸汽参数的提高有一定的限制，在燃气轮机中，燃气初参数的提高比较容易解决，但是燃气轮排出的乏气具有相当高的温度。蒸汽—燃气联合循环的目的就是将蒸汽和燃气按照某种热力循环联合起来，使它们在热力性能上相互取长补短，来提高整个装置的经济性。

1. 燃气—蒸汽联合循环原理

蒸汽动力循环中液体加热段的温度低，影响吸热平均温度的提高。燃气轮机装置的排气温度较高，因而可利用废气的余热来加热进入锅炉的给水，组成蒸汽—燃气联合循环。蒸汽—燃气联合动力装置可采用不同的组合方案。图 6-17 所示为采用正压锅炉（蒸汽发生器）的蒸汽—燃气联合动力装置。

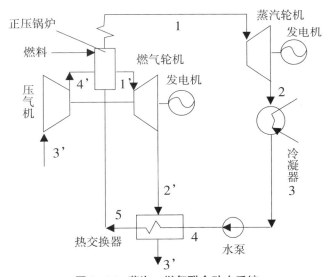

图 6-17　蒸汽—燃气联合动力系统

在压气机中被压缩的空气送入蒸汽发生器的燃烧室。在燃烧室中，燃料在定压下燃烧，燃烧室压力高于大气压力（约 0.55 MPa 左右，这种蒸汽发生器也称为正压锅炉）。蒸汽发生器中形成的水蒸气经过热后进入蒸汽轮机。燃烧产物由于在蒸汽发生器中放出热量，其温度下降。然后将燃气送入燃气轮机，最后进入热交换器，放出余热以预热蒸汽动力装置中的给水。整个循环由蒸汽、燃气两个循环组成。

2. 燃气—蒸汽联合循环发电装置优点

（1）有较高的热效率。60 MW 等级燃气/蒸汽联合循环的效率已达 46% 以上，300 MW 等级的已达 55% 以上，而同等功率的蒸汽轮机发电效率为 30% 和 40% 左右。

（2）环保性能好，对环境的污染少。燃气—蒸汽联合循环发电装置的 CO、NO_x 排放少，称之为"清洁电厂"。由于这种发电装置采用油或天然气为燃料，燃烧生成产物没有灰渣，无须灰渣排放，加上燃烧完全，燃烧生成产物中虽亦有一定量的 NO_x 存在，但可以采用注水、注汽等方法，将 NO_x 的含量降低到国家排放标准以下。当前，国家对发电厂污染物排放量要求日益严格，常规火电站为了满足国家环保规定，需花费大量资金、场地，用于环保治理，如烟气脱硫装置等。据统计，大型火电厂用于烟气脱硫、脱硝的费用，将占发电厂总投资的 1/4~1/3。在这一方面，燃气—蒸汽联合循环发电装置有其明显的优点。

（3）投资省，目前每千瓦的投资费用仅 4000~5000 元，而蒸汽轮机发电站投资目前高达每千瓦 8000~11000 元。

（4）建设周期短，由于土建少，又可以分阶段建设，首先建设燃机电站，再建联合循环电站，从而使资金最大效率化。

（5）占地少、用水少。一般仅为常规蒸汽轮机电站的 1/3 左右。

（6）运行可靠，高度自动化，运行人员可大大减少。60 MW 规模电厂人员约 50 余人。以天津滨海燃气电厂为例，投运以来，年运行小时数达 7500 小时以上，非常可靠。

（7）运行方式灵活，既可以作为基本负荷运行，也可以调峰运行。启动快，燃机快速启动只要 10 多分钟，就可达到满负荷，包括蒸汽轮机在内的联合循环，蒸汽轮机冷启动也仅 1.5 小时以内。

（8）可燃用多种燃料：天然气、轻柴油、重油、高炉煤气（掺少量焦炉煤气或天然气）、焦炉煤气、转炉煤气、煤层气、煤层气化气、煤制气，也可油、气混烧。

3. 蒸汽—燃气联合循环发展趋势

燃气轮机及其联合循环是一项多专业、高密集型的高新技术，传统的提高性能途径是不断地提高透平初温、相应地增大压气机压比和完善有关部件。

20 世纪 50 年代初，透平初温（T_3）只有 600℃~700℃，靠耐热材料性能的改善，平均每年上升约 10℃；60 年代后，还借助于空气冷却技术，T_3 平均每年提升 20℃。从 70 年代开始，充分吸取先进的航空技术和传统汽轮机新技术，沿着传统的途径不断提高其性能，已开发出一批"F、FA、FB、H"新型高透平初温技术产品，它们代表着当今商业化的工业燃气轮机的最高水平，$T_3=1\ 430℃$，这也许是传统的冷却技术和材料所能达到透平初温的极限，压气机压比 $ε=10~30$，简单循环效率 $η_{gt}=36\%~40\%$，联合循环效率 $η_{cc}=55\%~60\%$。

正在开发的新一代产品的主要特征是采用蒸汽冷却技术，高温部件的材料仍以超级合金为主，燃气透平壳体选用 CrMO 钢，转子轴、转轮选用 Inconel706，采用定向结晶、单晶材料，Co–Cr–Al–Y 喷涂等先进工艺，部分静止部件采用陶瓷材料，初温提高到 $T_3=1\ 500℃~1\ 600℃$。采用智能型微机控制系统，并更加重视环保。

对未来燃气轮机的构思将基于采用航空航天最新技术新材料，燃烧器处于或接近在理论燃烧空气量条件下工作，T_3 将达 1600℃到 1800℃。现采用的熔点1200℃、密度为 8 g/cm^3 的叶片超级合金将被淘汰，新的高级材料应是小密度（<5 g/cm^3），有更好的综合高温性能，陶瓷材料是一种选择。

（四）热电联产系统

1. 热电联产原理

电厂锅炉产生的蒸汽驱动汽轮发电机组发电以后，排出的蒸汽仍含有大部分热量被冷却水带走，因而火电厂的热效率只有 30%~40%。如果蒸汽驱动汽轮机的过程或之后的抽汽或排汽的热量能加以利用，可以既发电又供热。这种生产方式称为热电联产。这个过程既有电能生产又有热能生产，是一种热、电同时生产、高效的能源利用形式。其热效率可达 80%~90%，能源利用效率比单纯发电约提高一倍以上。它将不同品位的热能分级利用（即高品位的热能用于发电，低品位的热能用于集中供热），提高了能源的利用效率，减少了环境污染，具有节约能源、改善环境、提高供热质量、增加电力供应等综合效益。

2. 热电联产的基本形式

（1）蒸汽轮机热电联产。蒸汽轮机热电联产目前是国内外发展热化事业的基础，是联产集中供热的最主要形式。对外同时供热和发电的蒸汽轮机称为供热式汽轮机，装有供热式汽轮机的发电厂称为热电厂。

供热式汽轮机的型式有：背压式汽轮机、抽汽式汽轮机、凝汽采暖两用机、低真空供热的凝汽机组。

（2）燃气轮机热电联产。燃气轮机热电联产系统是利用燃气轮机的排气提供热能，来对外界供热或制冷。燃气轮机的排气在余热锅炉中加热水，产生的蒸汽直接作为生产用汽或居民生活供热。

（3）核电热电联产。采用的轻水反应堆核电厂的新蒸汽参数一般是 4.9~6.86 MPa 的饱和蒸汽或低过热度蒸汽，其装置效率只有 33%左右，反应堆的热损失不到 5%，即 62%左右的低温热能排入大气和江河之中，不仅热损失大，而且造成热污染。

热电联产就是将反应堆产生的热能转化为水蒸气，再送往汽轮机发电的同时，利用抽汽或者排汽进行供热。

利用汽轮机排汽作为采暖热源的热电联产是核电热电联产的另一种方式，为保证供暖热源的参数，采用排汽压力为 0.98 MPa 的背压式汽轮机。自核热得来的新汽经过汽轮机做功后进入热网换热器，加热热网水，使热网水达到供暖所要求的温度。

（4）内燃机热电联产。热电联产系统中应用的内燃机主要有两种：Diesel柴油机和 Otto 点燃式内燃机。该系统中余热回收有两种方式：高温余热回收和低温余热回收。高温余热回收在余热锅炉中进行，用以对外供热，低温余热回收为内燃机冷却系统。

3. 热电联产的应用

热电联产有多种应用类型，其中包括：大型热电厂；区域性热电厂，一个热电厂向几十户以上的企业供热；企业建设的自备热电厂，为本企业或同时向周围其他企业供热；多功能热电厂，即热电厂供热、供电、供煤气、供冷的同时，还利用炉渣生产建筑材料和化肥，用循环水的余热养鱼、养鳖等，进一步提高热电厂的综合经济效益，让热电厂变得更清洁。

由于热电联产选用容量较大的锅炉，锅炉热效率可达到 85%以上。据环保部门测算，节约一吨标准煤可减少排放 CO_2 440 kg、SO_2 20 kg、烟尘 15 kg、灰渣 260 kg。同样的发电量，热电厂 CO_2 排放量只有常规电厂的 50%。热电联产可节省大量燃料，除尘效果好，能高空排放，有效地改善了环境质量。

目前，中国热电装机总容量为 2494 万 kW，仅占火电装机总容量的12.24%。而欧洲特别是部分北欧国家的热电装机超过了总装机容量的 30%~40%。与之相比中国的热电联产还有较大的发展空间。集中供热取代分散的低效锅炉，具有良好的节能和环保效果。但是，目前中国集中供热面积仅为 9.68亿 m^2（其中热电联产供热面积为 5.9 亿 m^2），热化率仅为 12.24%。特别是采暖期 3000~4000 小时的北方城市还有近 16 亿 m^2 的供热面积仍依靠小锅炉。

因此，在三北地区中等以上工业城市需要建设 100~200 MW 规模的抽汽发电机组的热电厂供应 800 万 m^2 以上的大热网；而大量中小城市需要建设中小型热电厂供应 100 万~200 万 m² 的热网。

（五）热泵系统

1. 热泵的工作原理和特点

热泵是一种能使热量从低温物体转移到高温物体的能量利用装置。恰当地运用热泵可以把那些不能直接利用的低温热能变为有用的热能，从而提高了热能利用率，节约大量燃料。不仅如此，借助于热泵，还可能把大气、海洋、江河、大地蕴藏着取之不尽的低品位热源利用起来。热泵本身虽然不是自然能源，但从它能够输出可用能量这个角度来说，热泵的确起到了"能源"的作用，所以人们称它为"特种能源"，目前国外热泵技术已经得到推广应用，并且不断发展。随着国家对节能和环境保护工作的重视，我国热泵的研制和推广工作必将得到迅速发展。

热泵就是一种以冷凝器放出的热量对被调节环境进行供热的制冷系统。就热泵系统的热物理过程而言，从工作原理或热力学的角度看，它是制冷机的一种特殊使用方式。它与一般制冷机的主要区别如下。

（1）使用的目的不同。热泵的目的在于制热，研究的着眼点是工质在系统高压侧通过换热器与外界环境之间的热量交换；制冷机的目的在于制冷或低温，研究的着眼点是工质在系统低压侧通过换热器与外界之间的换热。

（2）系统工作的温度区域不同。热泵是将环境温度作为低温热源，将被调节对象作为高温热源；制冷机则是将环境温度作为高温热源，将被调节对象作为低温热源。因而，当环境条件相当时，热泵系统的工作温度高于制冷系统的工作温度。

热泵技术问世已有上百年，它之所以能获得这么高的关注度主要在于：一是它能以消耗少量的不可再生能源为代价，从自然界的空气、水或土壤中获取低品位热能，提供可被人们所用的高品位热能，其用能方式符合能量匹配的科学用能原则，并且对环境的污染最小；二是它在一定条件下可以逆向使用，既可供热，也可用以制冷，或者冷热兼备，做到一机多用。

2. 热泵的种类

根据热泵吸取热量的低温热源的种类的不同，热泵主要有以下几类。

（1）空气能热泵。空气能热泵是家用热泵空调器、商用单元式热泵空调机组、多联式空调机组和热泵冷热水机组。热泵空调器已占到家用空调器销量的40%~50%，年产量为 400 余万台。多联式空调机组和热泵冷热水机组自 20 世纪 90 年代初开始，在夏热冬冷地区得到了广泛应用，而且应用范围继续扩大并有向北移动的趋势。

（2）水源热泵。水源热泵以水作为冷热"源体"，在冬季利用热泵吸收水源热量向建筑物供暖，在夏季热泵将吸收到的热量向其排放、实现对建筑物供冷。常用的水源有地表水源、废热水源、井水水源、土壤埋管。应用水源热泵时，对水源系统的原则要求是：水量充足、水温适度、水质适宜、供水稳定、回水顺畅。

虽然目前空气能热泵机组在我国有着相当广泛的应用，但它存在着热泵供热量随着室外气温的降低而减少和结霜问题，而水源热泵克服了以上不足，而且运行可靠性又高，近年来国内应用有逐渐扩大的趋势。

（3）复合热泵。把不同形式的热泵相互结合或将热泵与其他可再生能源利用设备集成应用可以组成效率更高的复合热泵系统。比如太阳能与地源热泵、土壤热泵与地表水或地下水热泵结合、气源热泵与水源热泵相结合都可以组成不同类型的高效复合能源系统。

建筑物复合能源系统可取长补短，弥补单独采用某种热泵技术时的不足，使其热泵的性能得到更充分的发挥。比如太阳能与地源热泵复合能源系统，冬季运行时，太阳能集热器可以作为地源热泵系统的辅助热源，减小地下换热器的负担，提高制热运行效率；在不需要供暖或热负荷较低时，太阳能集热器可用来制备生活热水；夏季运行时，使用单一地源热泵系统供冷，此时太阳能集热器可以用来制备生活热水；在过渡季节，热泵系统停止使用，太阳能集热器全部用来制备生活热水。

3. 热泵的应用

由于热泵能够使低温热能得到有效利用，达到节约能源、提高能源利用率的目的，因而受到普遍重视。目前已在采暖、干燥、蒸馏、蒸发等方面得到应用，并取得很好的经济效益。

（1）供暖。采用热泵供热是从室外取得热量向室内供暖。它能提供的热量大于消耗的电能。它的优点表现在：与电热相比，可节约电能；与锅炉供暖相比，可节约燃料；可以提高低温余热的利用率。

（2）干燥。木材、粮食等的人工干燥，应用最为广泛的是气流去湿。它是先将气体加热，降低其相对湿度，再让热气体通过干燥室，使物料中的水分蒸发，达到去湿的目的。干燥速率以及热气体的温度需根据工艺要求确定。但是，为了得到热气体需要消耗热能，并且吸湿后的热气体被排到大气中，因此干燥的耗能较高。

如果采用热泵干燥，让排气经过热泵的蒸发器，湿气体因放出热后有部分水分被冷凝而析出，蒸发器回收了水的冷凝潜热，同时气体因含湿量降低，经冷凝器加热后又可供干燥室循环使用。由于干燥排气的潜热和显热得到充分回收，大大降低了干燥能耗。

（3）蒸馏。炼油厂和石油化工厂的分离过程，通常是通过蒸馏单元操作来进行的。在同一蒸馏塔内，塔顶冷气器需要外部冷却水冷却，而塔底的再沸器又需要外来蒸汽进行加热，因此，它是一个耗能大的工艺过程，热效率低。如果采用用于蒸发过程相似的热泵系统，通过压缩机将塔顶的蒸汽压缩，提高温度后再引入塔底的再沸器，蒸汽放出潜热加热物料，最后冷凝成蒸馏液成品，加热所需的热量不足部分再由外部蒸汽供给。采用热泵蒸馏可以使蒸汽消耗量减少一半以上。

由此可见，热泵的应用十分广泛，在回收低温余热方面具有独特的优点，将是一种很有发展前途的节能技术。

第七章　新能源工程

新能源的利用越来越受到世界的重视，相关利用技术和装备水平不断提高，利用的广度和深度不断延伸。本章着重介绍应用比较广泛的太阳能、风能、海洋能和生物质能等新能源的开发和利用工程。包括太阳能收集、储存、转换与利用过程中的技术、方法和装备，风能发电和输送设备，海洋能发电技术，生物质能加工转化技术、装备和利用工程。同时简要地介绍热能和氢能的开发和利用工程。

第一节　太阳能开发及利用工程

一、太阳能资源及特性

太阳能是一种洁净的自然再生能源，取之不尽，用之不竭，而且太阳能是所有国家和个人都能得以分享的能源。为了能够经济有效地利用这一资源，人们从科学技术上着手研究太阳能的收集、转换、贮存及输送，已经取得显著进展，这无疑对人类的文明具有重大意义。

太阳能有直接太阳能和广义太阳能之分。所谓直接太阳能，就是指太阳直接辐射能量。而广义太阳能，即太阳辐射能所产生的其他自然能，例如水能、风能、波浪能、海洋温差和生物质能等。它们的利用方式有很大区别，这里的太阳能仅指直接太阳能，直接太阳能利用又分为热利用和光利用两个主要方面。

二、太阳能的收集

太阳能的光—热转换主要是采用太阳能集热器来实现的。按照使用条件和需求的不同，主要可以分为平板型集热器、真空管集热器和聚焦型集热器等三类。

（一）平板型集热器

平板型集热器是太阳能低温热利用系统中的关键部件。它实质上是一种特殊的热交换器，可将太阳能转换为工质（液体或气体）的热能。它的特点是结构简单，可以固定安装而不需要跟踪太阳，并且直射辐射和漫射都能收集，成本也比较低。不过，它的工作温度一般多在100℃以下。

一般来说，平板型集热器由下列五个基本部件组成：①吸热体：吸收入射的太阳辐射能并转换成热能传递给工质。②盖层：允许太阳辐射透过，但阻碍吸热体的长波热辐射透过，以减少吸热体的热损。③保温层：减少吸热体不能直接接收太阳辐射部分的热损。④工质及流动通道：使工质能与吸收体直接发生热接触。⑤支架及框架：将集热器的各个部分连接成一个整体并支撑其重量。典型的平板型集热器如图7-1所示。

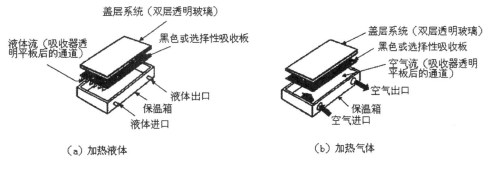

（a）加热液体   （b）加热气体

图7-1　平板型集热器

（二）真空管集热器

真空管集热器是太阳能中、低温热利用系统中的主要部件。它的基本单元结构如图7-2所示。图7-2中A是一块白色漫反射平板，B是若干支真空集热管，C是由聚氨酯保温的连集管，D是连集管上的流体输入与输出端。

图7-3是全玻璃真空集热管示意图，它像一个拉长的暖水瓶，由两根同心圆玻璃组成，内外管间抽成真空，可以防止对流热损。内管的外表面通过磁控溅射沉积有吸收率高、发射率低的选择性吸收涂层，一方面提高吸收率，另一方面又降低辐射热损。

图7-4是玻璃-金属真空集热管示意图。其中，图（a）玻璃管外的直径较大，吸热体是具有选择性吸收表面的平板翅片及它紧贴的U形铜管，两铜管与玻璃进行真空熔封，引出集热管外，作为传热流体的进、出口；图（b）中金属

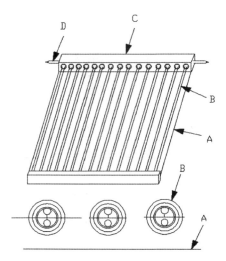

图 7-2　真空管集热器基本单元结构示意图

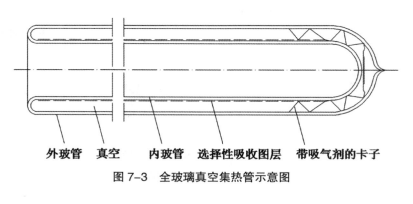

外玻管　真空　　内玻管　选择性吸收图层　带吸气剂的卡子

图 7-3　全玻璃真空集热管示意图

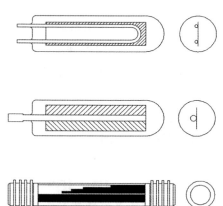

图 7-4　玻璃-金属真空集热管

平板的吸热体与嵌在其中的热管进行热接触，通过金属间钎焊以及玻璃-金属熔封，使热管的冷凝端引出集热管外；图（c）中的吸热体为一中心金属圆管，其两端与外玻璃管分别熔封，熔封的金属与中心圆之间钎焊有弹性的波纹管。这种集热管可以耐受 200℃~500℃的高温，用于太阳能热发电。

（三）聚焦型集热器

为了更有效地利用太阳能就必须提高入射阳光的能量密度，使之聚焦在较小的集热面上，以获得较高的集热温度，并减少散热损失，这就是聚焦型集热器的特点。

聚焦型集热器通常由三部分组成，聚光器、吸收器和跟踪系统。其工作原理是：自然阳光经聚光器聚焦到吸收器上，并加热吸收器内流动的集热介质，跟踪系统则根据太阳方位随时调节聚光器的位置，以保证聚光器的开口面与入射太阳辐射总是互相垂直的。

聚焦型集热器是太阳能中、高温热利用系统的主要部件，可分为透射式和反射式两种。前者多用菲涅耳透镜根据需要制成条形或圆形，但是由于聚光比较低，且所用透光材料（如透明塑料）不能耐受高温，故工作温度多在 500℃以下。而后者采用玻璃或金属反射镜面，可以制成线聚焦和面聚焦两种形式。分别属于二维和三维聚焦，工作温度分别可达 500℃和 1000℃。如需达到更高温度，可用多个反射镜面组成阵列，同步跟踪太阳，焦板面积的直径在 0.1 m 左右，最高工作温度可达 3000℃以上。这种集热器可以用于太阳能热发电。

三、太阳能的储存

可以说，由于有丰富、洁净、安全的太阳能，人类未来并不存在能量供应问题，而只有能量储存问题。

太阳能储存的方式很多，除蓄热储能之外，还有化学能、电能、动能、位能、生物能等储能方式。表 7-1 给出了通常的储能形态与相应的技术。具体选择何种储存方式，主要取决于使用对象和使用条件。

（一）热能贮热

（1）显热贮存。利用材料的显热贮能是最简单的贮能方法。在实际应用中，水、沙、石子、土壤等都可作为贮能材料，其中水的比热容最大，应用较多。七八十年代曾有利用水和土壤进行跨季节贮存太阳能的报道。但材料显热较小，贮能量受到一定限制。

表 7-1　储能形态与相应技术

储存方式	储存形态	储能技术
力学能	动能	飞轮
	位能	抽水蓄能电站
	弹簧能	弹簧
	压力能	空气压缩
热能	显热	显热蓄能
	潜热（蒸发、溶解、升华）	潜热蓄能
电磁能	电场能	电容器
	磁场能	超导线圈
化学能	电化学能	蓄电池
	化学能	合成燃料化学储能
	物理化学能（溶解、稀释）	浓度差发动机

（2）潜热贮存。利用材料在相变时放出和吸入的潜热贮能，其贮能量大，且在温度不变情况下放热。在太阳能低温贮存中常用含结晶水的盐类贮能，如10 水硫酸钠/水氯化钙、12 水磷酸氢钠等。但在使用中要解决过冷和分层问题，以保证工作温度和使用寿命。

（3）化学贮热。利用化学反应贮热，贮热量大，体积小，重量轻，化学反应产物可分离贮存，需要时才发生放热反应，贮存时间长。目前已筛选出一些化学吸热反应能基本满足上述条件，如 $Ca(OH)_2$ 的热分解反应，利用上述吸热反应贮存热能，用热时则通过放热反应释放热能。但是，$Ca(OH)_2$ 在大气压脱水反应温度高于 500℃，利用太阳能在这一温度下实现脱水十分困难，加入催化剂可降低反应温度，但仍相当高。所以，对化学反应贮存热能尚需进行深入研究，一时难以实用。其他可用于贮热的化学反应还有金属氢化物的热分解反应、硫酸氢铵循环反应等。

（4）塑晶贮热。1984 年，美国在市场上推出一种塑晶家庭取暖材料。塑晶学名为新戊二醇（NPG），它和液晶相似，有晶体的三维周期性，但力学性质像塑料。美国对 NPG 的贮热性能和应用进行了广泛的研究，将塑晶熔化到玻璃和有机纤维墙板中可用于贮热，将调整配比后的塑晶加入玻璃和纤维制成的墙板中，能制冷降温。我国对塑晶也开展了一些实验研究，但尚未实际应用。

（5）太阳池贮热。太阳池是一种具有一定盐浓度梯度的盐水池，可用于采集和贮存太阳能。20世纪60年代以后，许多国家对太阳池开展了研究，以色列还建成三座太阳池发电站。70年代以后，我国对太阳池也开展了研究，初步得到一些应用。

（二）电能贮存

电能贮存常用的是蓄电池，正在研究开发的是超导贮能。世界上铅酸蓄电池的发明已有100多年的历史，它利用化学能和电能的可逆转换，实现充电和放电。近来开发成功少维护、免维护铅酸蓄电池，使其性能有一定提高。目前，与光伏发电系统配套的贮能装置，大部分为铅酸蓄电池。1908年发明镍-铜、镍-铁碱性蓄电池，其使用维护方便，寿命长，重量轻，但价格较贵，一般在贮能量小的情况下使用。新近开发的蓄电池有银锌电池、钾电池、钠硫电池等。某些金属或合金在极低温度下成为超导体，理论上电能可以在一个超导无电阻的线圈内贮存无限长的时间。这种超导贮能不经过任何其他能量转换直接贮存电能，效率高，起动迅速，可以安装在任何地点，尤其是消费中心附近，不产生任何污染，但目前超导贮能在技术上尚不成熟，需要继续研究开发。

（三）氢能贮存

氢可以大量、长时间贮存。它能以气相、液相、固相（氢化物）或化合物（如氨、甲醇等）形式贮存。气相贮存：贮氢量少时，可以采用常压湿式气柜、高压容器贮存；大量贮存时，可以贮存在地下贮仓、由不漏水土层覆盖的含水层、盐穴和人工洞穴内。液相贮存：液氢具有较高的单位体积贮氢量，但蒸发损失大。固相贮氢：利用金属氢化物固相贮氢，贮氢密度高，安全性好。目前，基本能满足固相贮氢要求的材料主要是稀土系合金和钛系合金。金属氢化物贮氢技术研究已有30余年历史，取得了不少成果，但仍有许多课题有待研究解决。

（四）机械能贮存

机械能贮存中最受人关注的是飞轮贮能。早在50年代有人提出利用高速旋转的飞轮贮能设想，但一直没有突破性进展。近年来，由于高强度碳纤维和玻璃纤维的出现，用其制造的飞轮转速大大提高，增加了单位质量的动能贮量；电磁悬浮、超导磁浮技术的发展，结合真空技术，极大地降低了摩擦阻力和风力损耗；电力电子的新进展，使飞轮电机与系统的能量交换更加灵活。所以，近来飞轮技术已成为国际上研究热点，美国有20多个单位从事这项研究工作，已研制成贮能20 kWh飞轮，正在研制5 MWh~100 MWh超导飞轮。我国已研制成贮能 0.3 kWh 的小型实验飞轮。在太阳能光伏发电系统中，飞轮可以代替蓄电池用于蓄电。

四、太阳能的转换与利用工程

目前利用太阳能的方法主要有：太阳能集热利用、热力发电、光伏发电、光利用、海水淡化、建筑一体化技术、制氢、干燥技术等。其中太阳能集热利用技术以及太阳能光伏技术已经得到了长足发展。而以现今的发展趋势来看，太阳能热力发电和光伏发电将是世界各国在太阳能利用领域研究新重点。

（一）热利用

太阳能热利用方面，中国已成为世界上最大的太阳能热利用产品的生产、应用和出口的国家。热利用形式多样，包括了太阳能热水器、太阳能空调、太阳能干燥和太阳能海水淡化等。

1. 太阳能热水器

太阳能热水器是太阳能热利用中最常见的一种装置。我国是世界上最大的太阳能热水器制造中心，由我国生产的集热器推广面积约占世界的 76%。随着太阳能热水器的发展，出现了闷晒式、平板式、玻璃真空管式和热管真空管式等多种应用形式。随着太阳能热水器关键技术的不断突破，该技术已广泛运用于家庭、宾馆、学校、部队和医院等供淋浴、洗漱及其他需用热水的场所。

2. 太阳能空调

太阳能空调以太阳能作为制冷空调的热源，利用太阳辐射产生中高温蒸气（热水），进而驱动制冷机工作。对于太阳能空调器来说，当天气炎热、制冷量需求大时，太阳能辐射能量密度较大，集热器的热量较多，系统制冷量也相应增大；反之，天气凉爽、制冷量需求小时，制冷量也会减少，即太阳能的间断性和不稳定性不会成为太阳能空调系统发展的主要问题。这一特点使太阳能空调制冷技术的开发利用具有十分诱人的市场前景。为保证制冷的连续性和稳定性，太阳能制冷需要配有辅助系统。目前，一种较为可行的综合系统是将太阳能供暖和太阳能制冷结合起来，一个集热器按季节分别用于供暖和制冷，这可以降低成本，提高集热器的利用率。对于可以布置足够集热器，且需要长时间运行空调的场所，比较适合采用太阳能空调系统。

3. 太阳能干燥

太阳能干燥是以太阳能代替常规能源来加热干燥介质（最常用的是空气）

的干燥过程，通过热空气与湿物料接触并把热量传递给湿物料，使其水分汽化并被带走，从而实现物料的干燥。按接受太阳能及能量输入方式进行分类，主要有：温室型干燥系统、集热器型干燥系统、集热器-温室型干燥系统、盆体式干燥系统、聚光型干燥系统、远红外干燥系统和振动流化床干燥系统等多种形式。

4. 太阳能海水淡化

太阳能海水淡化大多采用蒸馏法，主要是采集太阳热量，使海水或介质被加热。目前太阳能蒸馏装置主要有被动式系统和主动式系统两大类。被动式是指那些在装置中不存在任何利用电能驱动的动力元件，也不利用附加太阳能集热器等部件进行主动加热的太阳能海水淡化装置，其运行完全是在太阳光的作用下被动完成的。主动式系统是在被动式太阳能蒸馏系统中增加一些其他附属设备，使其运行温度得以大幅度提高，内部传质过程得以改善，能得到比传统太阳能蒸馏器高出一倍甚至数倍的产水量，因而受到广泛重视。

（二）太阳能热力发电技术

太阳能热力发电是当今世界太阳能利用研究的主题之一，该类系统通过太阳集热设备代替常规锅炉，用太阳能热力系统带动发电机发电。主要包括了聚光热发电和太阳能热气流发电。

1. 聚光热发电

聚光热发电利用聚光集热器把太阳辐射能转变成热能，然后通过汽轮机、发电机来发电。目前聚光热发电系统主要有三种类型：塔式系统、槽式系统和碟式系统。

（1）塔式太阳能热发电系统。塔式太阳能热发电系统是利用定日镜跟踪太阳，并将太阳光聚焦在中心接收塔的接收器上，将聚焦的辐射能转变为热能，加热工质，驱动汽轮发电机发电，其常见形式如图7-5所示。

（2）槽式太阳能热发电系统。槽式太阳能热发电技术与塔式系统、碟式发电系统相比较最为成熟，其发电站也是目前所有太阳能热发电试验电站中功率及年效率最高的。

槽式太阳能热发电系统主要是借助槽形抛物面聚光器将太阳光聚焦反射到接收聚热管上，通过管内热载体将水加热成蒸汽，推动汽轮机发电。基于槽式系统的太阳能热电站主要包括：大面积槽形抛物面聚光器、跟踪装置、热载体、蒸汽产生器、蓄热系统和常规循环蒸气发电系统。槽形抛物面反射镜将入射太阳光聚焦到焦点的一条线上，在该条线上装有接收器的集热管。其常见形式如图7-6所示。

图 7-5　塔式太阳能聚光发电站

图 7-6　槽式太阳能热发电系统

（3）碟式太阳能热发电系统。槽式、塔式太阳能发电系统是利用多个反射器大面积聚集热量，集中加热水变蒸汽推动汽轮发电机发电；而碟式太阳能热发电系统每个功率为数十千瓦（小的为数千瓦），碟式太阳能热发电系统可单独存在，也可多台组成碟式太阳能热发电场。

碟式太阳能热发电系统主要由碟式聚光镜、接收器、斯特林发动机、发电机组成，目前峰值转换效率可达 30% 以上，很有发展前途。其常见形式如图 7-7 所示。

2. 太阳能热气流发电

太阳能热气流发电技术是一项被很多专家看好的太阳能利用新技术。1982

  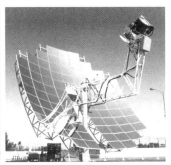

（a）多块扇形镜面拼成　　　（b）多块圆形镜面拼　　　（c）方形镜片拼成
　　圆形反射镜　　　　　　　　　成圆形反射镜　　　　　　　近似圆形反射镜

图 7-7　碟式太阳能热发电系统

年在西班牙 Manzanares 建成世界上第一座太阳能热气流发电站。

（1）太阳能热气流发电原理。太阳能热气流发电系统由太阳能集热棚、太阳能烟囱、涡轮机发电机组和蓄热装置构成。

太阳光穿过透明的集热棚，被棚内地面吸收，棚内被加热的地面与空气之间的热交换使集热棚内空气温度升高，受热空气由于密度减小而上升，进入棚内的烟囱。

同时棚外冷空气通过四周的间隙进入集热棚，从而形成了空气的循环流动。热空气在烟囱中上升速度提高，同时上升气流推动涡轮发电机运转发电，如图7-8所示。

（2）太阳能烟囱发电技术的优点。太阳能热气流发电技术适合于建在人口稀少的沙漠地区，我国是太阳能资源丰富的国家之一，全国总面积 2/3 以上地区的年日照时数大于 2000 h，我国西藏、青海、新疆、甘肃、宁夏、内蒙古等地区的太阳总辐射量和日照时数为全国最高，属太阳能资源丰富地区。这些地区人口稀少，而且荒漠面积较大，适于建造太阳能烟囱电站。

（3）太阳能烟囱发电技术的缺点。集热棚的透明材料，很容易被尘土盖上，不易清洗，使透明材料的热交换效率下降。除此之外，在大风下，透明材料易被破坏。

由于太阳能热利用效率低，要达到在经济上有实用价值，电站就应达到 20万千瓦或更大的规模。

其集热棚面积大，直径达数公里、烟囱高达近千米，烟囱直径超过 100 米，都是工程上的技术难题。

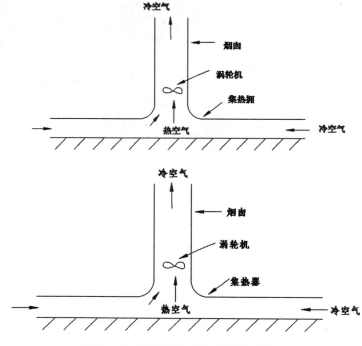

图 7-8　太阳能烟囱发电技术原理图

（三）光电技术

利用光电转换原理制成的太阳能电池发电是太阳能利用最成功的技术之一。1954 年太阳能电池诞生于美国贝尔实验室，按材料可分为：晶体/非晶硅电池、硫化镉电池、硫化锑电池、砷化镓电池等多种类型。另外，随着空间太阳能技术在地面上的应用，像多节太阳能电池以及聚光太阳能电池的使用，都能进一步提升光电转化的效率，优化太阳光电利用技术。美国特拉华大学开展了提升效率到 50%的太阳电池项目的研究，这种电池使用横向光学聚焦系统将阳光分成高、中、低三种能量的光，将它们引入覆盖太阳光谱的不同光敏感材料，进行光电转化，以实现效率的最优化。

（四）光热光电综合利用太阳能

太阳能热电联用系统（PV/T）由光伏发电单元和热收集单元共同组成，可同时产生电能和热能。在过去的近 30 年里，研究者对太阳能热电联用系统的结构设计、性能分析、模拟计算、试验研究、应用状况等进行了广泛的研究。

第二节 风能开发及利用工程

一、风能资源及特性

风是由太阳辐射热引起的。太阳照射到地球表面，地球表面各地受热不同，产生温差，从而引起大气的对流运动形成风。据估计，到达地球的太阳能中虽然只有大约 2%转化为风能，但全球的风能约为 $2.74×10^9$ MW，其中可利用的风能为 $2×10^7$ MW，比地球上可开发利用的水能总量还要大 10 倍。

（一）风的起源

由于地球表面各处温度和气压的变化，气流就会从压力高处向压力低处运动，把热量从热带向两极输送，因此形成不同方向的风，并伴随着不同的气象变化。从全球来看，大气中的气流是巨大的能量传输介质，地球的自转进一步促进了大气中半永久性的行星尺度环流的形成，图 7-9 表示了地球上风的运动方向。

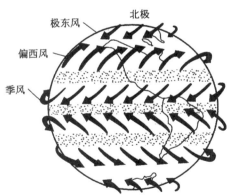

图 7-9 风的运动方向

地球上各处的地形地貌也会影响风的形成，如海边，由于海水热容量大，接受太阳辐射能后，表面升温慢，陆地热容量小，升温比较快，于是在白天，由于陆地空气温度高，空气上升而形成海面吹向陆地的海陆风。反之在夜晚，海水降温慢，海面空气温度高，空气上升而形成由陆地吹向海面的陆海风。

在山区，白天太阳使山上空气温度升高，随着热空气上升，山谷冷空气随之向上运动，形成"谷风"。相反到夜间，空气中的热量向高处散发，气体密度增加，空气沿山坡向下移动，又形成所谓"山风"。

（二）风能特点

风能作为一种天然能源，与其他能源尤其是矿物能源相比，它有如下几个特点：

（1）蕴藏量丰富。大家都知道与常规能源相比，水能巨大，殊不知风能是全球水能的 10 倍多，我国仅陆地上就有风能资源大约 $1.6×10^9$ kW。

（2）可以再生，永不枯竭。风能来源于太阳能，只要太阳和地球存在，就有风能，它取之不尽，用之不竭，是可再生的。

（3）清洁无污染，随处都可开发利用。风能开发利用越多，空气中的漂尘和降尘会越少。另外，风能的开发不存在开采和运输问题，无论何地（海边、平原或山区）都可建立风电站，就地开发，就地利用。即使要远程运输也是通过电网，相对要简便且不会造成污染和环境问题。

（4）能量密度低。这是风能的一个重要缺陷。由于风能来源于空气的流动，而空气的密度是很小的，因此风力的能量密度也很小，这对风能的利用带来一定的困难。

（5）不稳定。由于气流瞬息万变，因此风的脉动、日变化、季变化以至年变化都十分明显，波动很大，极不稳定。

（6）地区差异大。由于地形的影响，风力的地区差异非常明显。一个邻近的区域，有利用地形下的风力，往往是不利用地形下的几倍甚至几十倍。

二、风力发电系统及风电输送

把风的动能转变成机械动能，再把机械能转化为电力动能，这就是风力发电。风力发电的原理，是利用风力带动风车叶片旋转，再透过增速机将旋转的速度提升，来促使发电机发电。依据目前的风车技术，大约是 3 m/s 的微风速度（微风的程度），便可以开始发电。风力发电正在世界上形成一股热潮，因为风力发电不需要使用燃料，也不会产生辐射或空气污染。

风力发电所需要的装置，称作风力发电机组。这种风力发电机组，大体上可分叶轮（包括尾舵）、发电机和塔架三部分。

（一）叶轮

叶轮是风力机最重要、最显著的部分。叶轮从气流中捕获动能然后将其转化为机械轴功。叶轮一般由一个、两个或两个以上的叶片和一个轮毂组成。但是由于单叶片叶轮的平衡问题是工程上的难题，且其转速快导致过大的震动和噪声使得单叶片的叶轮几乎没有得到应用。而且，这样的叶轮在视觉上也不易被接受。两叶片的叶轮也有同样的平衡和视觉上不易被接受的问题。因此，几乎所有商业化设计都采用三叶片的叶轮。图 7-10 为三叶片叶轮的风力发电机组。

图 7-10　三叶片叶轮风力发电机组

（二）发电机

发电机是风能转换系统的重要部件之一。风力发电机有许多不同的类型，小型风力机采用的是数瓦到千瓦级的直流发电机。大型系统采用单相或者三相交流发电机。由于大型风电场通常都并网发电，这类风电场风力机常选用三相交流发电机。这类发电机又可分为感应发电机和同步发电机。

（三）塔架

塔架用来在希望的高度支持风力机的叶轮和机舱。现代风力机使用的主要是桁架式塔架和塔筒式塔架。不同类型的塔架如图 7-11 所示。桁架式塔架用材仅仅是塔筒式塔架的一半，因此桁架式塔架重量轻，价格更便宜。桁架式塔架的塔腿分布较开，载荷分布在一个更大的面积上，因此桁架式塔架需要的基础相对较轻，这能够进一步降低其造价。

桁架式塔架有几个不足。主要问题是其美观性差，许多人可能从视觉上无法接受。在桁架式塔架周边鸟类活动频繁，这可能会增大鸟类死亡率。桁架式塔架的维护工作困难。此外，由于这类塔架没有可锁的安全门，维护工作的安全性也没有保障。

(a) 桁架式塔架　　　　(b) 塔筒式塔架

图 7-11　塔架

由于桁架式塔架的上述限制，近来安装的风力机大都使用塔筒式塔架。这类塔架由 10~20 m 长的圆筒段连接而成。整个塔架在现场 2~3 天即可组装完成。塔筒式塔架具有圆形截面，因此能够在各个方向都具有最优的抗弯强度。塔筒式塔架美观上更易被人们所接收，对鸟类的危害也很低。

（四）风电输送

由于风能的不稳定性，中、小型风力发电机一般采用蓄能器或与柴油机等动力装置联合发电的方式，以满足离散区域的稳定供电需求。而大型风力发电机大多采用直接或间接联入电网的方式向外界输出电能。

1. 发电机组的并网

目前国内及国外与电网并联运行的风力发电机组中，多采用异步发电机，当前在风力发电系统中采用的异步发电机并网方法有以下几种：

（1）直接并网。这种并网方法要求在并网时发电机的相序与电网的相序相同，当风力驱动的异步发电机转速接近同步转速时即可自动并入电网。直接并网时会出现较大的冲击电流及电网电压的下降，因此这种并网方法只适用于异步发电机容量在百千瓦级以下或电网容量较大的情况下。中国最早引进的 55 kW 风力发电机组及自行研制的 50 kW 风力发电机组都是采用这种方法并网的。

（2）降压并网。这种并网方法是在异步电机与电网之间串接电阻或电抗器，或者接入自耦变压器，以达到降低并网合闸瞬间冲击电流幅值及电网电压下降的幅度。这种并网方法适用于百千瓦级以上，容量较大的机组，这种并网方法的经济性较差，中国引进的 200 kW 异步风力发电机组，就是采用这种并网方式，并网时发电机每相绕组与电网之间皆串接有大功率电阻。

（3）通过可控的晶闸管软并网。这种并网方法是在异步发电机定子与电网之间通过每相串入一只双向晶闸管连接起来，三相均有晶闸管控制。接入双向晶闸管的目的是将发电机并网瞬间的冲击电流控制在允许的限度内。通过晶闸管软并网方法将风力驱动的异步发电机并入电网是目前国内外中型及大型风力发电机组中普遍采用的，中国引进和自行开发研制生产的 250 kW、300 kW、600 kW 的并网型异步风力发电机组，都是采用这种并网技术。

2. 双速异步发电机的并网

其并网方法是当风速传感器测量的风速达到启动风速（一般为 3.0~4.0 m/s）以上，并连续维持达 5~10 分钟时，控制系统计算机发出启动信号，风力机开始启动，此时发电机被切换到小容量低速绕组，根据预定的启动电流，当转速接近同步转速时，通过晶闸管接入电网，异步发电机进入低功率发电状态。若风速传感器测量的 1 分钟平均风速远超过启动风速，则风力机启动后，发电机被切换到大容量高速绕组，当发电机转速接近同步转速时，根据预定的启动电流，通过晶闸管接入电网，异步发电机进入高功率发电状态。

3. 双馈异步发电机的并网

应用具有绕线转子的双馈异步发电机与电力电子技术的 IGBT 变频器及 PWM 控制技术结合起来，实现变速运行的风力发电机组发出恒频恒压的电能，并与电网连接。其并网方法为双馈发电机定子三相绕组直接与电网相连，转子绕组经交—交循环变流器联入电网。

4. 同步发电机的并网

由风力机驱动同步发电机经变频装置与电网并联，这种系统并联运行的特点如下：

（1）由于采用频率变换装置进行输出控制，因此并网时没有电流冲击，对系统几乎没有影响。

（2）为采用交—直—交转换方式，同步发电机组工作频率与电网频率是彼此独立的，叶轮及发电机的转速可以变化，不必担心发生同步发电机直接并网运行可能出现的失步问题。

（3）由于频率变换装置采用静态自励式逆变，虽然可以调节无功功率，但是有高频电流流向电网。

（4）在风电系统中使用阻抗匹配和功率跟踪反馈来调节输出负荷，可使风力发电机组按最佳效率运行，向电网输送更多的电能。

三、风力制热及风力机的其他应用

目前，在美国、英国、日本等国家，风力制热技术已经进入实用阶段，主要用于浴池供热水、住宅取暖、温室供暖、水产养殖池水保温、野外作业防冻等。在我国的许多地区，把较寒冷的风能转换成热能，供给住户、禽畜舍、蔬菜棚等，可谓风能优势与采暖需求的最佳匹配。

（一）风热转换途径

将风能转换成热能，一般有三种途径：

（1）风能—机械能—电能—热能；

（2）风能—机械能—空气压缩能—热能；

（3）风能—机械能—热能。

前两种转换方式，由于转换次数多，导致总转换效率的下降，相比之下，第三种转换方式具有以下优越性：

（1）系统总效率高。风力提水系统的总效率一般为10%~20%；而风能—机械能—热能转换系统的总效率可达30%。

（2）叶轮的工作特性曲线与制热装置的工作特性曲线比较接近，易实现合理匹配。

（3）风热转换系统对风况质量要求不高，对风速的变化适应性强。

（二）风热转换的形式

1. 固体摩擦制热

这种装置如图7-12所示。它用风力机动力输出轴驱动一组摩擦元件。旋转时在固体表面摩擦产生热来加热液体。其主要缺点是元件磨损较快，需要定期维护与更换。

2. 液体挤压制热

这是一种利用液压泵和阻尼孔相配合产生热量的方式。如图7-13所示，风力机动力输出轴带动液压泵，将工作液体（如油）加压，把机械能转换成液体压力能，而后使受压液体从很细的阻尼孔高速喷出。在瞬间液体的压力能转换为液体动能。由于阻尼孔尾流管中也充满液体，当高速液体冲击低速液体时，液体的动能通过液体分子之间的冲击和摩擦转换为热能，此时液体流速下降，

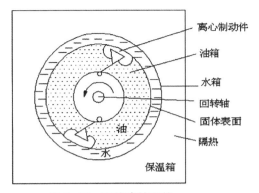

图 7-12 固体摩擦制热

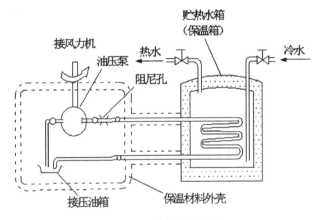

图 7-13 液体挤压制热

温度升高。经过热交换管，把冷水加热成热水。

3. 搅拌液体制热

风力机动力输出轴带动搅拌器的转子旋转，转子与定子上均有叶片，当转子叶片搅拌液体产生涡流运动并冲击定子叶片时，液体的动能转换成热能（图7-14）。

4. 涡电流制热

风力机动力输出轴带动转子，在转子外缘上装有磁化线圈，来自电池的电流磁化线圈产生磁力线，转子旋转时定子切割磁力线，产生涡电流发热。定子外围是环形冷却液套，有热量大、冷却性好的液体（如水和乙二醇的混合液）流过，将热量带走。此装置热能转换能力强，体积较小。

（三）风力机的其他应用

风力机作为动力机械有广泛的用途，除了前面所讲的可用来发电和制热，

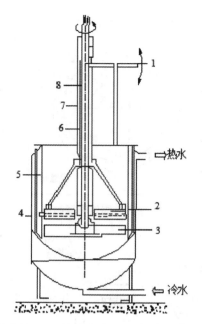

注：1- 手柄；2- 定子叶片；3- 转子叶片；4- 支撑梁；5- 固定器；6- 空心轴；7- 管子；8- 回转轴。

图 7-14　搅拌液体制热

还可以用它提水，带动粉碎机、清选机、干燥机等进行作业。

第三节　海洋能开发及利用工程

一、海洋能资源及特性

海洋能广泛存在于占地球表面积 71% 的海洋中，具有如下特点：一是能量密度低，但总藏量大、可再生。二是能量随时间、地域变化，但有规律可循。三是开发环境严酷、转换装置造价高、不污染染环境，可综合利用。

二、海洋能发电

海洋能的类型主要有潮汐能、潮流能、波浪能、海流能、温差能、盐差能等。

（一）潮汐发电

1. 潮汐发电的基本原理

潮汐能是月球和太阳等天体的引力使海洋水位发生潮汐变化而产生的能量。潮汐能利用的主要方式是发电。潮汐发电的工作原理与常规水力发电的原理类似，它是利用潮水的涨、落产生的水位差所具有的势能来发电。差别在于海水与河水不同，蓄积的海水落差不大，但流量较大，并且呈间歇性，从而潮汐发电的水轮机的结构要适合低水头、大流量的特点。由于潮水的流动方向是不断改变的，因此就使得潮汐发电出现不同的型式，即单库单向型、单库双向型和双库单向型三种（表7-2，图7-15）。

表 7-2　潮汐电站三种方案的比较

方案	工作原理	优缺点
单库单向型	在涨潮时将贮水库闸门打开，向水库充水，平潮时关闸；落潮后，待贮水库与外海有一定水位差时开闸，驱动水轮发电机组发电	优点是设备结构简单，投资少；缺点是潮汐能利用率低，发电不连续
单库双向型	利用两套阀门控制两条向水轮机引水的管道。在涨潮和落潮时，海水分别从各自的引水管道进入水轮机，使水轮机旋转带动发电机	适应天然潮汐过程，潮汐能利用率高，投资较大
双库单向型	采用两个水力相联的水库，涨潮时，向高贮水库充水；落潮时，由低贮水库排水，利用两水库间的水位差，使水轮机发电机组连续单向旋转发电	可实现连续发电，缺点是要建两个水库，投资大且工作水头降低

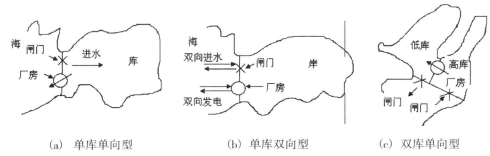

(a) 单库单向型　　　　(b) 单库双向型　　　　(c) 双库单向型

7-15　三种不同方案的潮汐电站示意图

2. 潮汐电站组成及发电关键技术

潮汐电站由七个基本部分组成：潮汐水库；堤坝；闸门和泄水道建筑；发

电机组和厂房；输电、交通和控制设施；航道、鱼道等。潮汐发电的关键技术主要包括低水头、大流量、变工况水轮机组设计制造；电站的运行控制；电站与海洋环境的相互作用，包括电站对环境的影响和海洋环境对电站的影响，特别是泥沙冲淤问题；电站的系统优化，协调发电量、间断发电以及设备造价和可靠性等之间的关系；电站设备在海水中的防腐等。

（二）海洋温差能发电

海洋温差能利用的基本原理是利用海洋表面的温海水（26℃~28℃）加热某些工质并使之汽化，驱动汽轮机获取动力；同时，利用从海底提取的冷海水（4℃~6℃）将做功后的乏气冷凝，使之重新变为液体。按照工质及流程的不同可分为开式循环、闭式循环、混合式循环。

1.开式循环

开式循环采用表层温海水作为工质，其工作框图如图 7-16 所示。当温海水进入真空室后，低压使之发生闪蒸，产生约 2.4 kPa 绝对压力的蒸汽。该蒸汽膨胀，驱动低压汽轮机转动，产生动力。该动力驱动发电机产生电力。做功后的蒸汽经冷海水降温而冷凝，减小了汽轮机背后的压力（这是保证汽轮机工作的条件），同时生成淡水。

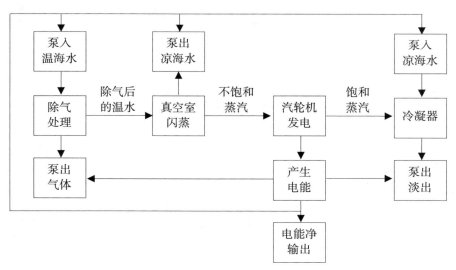

图 7-16　开式循环示意图

开式循环的优点在于产生电力的同时还产生淡水；缺点是用海水作为工质，沸点高，汽轮机工作压力低，导致汽轮机尺寸大（直径约 5 m），机械能损耗大，单位功率的材料占用大，施工困难等。目前世界上净输出最大的开式循环温差能发电系统是 1993 年 5 月在美国夏威夷研建的系统，净输出功率达 50 kW，打破了日本在 1982 年建造的 40 kW 净输出功率的开式循环温差能发电记录。

2. 闭式循环

在闭式循环中，温海水通过热交换器（蒸发器）加热氨等低沸点工质，使之蒸发。工质蒸发产生的不饱和蒸汽膨胀，驱动汽轮机，产生动力。该动力驱动发电机产生电力。做功后的蒸汽进入另一个热交换器，由冷海水降温而冷凝，减小了汽轮机背后的压力（这是保证汽轮机工作的条件）。冷凝后的工质被泵送至蒸发器开始下一循环。系统工作框图如图 7-17 所示。

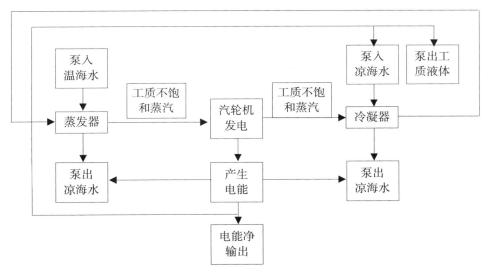

图 7-17　闭式循环示意图

闭式循环的优点在于工质的沸点低，故在温海水的温度下可以在较高的压力下蒸发，又可以在比较低的压力下冷凝，提高了汽轮机的压差，减小了汽轮机的尺寸，降低了机械损耗，提高了系统转换效率；缺点是不能在发电的同时获得淡水。

3. 混合式循环

混合式循环系统中同时含有开式循环和闭式循环。混合式循环系统综合了开式循环和闭式循环的优点。保留了开式循环获取淡水的优点，让水蒸气通过换热器而不是大尺度的汽轮机，避免了大尺度汽轮机的机械损耗和高昂造价；采用闭式循环获取动力，效率高，机械损耗小。

（三）海洋波浪发电

目前研究的波浪能利用技术大都源于以下几种基本原理：利用物体在波浪

作用下的升沉和摇摆运动将波浪能转换为机械能、利用波浪的爬升将波浪能转换成水的势能等。绝大多数波浪能转换系统由三级能量转换机构组成。其中，一级能量转换机构（波能俘获装置）将波浪能转换成某个载体的机械能；二级能量转换机构将一级能量转换所得到的能量转换成旋转机械（如水力透平、空气透平、液压电动机、齿轮增速机构等）的机械能；三级能量转换通过发电机将旋转机械的机械能转换成电能。有些采用某种特殊发电机的波浪能转换系统，可以实现波能俘获装置对发电机的直接驱动，这些系统没有二级能源转换环节。

根据一级能源转换系统的转换原理，可以将目前世界上的波能利用技术大致划分为：振荡水柱（oscillation water column，OWC）技术、摆式技术、筏式技术、收缩波道技术、点吸收（振荡浮子）技术、鸭式技术、波流转子技术、虎鲸技术、波整流技术、波浪旋流技术等。

1. OWC 技术

OWC 波能装置利用空气作为转换的介质。图 7-18 所示为 OWC 波能转换系统的示意图。该系统的一级能量转换机构为气室，其下部开口在水下，与海水连通，上部也开口（喷嘴），与大气连通；在波浪力的作用下，气室下部的水柱在气室内作上下振荡，压缩气室的空气往复通过喷嘴，将波浪能转换成空气的压能和动能。该系统的二级能量转换机构为空气透平，安装在气室的喷嘴上，空气的压能和动能可驱动空气透平转动，再通过转轴驱动发电机发电。

图 7-18　OWC 波能装置示意图

OWC 波能装置的优点是转动机构不与海水接触，防腐性能好，安全可靠，维护方便；其缺点是二级能量转换效率较低。

2. 筏式技术

图 7–19 为筏式波能装置示意图，它由铰接的筏体和液压系统组成。筏式装置顺浪向布置，筏体随波运动，将波浪能转换为筏体运动的机械能（一级转换）；然后驱动液压泵，将机械能转换为液压能，驱动液压电动机转动，转换为旋转机械能（二级转换）；通过轴驱动电机发电，将旋转机械能转换为电能（三级转换）。筏式技术的优点是筏体之间仅有角位移，即使在大浪下，该位移也不会过大，故抗浪性能较好；缺点是装置顺浪向布置，单位功率下材料的用量比垂直浪向布置的装置大，可能提高装置成本。

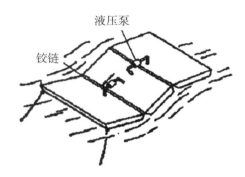

图 7–19　筏式波能装置示意图

3. 点吸收（浮子）技术

点吸收式装置的尺度与波浪尺度相比很小，利用波浪的升沉运动吸收波浪能。点吸收式装置由相对运动的浮体、锚链、液压或发电装置组成。这些浮体中有动浮体和相对稳定的静浮体，依靠动浮子与静浮体之间的相对运动吸收波浪能，如图 7–20 所示。

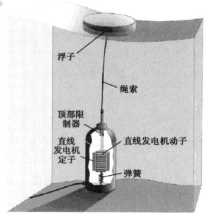

图 7–20　点吸收装置示意图

4. 鸭式技术

鸭式装置是一种经过缜密推理设计出的一种具有特殊外形的波能装置，其效率高，但该装置抗浪能力还需要提高，其结构如图 7-21 所示。

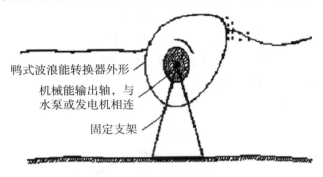

图 7-21　鸭式装置示意图

该装置具有一垂直于来波方向安装的转动轴。装置的横截面轮廓呈鸭蛋形，其前端（迎浪面）较小，形状可根据需要随意设计；其后部（背浪面）较大，水下部分为圆弧形，圆心在转动轴心处。装置在波浪作用下绕转动轴往复转动时，装置的后部因为是圆弧形，不产生向后行进的波；又由于鸭式装置吃水较深，海水靠近表面的波难以从装置下方越过，跑到装置的后面，故鸭式装置的背后往往为无浪区，这使得鸭式装置可以将所有的短波拦截下来，如果设计得当，鸭式装置在短波时的一级转换效率接近于 100%。

第四节　生物质能开发及利用工程

一、生物质特性

生物质是一种通过大气、水、土地以及阳光产生的可再生的和可循环的有机物质，是一种持续性资源，包括农作物、树木和其他植物及残体。生物质如果不能通过资源或物质方式被利用，微生物会将它分解成基本成分水、二氧化碳以及热能。因此，人们利用生物质作为能源来源，无论是作为粮食、取暖、发电或生产液体燃料，都符合大自然的循环体系。

根据生物质分类的角度，可以将生物质分为各种不同的种类。从生物学角度，生物质可以分为植物性和非植物性两类。从能源资源看，生物质主要分为森林资源、农业资源、水生生物质资源和城乡工业与生活有机废物资源等四种。从生物质能的开发、利用的历史出发，生物质可以分为传统生物质和现代生物质两类。

生物质能蕴藏量巨大，只要有阳光照射，绿色植物的光合作用就不会停止，生物质能也就不会枯竭。特别是在大力提倡植树、种草、合理采樵，保护自然环境的情况下，植物将会源源不断地供给生物质资源。

与矿物能源相比，生物质在燃烧过程中，对环境污染小。生物质挥发分高、碳活性高、易燃、灰分含量低。在400℃左右的温度下，大部分挥发分可以释出，而煤在800℃时才释放出30%左右的挥发分。生物质燃烧后灰分少，不易黏结，可简化除尘设备。生物质中含氮量一般少于0.2%，而煤的含硫量一般为0.5%~1.5%，硫在燃烧过程中产生的二氧化硫，是酸雨形成的主要原因，这正是燃烧煤所带来的最主要的环境问题。生物质燃烧时排放的氮氧化物和烟尘比煤少，同时产生的二氧化碳又可被等量生长的植物光合作用所吸收，实现二氧化碳的"零排放"。这对减少大气中的二氧化碳含量，降低"温室效应"极为有利。

在可再生资源中，生物质是唯一可以储存与运输的能源，这给其加工转换与连续使用带来一定的方便。

生物质能源也有其弱点，从质量密度的角度来看，与燃料与矿物能源相比，生物质是能量密度低的低品位能源。质量轻，体积大，给运输带来一定难度，同时由于风、雨、雪、火等外界因素，导致生物质的保存是目前亟待解决的问题。

二、生物质燃料的生产

中国生物质资源开发利用潜力大，现有森林、草原和耕地面积41.4亿公顷，理论上年产生物质资源可达650亿吨以上。以平均热值为15000 kJ/kg计算，折合理论资源量为33亿标准煤，相当于中国目前年总能耗的3倍以上。目前实际可以作为能源利用的生物质主要包括秸秆、薪柴、禽畜粪便、生活垃圾和有机废渣废水等。据调查，目前中国秸秆资源量已超过7.2亿吨，折合约3.6亿吨标准煤，除约1.2亿吨作为饲料、造纸、纺织和建材等用途外，其余6亿吨均可作为能源被利用。薪柴的来源主要为林业采伐、育林修剪和薪炭林。一项调查表明：中国年均薪柴产量约为 1.27 亿吨，折合标准煤约 0.74 亿吨；禽畜粪便资源约折合 1.3 亿吨标准煤；城市垃圾资源可折合标准煤 1.2 亿吨左右，并以每年 8%~10%的速度增加。这些都是中国发展生物质产业的稳定资源。此外，中国还有 1 亿多公顷的边际性土地不宜垦为农田，但可种植高抗逆性能源植物，这对生物质产业而言是一笔宝贵的财富。

生物质作为能源利用的技术一般有三类：一是燃烧技术，通过直接燃烧或将生物质加工成成型燃料（如颗粒、块状、棒状燃料）然后燃烧，其主要目的是为了获取热量；二是生物化学转化技术，通过将不同原料（木材、小麦、甜菜等）先酸解或水解，然后微生物发酵，制取液体燃料或气体燃料；三是热化学转化技术，其可获得木炭生物油和可燃气体等高品位能源产品，该项技术按其加工工艺的不同，又分为高温干馏、热解、生物质液化和气化等几种方法。相对而言，致密成型技术和直接燃烧技术成本较低，是生物质能源转化的可选择技术途径之一。

生物质成型燃料挥发分高，易析出，碳活性好，易燃，灰分少，点火快，更加节约燃料，降低使用成本。成型后的秸秆炭块，体积小，比重大，耐燃烧，便于储存和运输，体积仅相当于原秸秆的 1/30，是同重量秸秆的 10~15 倍，其密度为 0.9~1.4 g/cm³，热值可达到 3500~5500 大卡之间，破碎率小于 1.5%~2.0%，干基含水量小于 10%~15%，灰分含量小于 1.5%，硫含量和氯含量均小于 0.07%，氮含量小于 0.5%，是高挥发分的环保型固体燃料。生物质燃料燃尽率可达 96%，剩余 4%的灰分可以回收做钾肥，实现了"秸秆→燃料→肥料"的有效循环。燃烧后，CO 零排放，NO_2、SO_2 及烟尘的排放都低于国家标准。

生物质燃料收集按燃料收购与运输形式主要可分为以下三种方式：

（1）田间打捆运至料场，破碎后经输料系统运至锅前；

（2）田间打包运至料场，在料厂解包后经输料系统运至锅前或整包经输料系统运至锅前料斗内解包；

（3）收购点压块运至料场，经输料系统运至锅前料斗。

三、生物质加工转化及设备

（一）生物质固化

生物质经干燥和适当的粉碎后，通过喷雾或加水调湿，在模具中经一定压力和温度作用成型，冷却后就制成为生物质成型燃料。根据生产工艺不同，目前的生物质成型燃料技术可分为薪结成型、压缩颗粒燃料和热压缩成型工艺，可制成棒状、块状、颗粒状等各种成型燃料。

相对于一般的生物质燃料如农作物秸秆，生物质压缩成型燃料具有以下优点：

（1）燃烧效率较高。一般农作物秸秆中的挥发分在200℃左右时就开始析出，此时如果来不及提供足够的燃烧空气，则未能燃尽的挥发分将以黑烟的形式被气流带出，使得燃烧效率较低，同时又造成环境污染；而压缩成型的秸秆燃料由于结构致密，能够有效限制其挥发分析出速度，因此可以缓解一般生物质燃烧早期出现的空气—燃料供给的矛盾，有利于提高燃烧效率。

（2）有利于实现清洁燃烧。一般生物质燃料结构松散，在析出挥发分后，极易在气流的运动作用下解体，形成黑飞絮，被气流带出燃烧室后易于在尾部烟道积垢或排入大气中污染环境。而生物质压缩成型后，由于燃料中碳密度增加，结构致密，在析出挥发分后一般以蓝色火焰包裹焦炭的形式燃烧，便于实现清洁燃烧。

通过与原煤掺混成型，还可以由生物质加工生产生物质型煤。生物质型煤具有易着火、燃烧快、不冒烟、可固硫、灰渣含碳量低且不结渣等优点；一般生物质型煤的生产工艺流程见图7-22所示。

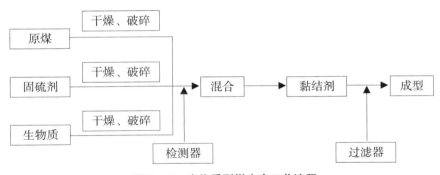

图7-22　生物质型煤生产工艺流程

根据成型主要工艺特征的差别，国内外生产生物质压缩燃料的工艺大致可划分为湿压（冷压）成型、热压成型、碳化成型等3种。按成型加压的方法不同来区分，技术较为成熟、应用较多的成型燃料加工机有辊模挤压式（包括环模式和平模式）、活塞冲压式（包括机械、液压式）、螺旋挤压式等三种机型，其中辊模挤压式成型机采用的是湿压（冷压）成型工艺，活塞；中压式、螺旋挤压式成型机采用的都是热压成型工艺。

（二）生物质气化技术

早在 20 世纪 70 年代，一些发达国家，如美国、日本、加拿大、欧盟诸国，就开始了生物质热裂解气化技术研究与开发。芬兰坦佩雷电力公司开始在瑞典建立一座废木材气化发电厂，装机容量为 60 MW，产热 65 MW。目前，欧洲和美国在利用生物质气化方面处于世界领先地位。我国的生物质气化技术近年有了长足的发展，生产的气化炉的形式包括从传统上吸式、下吸式到最先进的流化床、快速流化床等。

生物质气化技术是通过气化炉将固态生物质转换为使用方便而且清洁的可燃气体，用作燃料或生产动力。其基本原理是将生物质原料加热，生物质原料进入气化炉后被干燥，伴随着温度的升高，析出挥发物，并在高温下裂解。裂解后的气体和炭在气化炉的氧化区与供入的气化介质（空气、氧气、水蒸气等）发生氧化反应并燃烧。燃烧放出的热量用于维持干燥、热解和还原反应，最终生成了含有一定量 CO、CO_2、H_2、CH_4、C_mH_n 的混合气体，去除焦油、杂质后即可燃用。这种方法改变了生物质原料的形态，使用更加方便，而且能量转换效率比固态生物质的直接燃烧有较大的提高，整个过程需要用生物质气化炉来完成。气化炉大体上可分为两大类：固定床气化炉和流化床气化炉。

1. 固定床气化炉

固定床气化炉是将切碎的生物质原料由炉子顶部加料口投入固定床气化炉中，物料在炉内基本上是按层次地进行气化反应。反应产生的气体在炉内的流动要靠风机来实现，安装在燃气出口一侧的风机是引风机，它靠抽力（在炉内形成负压）实现炉内气体的流动；靠压力将空气送入炉中的风机是鼓风机。国家行业标准规定生物质气化炉的气化效率 $\eta \geq 70\%$，国内的固定床气化炉通常为 70%~75%。按气体在炉内流动方向，可将固定床气化炉分为下流式（下吸式）、上流式（上吸式）、横流式（横吸式）和开心式四种类型。

（1）上流式固定床气化炉（逆流操作）（见图 7-23）。燃气经过热分解层—干燥层时，灰尘得到过滤，致使出炉的燃气灰分含量较少；热的燃气向上流动时有助于物料的热分解和干燥，热量在炉内得到了有效利用媒体高转换热效率，出炉的燃气温度较低。其缺点是含焦油量较多；投料不方便。原料中水分不能参加反应，减少了燃气中氢和碳氢化合物的含量，气体与固体逆向流动时，物料中的水分随产品气体带出炉外，降低了气体的实际热值，增加了排烟热损失；热气体从底部上升时，温度沿着反应层高度下降，物料被干燥与低温度的气流相遇，原料在低温（250℃~400℃）下进行热分解，导致焦油含量高。

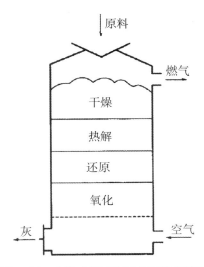

图 7-23 上流式固定床气化炉结构简图

适用于在燃气无须冷却、过滤便可以输送到直接燃用的场合。

(2) 下流式固定床气化炉（并流操作）（见图 7-24）。由于氧化区在热解区与还原区之间，因而干馏和热解的产物都要经过氧化区，在高温下裂解成 H_2 和 CO 等永久性小分子气体，使气化气中焦油含量大大减少；结构简单，运行比较可靠，造价较低；气化强度较上吸式高；工作稳定性好；可随时开盖添料。其缺点是由于炉内的气体流向是自上而下的，而热气流的方向是自下而上的，致使引风机从炉栅下抽出可燃气要耗费较大的功率；出炉的可燃气中含有的灰分较多；温度较高；出炉的可燃气的温度较高需要进行冷却和去除杂质。适用

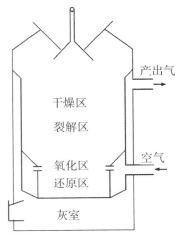

图 7-24 下流式固定床气化炉结构简图

于小规模生产，如农村集体供气的气化站。

（3）横流式固定床气化炉（气化炉的气化剂由炉子一侧供给）（见图7-25）。生物质原料由炉顶加入，灰分落入炉栅下部的灰室。气化剂由侧面进入，产出的气体也由侧面流出，气流横向通过气化区，在氧化区、还原区进行的热化学反应与下吸式气化炉相同，只不过反应温度较高，燃烧区温度甚至会超过灰熔点，容易造成结渣。因此，该炉适用于含灰分少的原料，一般用作焦炭和木炭气化。

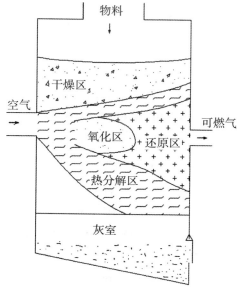

图7-25　横吸式固定床气化炉气化原理图

（4）开心式固定床气化炉（见图7-26）。开心式固定床气化炉其结构和气化过程与下流式固定床气化炉类似，不同的是它没有缩口，炉算不平，而是中间隆起的。在工作过程中，由减速器带动它绕垂直轴非常缓慢地转动，避免草木灰堵塞炉算子。

2. 流化床气化炉

流化床气化炉的工作特点是将粉碎的生物质原料投入炉中，气化剂由鼓风机从炉栅底部向上吹入炉内，物料的燃烧气化反应呈"沸腾"状态，反应速度快。国家行业标准规定生物质气化炉的气化效率 $\eta \geqslant 70$，流化床气化炉 η 值可达78%。按炉子结构和气化过程，可将流化床气化炉分为单流化床、循环流化床、双流化床、携带流化床四种类型。按供给的气化剂压力大小，流化床气化炉又可分为常压气化炉和加压气化炉两类。流化床气化炉适合水分含量大、热

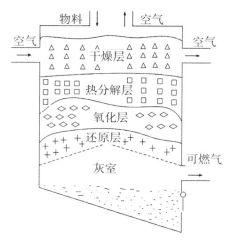

图 7-26 开心式固定床气化炉气化原理图

值低、着火困难的生物质物料。其主要缺点是产气中灰分需要很好地净化处理和部件磨损严重。

（三）生物质液化技术

生物质能源液化技术是通过水解、热解或催化等方法将生物质转化为液体燃料的技术。将生物质能进行正常化学加工，制取液体燃料如乙醇、甲醇、液化油等。

生物质热解液体燃料油是一种以生物质（如各种废弃农业秸秆、废弃木本植物、草本植物及城市有机垃圾等）为原料，经特殊的热化学液化工艺转化、分离所获得的新型、绿色可再生的生物质液体燃料。由于生物质热解液体燃料油不含硫，其碳的循环是动态的，每两年即可完成"CO_2+光合作用→生物质→生物油→CO_2+光合作用→生物质……"的闭合循环链，理论上可实现 CO_2 对大气环境的"零排放"，是一种可再生的绿色环保型新能源，具有优异的环境友好性。

1. 反应器分类

反应器是热解的主要装置，反应器类型的选择和加热方式是各种技术路线的关键环节。适合于快速热解的反应器型式是多种多样的，但所有热解制油实用性较强的反应器都具备了三个基本特点：加热速率快，反应温度中等和气相停留时间短等共同特征。按生物质的受热方式分为机械接触式反应器、间接式反应器、混合式反应器等三类。

（1）机械接触式反应器。这类反应器的共同点是通过灼热的反应器表面直接或间接与生物质接触，将热量传递到生物质而使其高速升温达到快速热解，其采用的热量传递方式主要为热传导，辐射是次要的，对流传热则不起主要作用。常见的有烧蚀热解反应器、丝网热解反应器、旋转锥反应器等。

（2）间接式反应器。其主要特征是由一高温的表面或热源提供生物质热解所需热量，其主要通过热辐射进行热量传递，对流传热和热传导则居于次要地位，常见的热天平也可以归属此类反应器。

（3）混合式反应器。其主要是借助热气或气固多相流对生物质进行快速加热，其主导热量方式主要为对流换热，但热辐射和热传导有时也不可忽略，常见的有流化床反应器、快速引射床反应器、循环流化床反应器等。

2. 典型反应器

具有代表性的反应器如下：

（1）烧蚀涡流反应器（见图 7-27）。美国可再生能源实验室（NREL）研制

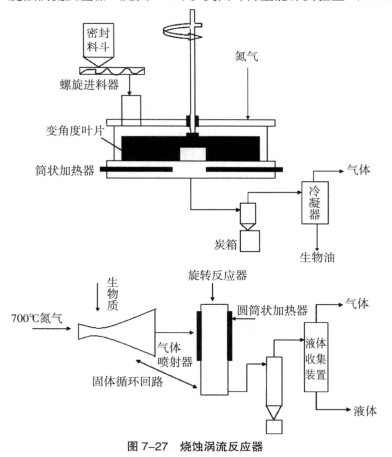

图 7-27　烧蚀涡流反应器

出的烧蚀涡流反应器。反应器正常运行时，生物质颗粒需要用速度为 40 m/s 的氮气或过热蒸汽流引射（夹带）沿切线方向进入反应器管，生物质在此条件下受到高速离心力的作用，导致生物质颗粒在受热的反应器壁上受到高度烧蚀。烧蚀后，颗粒留在反应器壁上的生物油膜迅速蒸发。在 1995 年，该实验室在原来系统的基础上将主反应器改为垂直，并且还增加了热蒸汽过滤装置。改进后的实验系统可获得更为优质的生物油，主要是因为安装了热蒸汽过滤设备，成功地防止了微小的焦炭颗粒在裂解气被冷凝过程中混入生物油，同时这也使得油中的灰分含量低于 0.01%，并且碱金属含量很低。这套系统所生成油的产量在 67% 左右，但该油中氧含量较高。

（2）真空热解反应器/真空移动床（见图 7–28）。加拿大 Laval 大学生物质真空热解装置，已经完善反应过程和提高产量，并在 1996 年进行反应器大型化研制和商业化运行。

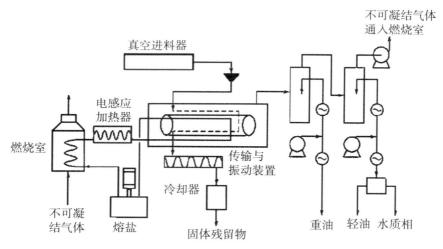

图 7–28　真空热解反应器 / 真空移动床

物料干燥和破碎后进入反应器，物料送到两个水平的金属板，金属板被混合的熔融盐加热且温度维持在 530℃ 左右。合理地使用电子感应加热器以保持反应器中的温度连续稳定。物料中的有机质加热分解，所有产生的蒸汽依靠反应器的真空状态很快被带出反应器，挥发分气体质解输入到两个冷凝系统：一个是收集重油，一个收集轻油和水分。

通过这套系统得到的比较典型的和物料有关的热解产物是 47% 的生物油、17% 的裂解水、12% 的焦炭、12% 的不可凝热解气。

（3）旋转锥热解反应器。旋转锥热解反应器是一个比较新颖的反应器，它巧妙地利用了离心力的原理，成功地将反应的热解气和固体产物分离开来。其特点是：升温速率高、固相滞留期短、气相滞留期小。其工艺流程可简述为：生物质颗粒与过量的惰性载热体沙子一起进入反应器旋转外锥的底部，当生物质和沙子的混合物沿着炽热的锥壁螺旋向上传时，生物质发生裂解转化。整个过程不需要载气，从而减小了随后油收集系统的体积成本。

（4）流化床热解反应器（见图7-29）。风干的生物质锤磨后筛分出小于595 μm的颗粒，料斗中的生物质通过一个可变速的双螺旋给料器传送，在给料器的末端生物质颗粒被循环的产物气体吹扫并被输送进反应器。反应器以砂子作为床料，流化气体是循环的产物气体，该气体在管路里被电加热器预热。此外，反应器上包有加热线圈，能使额外的热量像所希望的那样添加到流化床或净空空间。反应器的操作温度范围为425℃~625℃，气相滞留期为300~1500 μs，加工能力为3 kg/h，压力为125 kPa，升温速率为10000~100000 ℃/s。

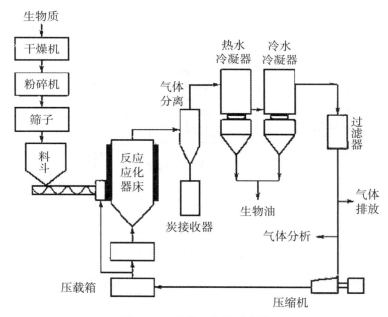

图7-29　流化床热解反应器

（5）热辐射反应器。热辐射反应器是典型的间接式加热反应器。美国 Washington 大学设计了一种用于研究单颗生物颗粒热裂解行为的反应器及相关的分析系统，如图7-30。该反应器的热源是一个1000 W的氙灯，其均匀提供约0~25 W/cm的一维高强度热通量给内置在玻璃反应器内套管的试样，反应器、氙灯以及热通量测定装置固定在光学架台上进行精确校正。采用铝铬热电

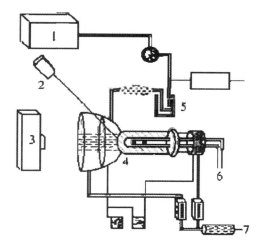

注：1-气相色谱仪；2-红外高温计；3-氙灯；4-反应器；5-生物油收集器；6-热电偶；7-氦气流。

图 7-30 热辐射反应器

偶测量颗粒温度，而红外高温计则用来确定颗粒受热辐射的表面温度。氦气气流使得颗粒解析出的挥发分快速冷却，并将其送到收集器和分析系统，在 3 L/min 的通用流量下，从颗粒表面到采样点的气相产物的停留时间约为 2.8 s，单颗粒生物质的热解实验在常压下进行，得到了约 40% 左右的生物油。

四、生物质能转化及利用工程

生物质燃料主要分为固态燃料、液态燃料和气态燃料，固态燃料有农作物的秸秆、薪柴、压缩块状燃料、压缩颗粒燃料等，液态燃料有生物质酒精、生物质燃油等，气态燃料主要为生物质裂解沼气。

（一）生物质发电技术

直接将具有生物质的原料进行燃烧发电处理是生物质能转化速度较快的一种方式。

1. 燃烧发电

生物质在适合生物质燃烧的特定锅炉中直接燃烧，产生蒸汽驱动汽轮发电机发电。包括生物质锅炉直接燃烧发电和生物质—煤混合燃烧发电。生物质发电装备中锅炉是关键设备，世界上生物质燃烧发电发达的几个国家目前均使用的是振动炉排锅炉，技术较为成熟，热效率也很高，达到 91% 以上。炉排炉的核心部件是炉排，通过可移动、可调节的炉排控制生物质在炉中的移动，并使炉排炉的一次空气量可调节，达到调节燃烧进程的目的。炉排冷却方式、炉排材质方面的改进也大大提高了炉排的使用寿命。

如美国在 2000 年就已有超过 1200 个燃烧发电厂在正常运行，总装机容量为 1200 万 kW，年发电 900 亿 kW。我国广东、广西两省则利用大量废弃的渣，以流化床锅炉–汽轮机的系统发电，不仅消除了废弃物占用大量土地，二次污染的问题，而且通过生物质能转化技术获得了良好的经济效益。

2. 气化发电

生物质气化发电技术的基本原理是把生物质转化为可燃气，再利用可燃气推动燃气发电设备进行发电。气化发电工艺包括 3 个过程，一是生物质气化，把固体生物质转化为气体燃料；二是气体净化，气化出来的燃气都带有一定的杂质，包括灰分、焦炭和焦油等，需经过净化系统把杂质除去，以保证燃气发电设备的正常运行；三是燃气发电，利用燃气轮机或燃气内燃机进行发电；有的工艺为了提高发电效率，发电过程可以增加余热锅炉和蒸汽轮机。

3. 沼气发电

沼气发电是利用工业、农业或城镇生活中的大量有机废弃物（例如：酒糟液、禽畜粪、城市垃圾和污水等），经厌氧发酵处理产生的沼气驱动沼气发电机组发电，并可充分利用发电机组的余热用于沼气生产，使综合热效率达 80% 左右，大大高于一般 30%~40% 的发电效率。

（二）沼气技术

主要为厌氧法处理禽畜粪便和高浓度有机废水，是发展较早的生物质能利用技术。20 世纪 80 年代以前，发展中国家主要发展沼气池技术，以农作物秸秆和禽畜粪便为原料生产沼气作为生活炊事燃料。如印度和中国的家用沼气池；而发达国家则主要发展厌氧技术，处理禽畜粪便和高浓度有机废水。至今，我国已建设了大中型沼气池 3 万多个，总容积超过 137 万 m³，年产沼气 5500 万吨，仅 100 m³ 以上规模的沼气 630 处，其中集中供气站 583 处，用户 8.3 万户，年均用气量 431 m³，主要用于处理禽畜粪便和有机废水。这些工程都取得了一定程度的环境效益和社会效益，对发展当地经济和我国厌氧技术起到积极作用。

（三）锅炉燃烧技术

由于生物质的含硫量比煤低，而煤的热值又远远大于一般生物质，煤与生物质混烧可以利用这两种燃料的优势，既有利于生物质能的利用，减少煤耗量，又有利于减少燃烧有害物质如 NO_x 和 SO_2 等的排放，是一种值得推广的可再生能源利用方案。

由于多数生物质的热值较低，在目前煤与生物质的混合燃烧工艺中，为了取得较好的燃烧效果，入炉燃料中煤的比例一般占50%以上，即主要燃料是煤，生物质仅为辅助燃料，混烧的本质仍是"煤掺烧生物质"。

（四）制取二甲醚技术

二甲醚（DME）是一种非腐蚀性有机物，可替代柴油作为汽车燃料或替代液化石油气做民用燃料。作为二甲醚的合成气来源有很多，与来自于煤气化产物的合成气相比，来自于生物质转化的合成气有它独到的优点：首先，生物质的结构以直链结构为主，不同于煤中的环状结构，有利于将其直链结构转化为小分子；其次，生物质中含有较大比例的氧，作为高温热解原料易于形成CO，从而可提高合成气品质；再者，生物质中其他杂质少，比如木材中，S含量不超过0.06%，在合成气中含量稀少，便于简化后续的催化反应，减少净化设备，节约初投资。

利用生物质制取二甲醚的技术有一步法和二步法之分。二步法是先利用生物质转化合成气合成甲醇，再在固体催化剂作用下脱水制得二甲醚。二步法技术较成熟，制备的二甲醚纯度高，但生产工艺复杂，要经过甲醇合成、甲醇精馏和二甲醚精馏等过程，而且存在有设备腐蚀和环境污染等问题，目前正逐步被淘汰。一步法是将合成甲醇和甲醇脱水两个反应结合在一个反应器内完成，即由生物质气化（或热解）产生的合成气经催化作用直接合成二甲醚。一步法具有投资省、生产工艺流程短、生产过程能耗低等优点，而且合成气转化率较高，有推广使用前景。

一般情况下，生物质高温热解气体中含有15%H_2，15%CO，约30%CO_2和约15%的CH_4，其中氢气和一氧化碳的成分比例大约为1:1，适合于做合成DME的原料气。由生物质热解气制取二甲醚的主要反应原理可描述如下：

$$3CO+3H_2 \xrightarrow{\text{催化剂}} CH_3OCH_3+CO_2$$

由于浆态床反应器易于实现恒温操作，能有效缓解催化剂结炭现象，有利于保持催化剂的反应活性，而且还可使用贫氢合成气，目前，一步法制取二甲醚的技术研究大多是在浆态床反应釜中进行。

（五）制取燃料乙醇

由生物质制取燃料乙醇的方法主要有两种：一种是通过酵母等微生物发酵糖原料（甘蔗、甜菜、甜高粱和各种水果）或淀粉原料（玉米、小麦、土豆、红薯、木薯等）制得酒精；另一种则是通过酸水解纤维素类原料得到可发酵糖，再由酵母来发酵可发酵糖制得酒精。

由于淀粉分子由长链葡萄糖分子组成，通过水解可以较容易地将淀粉分子转变成葡萄糖分子，然后发酵成乙醇。目前，绝大多数燃料乙醇是通过淀粉水解发酵制取的，其中约90%是以玉米为原料。图7-31描述了由玉米制取变性燃料乙醇的流程。

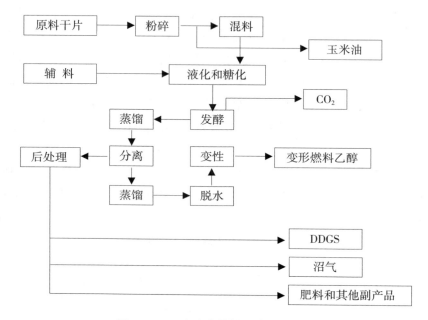

图 7-31　玉米生产燃料乙醇工艺流程

以木质纤维素类生物质为原料制取燃料乙醇的技术关键在于生物质的水解。生物质水解是指木质纤维素类生物质在一定温度和催化剂的作用下，使其中的纤维素和半纤维素加水分解（糖化）成为单糖（己糖和戊糖）的过程。生物质水解的方法很多，其中二步法水解和渗滤床水解是两项最有可能商业化的方法。以木质纤维素类生物质为原料、通过酸水解生产燃料乙醇的主要过程原理可表述为：

$$(C_6H_{10}O_5)_n + nH_2 \xrightarrow{\text{H}^+\text{或酶}} n\,(C_6H_{12}O_6)$$

$$(C_5H_8O_4)_n + nH_2O \xrightarrow{\text{H}^+\text{或酶}} n\,(C_5H_{10}O_5)$$

$$C_6H_{12}O_6 \xrightarrow{\text{微生物}} 2C_2H_5OH + 2CO_2$$

第五节　其他清洁能源利用工程

一、地热能

（一）地热能资源及特性

地热是指地球内部所储存、产生的热量。能够经济地为人类所利用的地球内部热量，称地热资源，人们习惯简称为"地热"。地热资源的现代含义包括：地热过程的全部产物，指天然蒸汽、热水和热卤水等；由人工引入（回灌）热储的水、气或其他流体所产生的二次蒸汽、热水和热卤水等；由上述产物带出的矿物质副产品。

地热资源种类繁多，按其储存形式，可分为蒸汽型、热水型、地压型、干热岩型和熔岩型五大类；按温度可分为高温（高于150℃）、中温（90℃~150℃）和低温（低于90℃）地热资源。

根据地热流体的温度不同，利用范围不同：

（1）20℃~50℃：沐浴，水产养殖，饲养牲畜，土壤加温，脱水加工；

（2）50℃~100℃：供暖，温室，家庭用热水，工业干燥；

（3）100℃~150℃：双循环发电，供暖，制冷，工业干燥，脱水加工，回收盐类，罐头食品；

（4）150℃~200℃：双循环发电，制冷，工业干燥，工业热加工；

（5）200℃~400℃：直接发电及综合利用。

（二）地热能开发与利用工程

地热能开发与利用包括地热发电、地热供暖、医疗保健、温泉洗浴和旅游度假、水产养殖、温室种植、农业灌溉、工业利用等。

1. 地热发电

地热发电是地热利用的最重要方式。地热发电实际上就是把地下的热能转变为机械能，然后再将机械能转变为电能的能量转变过程。地热发电不像火力发电那样要装备庞大的锅炉，也不需要消耗燃料，它所用的能源就是地热能。要利用地下热能，首先需要有"载热体"把地下的热能带到地面上来。目前能够被地热电站利用的载热体，主要是地下的天然蒸汽和热水。根据用地热资源的特点以及采用技术方案的不同，地热发电主要划分为地热蒸汽、地下热水、联合循环和地下热岩四种发电方式。

（1）地热蒸汽发电。地热蒸汽发电包括背压式汽轮机发电和凝汽式汽轮机发电。

背压式汽轮机发电工作原理为：把干蒸汽从蒸汽井中引出，先加以净化，经过分离器分离出所含的固体杂质，然后使蒸汽推动汽轮发电机组发电，排汽放空（或送热用户）。这是最简单的发电方式，大多用于地热蒸汽中不凝结气体含量很高的场合，或者综合利用于工农业生产和生活用水。

凝汽式汽轮机发电工作原理为：为了提高地热电站的机组输出功率和发电效率，做功后的蒸汽通常排入混合式凝汽器，冷却后再排出，在该系统中，蒸汽在汽轮机中能膨胀到很低的压力，所以能做出更多的功。

（2）地下热水发电。地下热水发电包括闪蒸地热发电等。

闪蒸地热发电工作原理为：将地热井口来的地热水，先送到闪蒸器中进行降压闪蒸（或称扩容）使其产生部分蒸汽，再引到常规汽轮机做功发电。汽轮机排出的蒸汽在混合式凝汽器内冷凝成水送往冷却塔。分离器中剩下的含盐水排入环境或打入地下，或引入作为第二级低压闪蒸分离器中，分离出低压蒸汽引入汽轮机的中部某一级膨胀做功。用这种方法产生蒸汽来发电就叫作闪蒸法地热发电。它又可以分为单级闪蒸法、两级闪蒸法和全流法等。

（3）联合循环发电。联合循环地热发电系统就是把蒸汽发电和地热水发电两种系统合二为一，这种地热发电系统一个最大的优点就是适用于大于150℃的高温地热流体发电，经过一次发电后的流体，在不低于120℃的工况下，再进入双工质发电系统，进行二次做功，充分利用了地热流体的热能，既提高了发电效率又将以往经过一次发电后的排放尾水进行再利用，大大节约了资源。

（4）地下热岩石发电。地下热岩石发电包括热干岩过程法发电和岩浆发电。

热干岩过程法发电不受地理限制，可以在任何地方进行热能开采。首先将水通过压力泵压入地下4到6 km深处，在此处岩石层的温度大约在200℃左右。水在高温岩石层被加热后通过管道加压被提取到地面并输入热交换器中。热交换器推动汽轮发电机将热能转化成电能。而推动汽轮机工作的热水冷却后再重新输入地下供循环使用。这种地热发电成本与其他再生能源的发电成本相比是有竞争力的，而且这种方法在发电过程中不产生废水、废气等污染，所以它是一种未来的新能源。

2. 地热供暖

近年来，由于热泵技术的应用，浅层地热资源开发有了快速的发展，地源热泵供暖的发展速率已超过常规中低温地热资源利用的发展速度。

3. 医疗保健

我国大多数地热温泉均具有医疗价值，不少地热水可作为医疗矿泉水予以开发利用，实际利用工程也较普遍，遍布全国各省区市。

4. 温泉洗浴和旅游度假

室内水上娱乐健身场所因有温度调控，活动不受气候变化的影响，近年来受到人们的青睐。地热温泉多分布在自然景区，自身集热能、水、矿于一体，既可为发展室内大型水上娱乐健身场所提供稳定的清洁能源，又可为其提供有一定医疗作用的矿水资源，是开发此类项目的首选或必备条件。一些开发商注意到了这点，从 20 世纪 90 年代初，开始利用地热发展室内水上娱乐健身场所，如广东恩平、海南琼海官塘等地，各地相互效仿，近年来发展较快。

5. 水产养殖

多用于养殖鳗鱼、罗非鱼、对虾、河蟹、甲鱼等。近年来，随着温泉旅游业的发展，利用地热进行水产养殖已呈衰减之势。

6. 温室种植

开发地热，建立地热温室，是发展特色农业、生态农业、现代化农业的条件之一，农业利用地热的典型代表是北京小汤山地区的现代农业园，利用不同作物对最低温度的要求，梯级利用地热种植名贵花卉、特色蔬菜、反季节蔬菜和发展观光农业等，效果非常好。

7. 农业灌溉

水质好、40℃以下的地热水或利用后的地热尾水，一般都直接用于农田灌溉。

8. 工业利用

主要用于印染、粮食烘干和生产矿泉水等。

二、氢能

(一) 氢能资源及特性

氢重量最轻，所有气体中，氢气的导热性最好，除核燃料外，氢的发热值居各种燃料之首。氢燃烧性能好，点燃快，可燃范围宽，燃点高，燃烧速度快。氢能是一种二次能源，在人类生存的地球上，虽然氢是最丰富的元素，但自然氢的存在极少。因此必须将含氢物质分解后方能得到氢气。最丰富的含氢物质是水（H_2O），其次就是各种矿物燃料（煤、石油、天然气）及各种生物质等所有元素中。

氢能所具有的清洁、无污染、效率高、重量轻和储存及输送性能好、应用形式多等诸多优点，赢得了人们的青睐。利用氢能的途径和方法很多，例如航天器燃料、氢能飞机、氢能汽车、氢能发电、氢介质储能与输送，以及氢能空调、氢能冰箱等。随着科学技术的进步和氢能系统技术的全面进展，氢能应用范围必将不断扩大，氢能将深入人类活动的各个方面。

（二）氢能开发与利用工程

1. 氢能制取

（1）从含烃的化石燃料中制氢。这是过去以及现在采用最多的方法。它是以煤、石油或天然气等化石燃料做原料来制取氢气。

用蒸汽作催化剂以煤做原料来制取氢气的基本反应过程为：

$$C+H_2O \rightarrow CO+H_2$$

用天然气做原料、蒸汽作催化剂的制氢化学反应为：

$$CH_4+H_2O \xleftrightarrow{800} 3H_2+CO$$

（2）电解水制氢。这种方法是基于如下的氢氧可逆反应：

$$H_2+\frac{1}{2}O_2 \Leftrightarrow H_2O+\Delta Q$$

分解水所需要的能量 ΔQ 是由外加电能提供的。为了提高制氢效率，电解通常在高压下进行，采用的压力多为 3.0~5.0 MPa。

（3）热化学制氢。这种方法是通过外加高温热使水起化学分解反应来获取氢气。

到目前为止虽有多种热化学制氢方法，但总效率都不高，仅为 20%~50%，而且还有许多工艺问题需要解决。依靠这种方法来大规模制氢还有待进一步研究。

（4）太阳能制氢。随着新能源的崛起，以水作为原料利用核能和太阳能来大规模制氢已成为世界各国共同努力的目标。其中太阳能制氢最具吸引力，也最有现实意义。诸如太阳热分解水制氢、太阳能电解水制氢、太阳能光化学分解水制氢、太阳能光电化学分解水制氢、模拟植物光合作用分解水制氢、光合微生物制氢。

2. 氢能的利用

（1）氢燃料电池。氢燃烧无污染，只有水排放，用它装成的电动车，称为

"零排放车"；无噪声，无传动部件，特别适于潜艇中使用；启动快，8 秒钟即可达全负荷，可以模块式组装，即可任意堆积成大功率电站。

（2）家庭用氢。随着制氢技术的发展，氢能利用将进入家庭，首先是发达的大城市，它可以像输送城市煤气一样，通过氢气管道送往千家万户。每个用户则采用金属氢化物贮罐将氢气贮存，然后分别接通厨房灶具、浴室、氢气冰箱、空调机等，并且在车库内与汽车充氢设备连接。人们的生活靠一条氢能管道，可以代替煤气、暖气甚至电力管线，连汽车的加油站也省掉了。这样清洁方便的氢能系统，将给人们创造舒适的生活环境。

第八章　节能减排工程

节能减排是指在满足相等需要或达到相同目的的条件下，通过加强用能管理，采取技术上可行、经济上合理以及环境和社会可以接受的措施，减少从能源生产到消费各个环节中的损失和浪费，提高能源利用的经济效果，降低各种有害物质的生产和排放。本章主要介绍了工业、建筑和交通等领域和行业的节能技术、方法和产品，"三废"处理的方法、工艺和技术，为降低企业和社会能耗、缓解能源供需矛盾、保障国家能源安全和减少"三废"排放等提供技术、方法和产品借鉴。

第一节　节能工程

一、工业节能工程

工业是我国国民经济的支柱产业，同时也是耗能大户，占全国总耗能的70%左右，主要的重点耗能行业有钢铁、有色金属、石油、煤炭、石化、化工、建材、造纸、纺织等工业行业。《节能减排'十二五'规划》中指出：加强工业节能，坚持走新型工业化道路，通过明确目标任务、加强行业指导、推动技术进步、强化监督管理，推进工业重点行业节能。

在各个不同行业，除行业生产的专用设备外，不同行业之间还有大量的通用设备，以下对常见设备的节能技术做一归纳。

（一）工业炉节能

在工矿企业中，主要涉及的工业炉包括蒸汽锅炉、热水锅炉、热风炉、电炉等。

提高锅炉热效率主要从以下几个方面考虑：

（1）燃烧合理化，提高燃烧效率。如局部增氧助燃技术、二次风布置的改善、降低飞灰含碳量、重油磁化等。

（2）加强余热回收。如烟气全热回收、闭式冷凝水全热回收、排污余热回收等。

（3）减少热力损失，保持效率。如减少蒸汽泄露、常温除氧、加强保温等。

工业炉的节能途径有：局部增氧助燃技术；二次风布置的改善；降低飞灰含碳量；重油磁化；烟气全热回收；闭式冷凝水全热回收；排污余热回收；常温除氧；蓄热燃烧技术。

（二）电机节能

在企业当中，存在大量由电机拖动的设备，电机节能是极大的一个节能空间。电机节能主要技术有变频技术和斩波内馈技术。

（三）制冷系统节能

制冷系统节能包括主机节能和输配系统节能。主要节能途径包括换高效节能水泵；智能变频控制；采用深度负压式冷却塔；独立除湿技术；中央智能控制系统；采用蓄冰空调和设置冷冻水池的蓄冷技术。

（四）照明系统节能

照明系统的节能主要包括：采用高效节能光源，采用节能的照明电器附件，采用高效率，配光合理的照明灯具，采用合适的照明方式，采用合理的照明控制手段，合理的供电方式和线路选择，良好的日常维护管理等。主要节能途径包括采用无极灯、LED 灯、T_5 节能灯及照明控制系统等。

（五）电力输配系统节能

电力输配系统的节能主要包括：三相平衡、无功补偿、错峰用电、变压器节能、空压机系统节能等。

二、建筑节能工程

（一）热泵空调技术

热泵技术主要有空气源热泵技术和水（地）源热泵技术，可向建筑物供暖、供冷，有效降低建筑物供暖和供冷能耗，同时降低区域环境污染。

（二）新风处理及空调系统的余热回收技术

新风负荷一般占建筑物总负荷约 30%~40%。变新风量所需的供冷量比固定的最小新风量所需的供冷量少 20% 左右。新风量如果能够从最小新风量到全新风变化，在春秋季可节约近 60% 的能耗。通过全热式换热器将空调房间排风与新风进行热、湿交换，利用空调房间排风的降温除湿，可实现空调系统的余热回收。

气—气热交换器是排风热回收装置的核心，按热交换器的不同种类，常用的排风热回收方式有转轮式热回收、板翅式热回收、热管式热回收、盘管式热回收等。

（三）独立除湿空调节电技术

中央空调消耗的能量中，40%~50%用来除湿。冷冻水供水温度提高 1℃，效率可提高 3%左右。采用除湿独立方式，同时结合空调余热回收，中央空调电耗可降低 30%以上。

（四）空调系统"三变"节能技术

采暖空调系统的控制技术是对既有热网系统和楼宇能源系统进行节能改造、实现优化运行节能控制的关键技术。主要有三种方式：VWV（变水量）、VAV（变风量）和 VRFV（变制冷剂流量），其关键技术是基于供热、空调系统中"冷（热）源—输配系统—末端设备"各环节物理特性的控制。

（五）建筑热电冷三联供技术

建筑热电冷三联供系统是分布式供电系统的一种，是在建筑物内安装燃气或燃油发电机组发电，满足建筑物的用电基础负荷；同时，用其余热产生热水，用于采暖和生活热水需要；在夏季用发电的余热产生冷量，用于空调的降温和除湿。制冷设备主要是吸收式制冷机，其制冷所用热量由热电联产系统供热量提供。与直接使用天然气锅炉供热、天然气直燃机制冷、发电厂供电相比，上述方式可降低一次能源消耗量 10%~30%，同时还减少了输电过程的线路损耗。

（六）围护结构节能技术

墙体采用岩棉、玻璃棉、聚苯乙烯塑料、聚氨酯泡沫塑料及聚乙烯塑料等新型高效保温绝热材料以及复合墙体，降低外墙传热系数。

采取增加窗玻璃层数、窗上加贴透明聚酯膜、加装门窗密封条、使用低辐射玻璃（low-E 玻璃）、封装玻璃和绝热性能好的塑料窗等措施，改善门窗绝热性能，有效降低室内空气与室外空气的热传导。采用高效保温材料保温屋面、架空型保温屋面、浮石沙保温屋面和倒置型保温屋面等节能屋面。

（七）采暖末端装置可调技术

主要包括末端热量可调及热量计量装置，连接每组暖气片的恒温阀，相应的热网控制调节技术以及变频泵的应用等。可实现 30%~50%的节能效果，同时避免采暖末端的冷热不均问题。

（八）各种辐射型采暖空调末端装置节能技术

地板辐射、天花板辐射、垂直板辐射是辐射型采暖的主要方式。可避免吹风感，同时可使用高温冷源和低温热源，大大提高热泵的效率。在有低温废热、地下水等低品位可再生冷热源时，这种末端方式可直接使用这些冷热源，省去常规冷热源。

（九）相变贮能技术

相变贮能技术具有贮能密度高、相变温度接近于一恒定温度等优点，可提供很高的蓄热、蓄冷容量，并且系统容易控制，可有效解决能量供给与需求时间上的不匹配问题。例如，在采暖空调系统中应用相变贮能技术，是实现电网的"削峰填谷"的重要途径；在建筑围护结构中应用相变贮能技术，可以降低房间空调负荷。

（十）太阳能一体化建筑

太阳能一体化建筑是太阳能利用的发展趋势。利用太阳能为建筑物提供生活热水、冬季采暖和夏季空调，同时可以结合光伏电池技术为建筑物供电。

（十一）照明系统节能

推广使用细管径 T_5、T_8 荧光灯和紧凑型荧光灯等高光效光源；采用高效节能灯具；采用电子镇流器和节能型镇流器取代普通电感镇流器；采用半导体发光二极管（LED）；采用照明节电控制系统。

（十二）应用天然采光技术

充分利用天然采光，节约照明用电。创造良好的视觉工作环境。目前自然光采光系统的技术及产品正在快速发展中，主要技术的使用方式包括：①带反射挡光板的采光窗。②阳光凹井采光窗。③带跟踪阳光的镜面格栅窗。④用导光材料制成的导光遮光窗帘。⑤导光玻璃和棱镜板采光窗。

三、交通节能工程

目前我国交通能耗占全社会总能耗的 8% 左右，各类交通工具消耗了几乎所有汽油、60% 的柴油和 80% 的煤油。交通运输的节能降耗对保障国家的能源安全和节能减排，具有十分重要的意义。

（一）公路运输

公路运输能耗高，以汽车为主要运输工具，使用的燃料绝大部分为石油，我国汽车的汽油消耗量约占全国汽油总消耗量的86%，汽车消费的柴油约占全国柴油总消耗量的24%。

汽车节能途径和技术主要包括：

（1）改进传统发动机结构：适当提高压缩比、改进进排气系统、改进供油系统、改进点火系（汽油机）、改进燃油系统、采用增压技术、减少机械损失和采用电子控制。

（2）采用代用燃料：目前用得最多的清洁代用燃料有天然气、液化石油气和醇类燃料。正在研究的清洁代用燃料有二甲醚、氢气、生物能（生物柴油）和燃料电池。

（3）研制高效发动机（直喷发动机）：汽油发动机节能技术的发展方向为：缸内直喷技术、电辅助增压、电动气门、可变压缩比等技术。柴油发动机节能技术的发展方向为：柴油机电控高压燃油喷射系统和智能化发动机电子管理系统技术，大幅度降低柴油的硫含量技术以及发展合成柴油和生物柴油等代用柴油技术。

（4）提高传动效率、降低空气阻力、降低行驶阻力及轻量化：合理匹配发动机与汽车传动系、合理选择汽车传动比、减轻汽车自重、使用经济车速、采用子午线轮胎及合理选择车身造型。

（5）汽车的正确维护和使用：正确的驾驶技术、科学的车辆调度、合理选用燃油和润滑油、合理使用轮胎、合理的汽车维护。

（二）铁路运输

铁路节能主要抓好重点工程建设，以转变增长方式、调整运输结构、加快技术进步为宗旨，加快构建节约型生产方式，重点围绕节约和替代燃油、建筑节能、绿色照明、机关节能等方面，实施铁路节能工程。

1. 牵引节能工程

机车牵引用能约占铁路总能耗的65%，结合铁路装备现代化的要求，尽快推广运用交—直—交传动机车、动力分散型动车组、双层集装箱车辆等装备。

2. 节约和替代燃油工程

加快铁路电气化建设，扩大电力牵引比重。新建客运专线，全部使用电力牵引。扩大机车向客车供电技术应用范围，在电气化区段逐步取消柴油发电厂，逐步淘汰燃油锅炉。

3. 辅助设施节能工程

燃煤锅炉采用高效清洁燃烧和控制技术，提高燃煤效率；大力推广太阳能和地热能等新能源和可再生能源的应用，减少燃煤消耗；燃气锅炉采用智能控制，减少用气量。

4. 铁路建筑节能工程

严格控制窗墙比，做好保温、隔热，尽量采用自然光；积极采用建筑隔热、储能、空调智能控制、综合用能和余热余能回收利用等先进节能技术。在有条件的地区积极推广太阳能、地源热泵等采暖、制冷、热水和照明。新建铁路车站、生产厂房、生活用房等公共建筑项目必须严格按照规范设计，在项目可行性研究、初步设计和施工图设计等各阶段完善节能措施，从源头杜绝能源浪费。

5. 铁路绿色照明工程

在铁路车站、站场、办公室和公共照明场所推广新光源、高效照明灯具和照明控制技术；在信号机和控制台推广新型光源，减少照明用电。

（三）水路运输

努力推广环保、节能新技术、新工艺，积极发展节能型水路运输，对于缓解我国能源紧张局面，减少燃料消耗，提升我国经济社会的可持续发展能力具有重要意义。

1. 船舶节能技术

（1）船体方面。船舶节能的关键是节能船舶的优化设计。在满足船舶使用条件下，优化船体型线设计与船型，使船舶阻力最小，选配耗油量小的船主机，使总体协调匹配，以达到船、机、桨、舵的最佳配置，从而提高船的推进效率，减少运营费用。新船型的船首部应有利于低转速大直径的新型螺旋桨，以使船舶在航行中的总阻力最小，所需主机功率最恰当地达到船身效率和螺旋桨效率最高，船舶推进效率最佳。

（2）机械方面。改进主机和船舶动力装置是船舶节能技术的最重要措施。主要包括开发低转速、低油耗、热效率并可烧低质油，以及能提高压力升高比和扩展排气管截面积的多用途船用柴油机，选择节能的新型主机，船舶动力装置的余热利用技术、柴油发电机和辅助锅炉的节能技术等。一般柴油机的热能量损失为 50%，真正转换为输出有效热能仅占 50%。因此，可采用余热锅炉回收废气余热生产蒸汽，用来驱动蒸汽透平发电装置，可使船用电力系统输出电力增加 30% 左右。此外，还可利用废气余热加热热水以供燃油柜加热和舱室取暖。

（3）运行与管理。加强船舶调度管理，优化船舶运输组织，尽量减少往返运输不平衡和空返现象，提高运输效率，减少非生产性停航；制定节能管理制度，提高船员和管理人员的节能意识等。

2. 港口节能技术

港口节能主要从管理和技术入手，对规划、设计、施工、运营等阶段加以全过程监控。

对于港口主要用能设备进行合理选型，无接卸超大型集装箱船舶要求的码头，可以少配或不配大型集装箱装卸桥。大型矿石码头和大型煤炭码头的皮带机设计，应考虑皮带机工艺流程的顺畅，减少折返次数。同时，应考虑堆场实际情况，合理布置皮带机的数量。对于有配煤要求的煤炭码头，应根据配煤的比例配置一定数量的小型皮带机并考虑配置一定数量的单斗装载机。大型油品码头，主要是大型原油码头，应考虑管线顺畅、尽量缩短管线长度，最重要的是要考虑储罐及管线加热和温度维持时的节能。

第二节 减排工程

"工业三废"包括废水、废气和固体废弃物，其中含有多种有毒、有害物质，若不经妥善处理，如未达到规定的排放标准而排放到环境（大气、水域、土壤）中，超过环境自净能力的容许量，就会对环境产生污染，破坏生态平衡和自然资源，影响工农业生产和人民健康。控制"三废"污染、改善人类生存环境是一个庞大的系统工程，需要个人、集体、国家，乃至全球各国的共同努力，需要从源头上减排、加强防治技术工艺的开发利用。其中，大气污染治理的重点是脱硫、脱硝、脱碳除尘，水污染处理的重点工艺是脱除氮和磷，固体废物处置常用手段是焚烧和回收再利用等。

一、废气治理减排工程

（一）二氧化碳处理减排

二氧化碳捕获方法有吸收法、吸附法和膜分离技术等。主要的 CO_2 捕获技术见表 8-1。

吸收法分离 CO_2 主要有物理吸收法和化学吸收法，物理吸收法就是采用对 CO_2 溶解度大、选择性好、性能稳定的有机溶剂，通过加压溶解 CO_2 来完成捕捉过程，然后降压进行 CO_2 的释放和溶剂的再生。典型的物理吸收法主要有环丁砜法、聚乙二醇二甲醚法以及甲醇法等；化学吸收法则主要采用碱性溶液对

表 8-1 主要 CO_2 捕获技术

	技术	工业应用	工作压力	大型化应用的关键问题	未来研发的方向
吸收法	化学法 (MEA)	脱除天然气中的 CO,脱除烟道气中的 CO_2	分压 3.5~17.0 kPa	再生的能耗,其他酸性气体的预处理	开发具有更高 CO_2 容量和更低能耗需求的吸附剂;新的接触反应器
	物理法 (冷甲醇,glycols)	脱除天然气中的 CO,脱除烟道气中的 CO_2	分压大于 525 kPa	再生的优化	开发具有更高 CO_2 容量和更低能耗需求的吸附剂;新的接触反应器
吸附法	变压吸附	产氢工艺中 CO_2 分离,脱除天然气中的 CO_2,脱除烟道气中的 CO_2	高压	吸附剂容量低,选择性差,受到低温的限制,产生的 CO_2 纯度不高,压力较低	开发新的具有能在水蒸气存在的情况下吸附 CO_2 的吸附剂;开发能产生更高纯度 CO_2 的吸附/脱附方法
	变温吸附	产氢工艺中 CO_2 分离,脱除天然气中的 CO_2	高压	再生能耗高,工作周期长（调温速度慢）	开发新的具有能在水蒸气存在的情况下吸附 CO_2 的吸附剂;开发能产生更高纯度 CO_2 的吸附/脱附方法
膜	无机膜 (陶瓷,钯)	产氢工艺中 CO_2 分离,脱除天然气中的 CO_2	高压	比聚合体膜单位体积具有少得多的表面积	开发能够同时进行燃料重整和 H_2/CO_2 分离的膜反应器
	聚合体	产氢工艺中 CO_2 分离,脱除天然气中的 CO_2	高压	CO_2 的选择性,膜降解问题	新的合成方法

CO_2 进行溶解分离,然后通过脱析分解分离出 CO_2 气体,同时对溶剂进行再生,典型的化学吸收溶剂主要是 K_2CO_3 水溶剂（再加少部分胺盐或钒、砷的氧化物）和乙醇胺类水溶液（如 MEA、DEA 和 MDEA 等）。此种方法在化工类已较为普遍和成熟,对 CO_2 的捕获效果好,但由于溶剂再生耗能大,用于电力行业还是存在运行成本昂贵的问题。

吸附法是通过吸附体在一定的条件下对 CO_2 进行选择性吸附,然后通过恢复条件将 CO_2 解析,从而达到分离 CO_2 的目的。按照改变的条件,主要有变温吸附法 (TSA) 和变压吸附法 (PSA)。由于温度的调节控制速度很慢,在工业中较少地采用变温吸附法。吸附法主要依靠范德华力吸附在吸附体的表面,吸附能力主要决定于吸附体的表面积以及操作的压（温）差，一般其效率较低，需要大量的吸附体，使此种技术成本非常高。现在 CCP 项目正在研究另一种新的吸附法——变电吸附（ESA），它通过活性炭纤维对 CO_2 进行吸附，通过电流的改变进行解析分离出 CO_2。

膜分离法是被认为最有发展潜力的脱碳方法，它主要是在一定条件下，通过膜对气体渗透的选择性把 CO_2 和其他气体分离开。按照膜材料的不同，主要有聚合体膜、无机膜以及正在发展的混合膜和其他过滤膜。聚合体膜又分为玻璃质膜（glassy polymers）和橡胶质膜（rubbery polymers），因为前者具有更好的气体选择性和机械性能，现在几乎所有的工业选择性渗透分离膜均采用玻璃质膜。

按照材料的结构不同，无机膜又分为多孔膜和致密膜。对于多孔膜，通常是利用一些多孔金属物作为支撑，将膜覆在支撑物上。氧化铝、碳、玻璃、碳化硅、沸石和氧化锆是最常用的多孔膜材料。多孔膜过滤的机理主要是努森扩散、表面扩散、毛细浓缩以及分子筛作用。致密膜则是由钯、钯合金或氧化锆形成的金属薄层，其过滤机理可用溶解扩散模型进行描述，即气体首先被吸附在膜表面，然后在膜中进行分子扩散，最后在膜的另一端进行解吸作用，从而穿透过滤膜。

无机膜具有耐高温、能在腐蚀性气体中工作等特点，很适合在电力行业中使用。但其与聚合体膜相比，装配较难，体积较大，投资成本较高。随着材料科学的进步，人们研究将无孔的聚合体膜与多孔无机膜在分子水平上结合，产生新的混合膜，既具有聚合体膜的高选择性，又具有多孔无机膜的高渗透性。

研究发现，在其成本相对较低的情况下，许多膜技术还有很大的投资和运行能耗降低的空间，对于燃烧前脱碳工艺中的先进的膜过滤技术，投资成本就可能降低 50%，运行能耗降低到 75%；另外，膜分离法在高压环境工作，更有利于后续的封存，因此，膜分离技术将是未来 CCS 最重要的选择。

1. 电厂 CO_2 捕获技术

目前，主要有四种不同类型的 CO_2 收集与捕获系统：燃烧后分离（烟气分离）、燃料前分离（富氢燃气路线）、富氧燃烧和工业分离（化学循环燃烧）。

对于大量分散型的 CO_2 排放源是难于实现碳的收集，因此碳捕获的主要目标是像化石燃料电厂、钢铁厂、水泥厂、炼油厂、合成氨厂等 CO_2 的集中排放源。针对排放的 CO_2 的捕获分离系统主要有 3 类：燃烧后系统、富氧燃烧系统以及燃烧前系统。

(1) 燃烧后脱碳技术。燃烧后捕获与分离主要是烟气中 CO_2 与 N_2 的分离。化学溶剂吸收法是当前最好的燃烧后 CO_2 收集法，具有较高的捕集效率和选择性，而能源消耗和收集成本较低。除了化学溶剂吸收法，还有吸附法、膜分离等方法。

(2) 富氧燃烧脱碳技术。富氧燃烧系统是用纯氧或富氧代替空气作为化石燃料燃烧的介质。燃烧产物主要是 CO_2 和水蒸气，另外还有多余的氧气以保证燃烧完全，以及燃料中所有组成成分的氧化产物、燃料或泄漏进入系统的空气中的惰性成分等。经过冷却水蒸气冷凝后，烟气中 CO_2 含量在 80% ~98% 之间。这样高浓度的 CO_2 经过压缩、干燥和进一步的净化可进入管道进行存储。CO_2 在高密度超临界下通过管道运输，其中的惰性气体和酸性气体成分需去除。此外 CO_2 需要经过干燥以防止在管道中出现水凝结和腐蚀，并允许使用常规的炭钢材料。

目前氧气的生产主要通过空气分离方法，包括使用聚合膜、变压吸附和低温蒸馏。

(3) 燃烧前脱碳技术。首先，化石燃料先同氧气或者蒸汽反应，产生以 CO 和 H_2 为主的混合气体（称为合成气），其中与蒸汽的反应称为"蒸汽重整"，需在高温下进行；对于液体或气体燃料与 O_2 的反应称为"部分氧化"，而对于固体燃料与氧的反应称为"气化"。待合成气冷却后，再经过蒸汽转化反应，使合成气中的 CO 转化为 CO_2，并产生更多的 H_2。最后，将 H_2 从 CO_2 与 H_2 的混合气中分离，干燥的混合气中 CO_2 的含量可达 15%~60%，总压力 2~7MPa。CO_2 从混合气体中分离并捕获和存储，H_2 被用作燃气联合循环的燃料送入燃气轮机，进行燃气轮机与蒸汽轮机联合循环发电。

2. CO_2 碳封存

碳封存是指将捕获、压缩后的 CO_2 运输到指定地点进行长期封存的过程。将运抵存储地的 CO_2 注入如地下盐水层、废弃油气田、煤矿等地质结构层或者深海海底或海床以下的地质结构中。另外，一些工业流程也可在生产过程中利用和存储少量被捕获的 CO_2。目前，主要的封存方式有地质封存、海洋封存和碳酸盐矿石固存等。

这个过程涉及许多在石油和天然气开采和制造业中研发和普遍应用的技术，如用泵向井下注入 CO_2，并通过在井底部的凿孔或筛子使 CO_2 进入岩层。

此外，CO_2 回注油田可以提高采油率，在煤层中注入 CO_2，可以回收煤层气，这个过程也就是通常所说的强化采油（EOR）和强化采煤层气（ECBM）。

3. 将二氧化碳转化为工业原料减排技术

一些化工公司正在开发用 CO_2 作为低成本化工原材料的新技术。巴斯夫公司已经用 CO_2 排放气做工业原料。工业专家估计，每年大约有 1.2 亿吨的 CO_2 可以用作化工原料，但作为一种减少排放的途径，这个数量可能会明显增加。

（1）二氧化碳用于尿素、水杨酸和甲醇等的生产。巴斯夫收集合成氨厂排放的 CO_2，用作生产尿素的原料，几年来已消耗了几十万吨的 CO_2。巴斯夫公司认为，一般而言，鉴于碳在 CO_2 分子中的热力学状态，用 CO_2 做原料是非常有限的。巴斯夫在小规模技术的开发上也取得了进展，该公司近来成功地开发了用 CO_2 替代传统的碳–氢单体的共聚物。

（2）将二氧化碳转化为燃料。位于美国新墨西哥州的 Sandia 国际实验室的研究人员正在开发一种利用 CO_2 的清洁燃料技术。这项技术仍处于开发阶段，涉及将 CO_2 转化为 CO，后者可用于制造包括氢、甲醇和汽油在内的燃料。转化是在存在浓缩太阳热能的条件下，将 CO_2 通过一种钴–铁酸盐陶瓷材料，这种神奇的太阳能浓缩器在一个独特的反应器中升温到 1500℃。这种反应器称作反向旋转环接收器反应器恢复器，简称 CR_5。反应将 CO_2 分解为 CO 和氧。CR_5 内的另一室可用来用水生产氢，之后氢和 CO 可以结合成烃类燃料。

（3）利用合成生物学开发碳中性的生物燃料。能源和化工公司正在开发被称为碳中性的生物燃料。壳牌与 HR 生物石油公司联手创建的合资公司 Cellane，正在开发由海藻制生物柴油的工艺，通过喂食工业装置排放的 CO_2 气体，海藻数量可以增加。Cellane 于 2007 年 2 月宣布已开始在 Kona 海岸的工厂建设一套试验装置，检验这项技术。这套装置将用瓶装的 CO_2 探索工艺的潜力。

（二）氮氧化物减排工程

氮的氧化物有 N_2O、NO、NO_2、N_2O_3、N_2O_4、N_2O_5 等几种，总称氮氧化物，常以 NO_x 表示。其中污染大气的主要是 NO 和 NO_2。作为酸性气体，NO_x 是仅次于 SO_2 形成酸雨和酸雾的大气污染物，对生态环境和人体健康有着巨大危害。NO_x 污染的控制主要有 3 种方法：①燃料脱氮；②改进燃烧方式和生产工艺；③烟气脱硝。其中烟气脱硝是近期内 NO_x 控制措施中最重要的方法。烟气脱硝技术有气相反应法、液相吸收法、吸附法、液膜法、微生物法等几类。

总的看来，目前工业上应用的方法主要是气相反应法和液相吸收法两类。这两类方法中又分别以催化还原法和碱吸收法为主，前者可以将废气中的 NO_x 排放浓度降至较低水平，但消耗大量 NH_3，有的还消耗燃料气，经济亏损大；后者可回收 NO_x 为硝酸盐和亚硝酸盐，有一定经济效益，但净化效率不高，不

能把 NO_x 降至较低水平。

1. 选择性催化还原法（SCR）

在含氧气氛下，还原剂优先与废气中 NO 反应的催化过程称为选择性催化还原。以 NH_3 做还原剂，V_2O_5–TiO_2 为催化剂来消除固定源（如火力发电厂）排放的 NO 的工艺已比较成熟。也是目前唯一能在氧化气氛下脱除 NO 的实用方法。

2. 非催化选择性还原法（SNCR 法）

该法原理同 SCR 法，由于没有催化剂，反应所需温度较高（900℃~1200℃），因此需控制好反应温度，以免氨被氧化成氮氧化物。该法净化率为 50%。

该法特点是不需催化剂，旧设备改造少，投资较 SCR 法小。但氨液消耗量较 SCR 法多。

3. 催化分解法

理论上，NO 分解成 N_2 和 O_2 是热力学上有利的反应，但由于反应的活化能高，需要合适的催化剂来降低活化能，才能实现分解反应。由于该方法简单，费用低，被认为是最有前景的脱氮方法，目前所用催化剂主要有贵金属、金属氧化物、钙钛矿型复合氧化物及金属离子交换的分子筛等。

4. 等离子体治理技术

电子束（Electron Beam，EB）法的原理是利用电子加速器产生的高能电子束，直接照射待处理的气体，通过高能电子与气体中的氧分子及水分子碰撞，使之离解、电离，形成非平衡等离子体，其中所产生的大量活性粒子（如 OH、O 和 HO_2 等）与污染物进行反应，使之氧化去除。许多国家已经建立了一批电子束试验设施和示范车间。日本、德国、美国和波兰的示范车间运行结果表明，这种电子束系统去除 SO_2 的总效率通常超过 95%，去除 NO_x 的效率达到 80%~85%。

但电子束照射法仍有不少缺点：①能量利用率低，当电子能量降到 3 eV 以下后，将失去分解和电离的功能，剩余的能量将浪费掉；②电子束法所采用的电子枪价格昂贵，电子枪及靶窗的寿命短，所需的设备及维修费用高昂；③设备结构复杂，占地面积大，X 射线的屏蔽与防护问题不容易解决。

上述原因限制了电子束法的实际应用和推广。针对电子束法存在的缺点，20 世纪 80 年代初期，日本的 Masuda 提出了脉冲电晕放电等离子体技术（Pulse corona discharge plasma，PCDP）。PCDP 技术产生电子的方式与 EB 法截然不同，它是利用气体放电过程产生大量电子，电子能量等级与 EB 法电子能量等级差别很大，仅在 5~20 eV 范围内。与电子束照射法相比，该法避免了电子加速器的使用，也无须辐射屏蔽，增强了技术的安全性和实用性。

5. 液体吸收法

NO_x 是酸性气体，可通过碱性溶液吸收净化废气中的 NO_x。常见吸收剂有：水、稀 HNO_3、$NaOH$、$Ca(OH)_2$、NH_4OH、$Mg(OH)_2$ 等。为提高 NO_x 的吸收效率，又可采用氧化吸收法、吸收还原法及络合吸收法等。氧化吸收法先将 NO 部分氧化为 NO_2，再用碱液吸收。气相氧化剂有 O_2、O_3、Cl_2 和 ClO_2 等；液相氧化剂有 HNO_3、$KMnO_4$、Na_2ClO_2、$NaClO$、H_2O_2、$KBrO_3$、$K_2Br_2O_7$、Na_3CrO_4、$(NH_4)_2Cr_2O_7$ 等。吸收还原法应用还原剂将 NO_x 还原成 N_2，常用还原剂有 $(NH_4)_2SO_4$、$(NH_4)HSO_3$、Na_2SO_3 等。液相络合吸收法主要利用液相络合剂直接同 NO 反应，因此对于处理主要含有 NO 的 NO_x 尾气具有特别意义。NO 生成的络合物在加热时又重新放出 NO，从而使 NO 能富集回收。目前研究过的 NO 络合吸收剂有 $FeSO_4$、$Fe(II)$-$EDTA$ 和 $Fe(II)$-$EDTA$-Na_2SO_4 等。该法在实验装置上对 NO 的脱除率可达 90%，但在工业装置上很难达到这样的脱除率。

6. 吸附法

吸附法是利用吸附剂对 NO_x 的吸附量随温度或压力的变化而变化，通过周期性地改变操作温度或压力，控制 NO_x 的吸附和解吸，使 NO_x 从气源中分离出来，属于干法脱硝技术。根据再生方式的不同，吸附法可分为变温吸附法和变压吸附法。变温吸附法脱硝研究较早，已有一些工业装置。变压吸附法是最近研究开发的一种较新的脱硝技术。常用的吸附剂有杂多酸、分子筛、活性炭、硅胶及含 NH_3 的泥煤等。

7. 生物法处理

生物法处理的实质是利用微生物的生命活动将 NO_x 转化为无害的无机物及微生物的细胞质。

由于该过程难以在气相中进行，所以气态的污染物先经过从气相转移到液相或固相表面的液膜中的传质过程，可生物降解的可溶性污染物从气相进入滤塔填料表面的生物膜中，并经扩散进入其中的微生物组织。然后，污染物作为微生物代谢所需的营养物，在液相或固相被微生物降解净化。

(三) 硫化物减排工程

据有关调查，截至 2008 年全国涉足脱硫的企业已有 180 多家，约有 20 家公司已承接 300 MW 及以上火电机组的湿法烟气脱硫工程。国内脱硫技术主要来源于发达国家，自主知识产权的技术工程少，在国内脱硫技术市场所占份额占前五位的国外技术分别是美国 B&W 公司、奥地利 AEE 公司、德国鲁奇、德国 FBE 公司和美国 Marsulex 公司，其市场份额分别为 17.25%、16.50%、15.76%、10.86% 和 7.53%。目前，燃煤电厂 SO_2 控制技术主要可分为燃烧前脱硫、燃烧后的烟气脱硫和燃烧中脱硫。

1. 燃烧前控制技术

煤燃烧前除灰脱硫是煤炭工业的一个重要组成部分，是脱除无机硫最经济、最有效的技术途径，是源头治理技术。原煤经过分选处理既可脱硫除灰，提高煤质量，又可减少燃煤污染和无效运输，提高热能利用效率。对于燃煤中硫的燃烧前控制技术包含物理法、化学法、微生物脱硫的方法，以及多种技术联合使用的综合工艺、煤炭转化脱硫等。

(1) 煤的物理脱硫技术。煤的物理脱硫技术主要指重力选煤，即跳汰、重介质、空气重介质、风选、斜槽和摇床等多种重选、电选、磁选、浮选、油团聚分选等分离方法。工业上采用物理方法能脱出的主要是硫铁矿硫。重力分选法可以经济地去除煤中大块黄铁矿，但不能脱除煤中有机硫，对硫铁矿硫的脱除率也不高，一般在 50% 左右。目前，我国采用较多的煤炭脱硫方法是物理选别，几种选别处理工艺所占比例依次是跳汰 59%、重介质 23%、浮选 14%、其他 4%。

(2) 化学脱硫方法。化学脱硫方法有减法脱硫、热解与氢化脱硫、氧化法脱硫等方法。化学脱硫法的特点是几乎可以脱除全部硫铁矿硫和 25%~70% 的有机硫，同时煤的结构和热值不会发生显著变化，煤的回收率在 85% 以上，所以化学脱硫法对将有机硫含量高而黄铁矿呈大量细粒嵌布状态的煤加工成洁净燃料具有重要价值。煤的化学法脱硫可以获得超低灰低硫分煤，但出于化学选矿法工艺条件要求苛刻，流程复杂，投资和操作费用昂贵，而且发生化学反应后对煤质有一定的影响，在一定程度上限制了它的推广和应用。

(3) 煤的生物脱硫技术。煤的生物脱硫技术是在温和条件下，利用生物氧化–还原反应使煤中硫得以脱除的一种低能耗脱硫方法。该方法不仅生产成本低，而且不会降低煤的热值。

(4) 煤炭转化脱硫技术。煤炭转化脱硫技术指的是煤炭气化和煤炭液化技术，将煤气化和液化后进行脱硫。常温煤气脱硫方法有干法脱硫和湿法脱硫两类。湿法脱硫分为物理吸收法、化学吸收法和氧化法（直接转化法）。热煤气脱硫技术包括炉内热煤气脱硫、户外热煤气脱硫、膜分离技术脱硫和电化学脱硫等多种方法。煤的脱硫技术还包括超临界流体萃取、加氢热解、微波法、电化学法、超声波法、干式静电法、干式磁选和温和化学脱硫工艺等其他方法。

2. 燃烧中控制技术

燃烧中控制技术主要指清洁燃烧脱硫技术，旨在减少燃烧过程污染物排放，提高燃料利用效率的加工、燃烧、转化和排放污染控制的所有技术的总称。在煤燃烧过程中加入石灰石或白云石粉做脱硫剂，$CaCO_3$、$MgCO_3$ 受热分解生成 CaO、MgO，与烟气中 SO_2 反应生成硫酸盐，随灰分排出，从而达到脱硫目的。燃烧中控制技术主要指的是型煤固硫技术、循环流化床燃烧技术和水煤浆燃烧技术等方法。

（1）工业型煤固硫的工作原理及特点。将不同的原料经筛分后按一定的比例配煤，粉碎后同经过预处理的黏结剂和固硫剂混合，经机械设备挤压成型及干燥，即可得到具有一定强度和形状的成品工业固硫型煤。型煤用固硫剂氨化学形态可分为钙系、钠系以及其他三大类。石灰石粉、大理石粉、电石渣等是制造工业固硫型煤较好的固硫剂。一般情况下钙系固硫剂的固硫效率随钙硫比的增加而增加。工业固硫型煤具有反应活性高、燃烧性能比原煤好、型煤固灰及固硫能力比原煤好等特点。

（2）循环流化床燃烧脱硫工艺。流化床燃烧技术起源于固体流态化技术，指小颗粒煤与空气在炉膛内处于沸腾状态下、高速气流与所携带的处于稠密悬浮态的煤料颗粒充分接触进行燃烧。它介于固定床和气流床之间，包括鼓泡流化床和循环流化床两种燃烧方式。循环流化床锅炉燃用较好的煤种时，锅炉效率与煤粉炉相同；燃用劣质煤时，效率高于煤粉炉。在燃烧过程中，加石灰石脱硫，钙硫比为 1.5~2.5，脱硫率可达 90%。采用低温燃烧和分段燃烧技术，可使 NO_x 排放低于 0.02%。同时，循环流化床锅炉负荷调节范围宽，最低负荷可达到额定负荷的 25%，负荷变化速度快，易于实现大型化。

（3）水煤浆技术。在第五章第一节"煤炭的加工转化工程"中已有介绍，此处不再赘述。

3. 燃烧后烟气脱硫技术

烟气脱硫技术分类方法很多，按照操作特点分为干法、湿法和半干法；按照生成物的处置方式分为回收法和抛弃法；按照脱硫剂是否循环使用分为再生法和非再生法。根据净化原理分为两大类：吸收吸附法，用液体或固体物料优先吸收或吸附废气中的 SO_2；氧化还原法，将废气中的 SO_2 氧化成 SO_3，再转化为硫酸或还原为硫，再将硫冷凝分离。前者应用较多，后者还存在一定的技术问题，应用较少。其中，湿法烟气脱硫技术是目前烟气脱硫的主要技术。

（1）石灰石（石灰）—石膏法。目前的 FGD 系统大多采用了大处理量吸收塔，300 MW 机组的烟气可用一个塔处理，从而节省了投资和运行费用。FGD 系统的运行可靠性达 99% 以上，脱硫率高达 95%。湿法烟气脱硫工艺是目前脱硫率最高的工艺，最高脱硫率在 Ca/S=1.1~1.25 时可达到 98% 及以上。湿法工艺包括许多不同类型的工艺流程，使用最多的是石灰石/石灰—石膏湿法工艺，约占全部 FGD 安装容量的 70%。以石灰石或石灰浆液与烟气中 SO_2 反应，脱硫产物石膏可直接抛弃，也可综合利用，是目前世界上使用最广的脱硫技术。根据吸收塔型式不同又可分为三类：逆流喷淋塔、顺流填料塔和喷射鼓泡反应器，常用的为逆流喷淋塔型式湿法工艺。

（2）钠碱法。钠碱法主要包括亚钠循环吸收法和亚硫酸钠法两种。亚钠循环吸收法是用 Na_2SO_3 吸收 SO_2 生成 $NaHSO_3$，吸收液加热分解出高浓度 SO_2（进一步加工为液态 SO_2、硫黄或硫酸）和 Na_2SO_3（用于循环吸收）。亚硫酸钠法则是用 Na_2CO_3 吸收 SO_2，并将 Na_2SO_3 制成副产品。

（3）氨吸收法。氨吸收法的典型工艺是氨–酸法，它实质上是用 $(NH_4)_2SO_3$ 吸收 SO_2 生成 NH_4HSO_3，循环槽中用补充的氨使 NH_4HSO_3 再生为 $(NH_4)_2SO_3$，循环脱硫；部分吸收液用硫酸分解得到高浓度的 SO_2 和硫铵化肥。我国一些较大的化工厂用该法处理硫酸尾气中的 SO_2。

（4）磷铵复合肥法。利用天然磷矿石和氨为原料，在烟气脱硫过程中副产磷铵复合肥料。

（5）海水烟气脱硫。海水烟气脱硫是利用海水的天然碱度来脱除烟气中 SO_2。该工艺是用海水吸收烟气中的 SO_2，再用空气强制氧化为无害的硫酸盐而溶于海水中，而硫酸盐是海水的天然成分。经脱硫而流回海洋的海水，其硫酸盐成分只稍微提高，当离开排放口一定距离后，这种浓度的差异就会消失。按是否向海水中添加其他化学物质可将海水烟气脱硫工艺分为两类：一是不添加任何化学物质，以 Flakt–Hydro 工艺为代表；二是向海水中添加一部分石灰以调节海水碱度，以 Bechtel 工艺为代表。

（6）氧化镁法。氧化镁法是用氧化镁的浆液吸收烟气中 SO_2，得到含结晶水的亚硫酸镁和硫酸镁的固体吸收产物。经脱水、干燥和燃烧还原后，再生出氧化镁，循环脱硫，同时副产高浓度 SO_2 气体。该技术在美国有大规模的工业装置运行。当前已经商业化运行的湿法脱硫工艺中氧化镁脱硫技术是一种前景较好的脱硫技术，该工艺较为成熟，投资少，结构简单，安全性能好，并且能够减少二次污染，脱硫剂循环利用，降低脱硫成本。氧化镁法的整个工艺流程可以分为副产品制硫酸和制七水硫酸镁两种。

（7）氧化锌法。氧化锌法是利用氧化锌料浆吸收烟气中 SO_2 的方法，它特别适合锌冶炼企业的烟气脱硫。该法可将脱硫工艺与原有冶炼工艺紧密结合起来，从而解决了吸收剂的来源和吸收产物的处理问题。

（8）氧化锰法烟气脱硫技术。MnO_2 是一种良好的脱硫剂。在水溶液中，MnO_2 与 SO_2 发生氧化还原发应，生成了 $MnSO_4$。软锰矿法烟气脱硫正是利用这一原理，采用软锰矿浆作为吸收剂，气液固湍动剧烈，矿浆与含 SO_2 烟气充分接触吸收，生成副产品工业硫酸锰。该工艺的脱硫率可达 90%，锰矿浸出率为 80%，产品硫酸锰达到工业硫酸锰要求（GB1622-86）。

（9）碱式硫酸铝法烟气脱硫技术。碱式硫酸铝法烟气脱硫技术，又称同和法。该方法用碱性硫酸铝溶液吸收废气中的 SO_2，吸收 SO_2 后的吸收液送入氧化塔，塔底鼓入压缩空气，使硫酸铝氧化。氧化后的吸收液大部分返回到吸收塔循环利用，只引出小部分送至中和槽，加入石灰石再生，并副产石膏。

（10）有机酸钠-石膏法烟气脱硫技术。有机酸钠-石膏法烟气脱硫技术是用有机酸钠吸收液吸收烟气中的 SO_2 后，吸收液则用石灰石还原为有机酸钠再循环使用，同时得到副产品石膏。有机酸钠-石膏脱硫工业具有节能、运行费用低、操作简便、脱硫率高、无废水排除、广泛的适用性等特点。

（11）钠钙双碱法脱硫工艺 $[Na_2CO_3/Ca(OH)_2]$。钠钙双碱法脱硫工艺 $[Na_2CO_2/Ca(OH)_2]$ 是在石灰石/石膏法基础上结合钠碱法发展起来的工艺，它克服了石灰石/石膏法容易结垢、钠碱法运行费用高的缺点。它利用钠盐易溶于水，在吸收塔内部采用钠碱吸收 SO_2，吸收后的脱硫液在再生池内利用廉价的石灰进行再生，从而使得钠离子循环吸收利用。该工艺综合石灰法与钠碱法的特点，解决了石灰法的塔内易结垢的问题，不具备钠碱法吸收效率高的优点。钠钙双碱法 $[Na_2CO_3/Ca(OH)_2]$ 采用纯碱启动，钠钙吸收 SO_2，石灰再生的方法。

（四）工业除尘

含尘工业废气或产生于固体物质的粉碎、筛分、输送、爆破等机械过程，或产生于燃烧、高温熔融和化学反应等过程。前者含有粒度大、化学成分与原固体物质相同的粉尘，后者含有粒度小、化学性质与生成它的物质有别的烟尘。改进生产工艺和燃烧技术可以减少颗粒物的产生。除尘器广泛用于控制已经产生的粉尘和烟尘。

1. 除尘技术的分类

按捕集机理可分为机械除尘器、电除尘器、过滤除尘器和洗涤除尘器等。

机械除尘器依靠机械力将尘粒从气流中除去，其结构简单，设备费和运行费均较低，但除尘效率不高。电除尘器利用静电力实现尘粒与气流分离，常按板式与管式分类，特点是气流阻力小，除尘效率可达99%以上，但投资较高，占地面积较大。过滤除尘器使含尘气流通过滤料将尘粒分离捕集，分内部过滤和表面过滤两种方式，除尘效率一般为90%~99%，不适用于温度高的含尘气体。洗涤除尘器用液体洗涤含尘气体，使尘粒与液滴或液膜碰撞而被俘获，并与气流分离，除尘效率为80%~95%，运转费用较高。为提高对微粒的捕集效率，正在研制荷电袋式过滤器、荷电液滴洗涤器等综合几种除尘机制的新型除尘器。

2. 除尘方式

（1）重力。利用粉尘与气体的比重不同的原理，使扬尘靠本身的重力从气体中自然沉降下来的净化设备，通常称为沉降室或降生室。它是一种结构简单、体积大、阻力小、易维护、效率低的比较原始的净化设备，只能用于粗净化。

（2）惯性。惯性除尘器也叫惰性除尘器。它的原理是利用粉尘与气体在运动中惯性力的不同，将粉尘从气体中分离出来。一般都是在含尘气流的前方设置某种形式的障碍物，使气流的方向急剧改变。此时粉尘由于惯性力比气体大得多，尘粒便脱离气流而被分离出来，得到净化的气体在急剧改变方向后排出。这种除尘器结构简单，阻力较小（10~80毫米水柱），净化效率较低（40%~80%），多用于多段净化时的第一段，净化中的浓缩设备或与其他净化设备配合使用。惯性除尘器以百叶式的最常用。

（3）旋风分离器。旋风分离器应用范围及特点：旋风除尘器适用于净化大于5~10微米的非黏性、非纤维的干燥粉尘。它是一种结构简单、操作方便、耐高温、设备费用和阻力较低（80~160毫米水柱）的净化设备，旋风除尘器在净化设备中应用得最为广泛。

（4）布袋。袋式除尘器很久以前就已广泛应用于各个工业部门中，用以捕集非黏结非纤维性的工业粉尘和挥发物，捕获粉尘微粒可达0.1微米。但是，当用它处理含有水蒸气的气体时，应避免出现结露问题。袋式除尘器具有很高的净化效率，就是捕集细微的粉尘效率也可达99%以上。

（5）静电。根据目前国内常见的电除尘器型式可概略地分为以下几类：按气流方向分为立式和卧式，按沉淀极型式分为板式和管式，按沉淀极板上粉尘的清除方法分为干式和湿式等。

（6）陶瓷。高温陶瓷过滤器，目前被普遍认为是最有前途的高温除尘设备。

陶瓷过滤器对高温燃气中的粉尘进行过滤与用沙砾层（颗粒层除尘器）或纤维层（布袋除尘器）对气体净化都基于同一过滤理论。

陶瓷过滤器的过滤元件普遍采用高密度材料，制成的陶瓷过滤元件主要有棒式、管式、交叉流式三种。

（7）湿式。利用含尘气体冲击除尘器内壁或其他特殊构件上用某种方法造成的水膜，使粉尘被水膜捕获，气体得到净化，这类净化设备叫作水膜除尘器。包括冲击水膜、惰性（百叶）水膜和离心水膜除尘器等多种。

二、废水处理减排工程

废水处理就是利用物理、化学和生物的方法对废水进行处理，使废水净化，减少污染，以至达到废水回收、复用，充分利用水资源。

（一）废水处理方法

废水处理方法包括物理、化学和生物等方法。物理方法是通过物理作用分离、回收废水中不溶解的呈悬浮状态的污染物（包括油膜和油珠）的废水处理法，可分为重力分离法、离心分离法和筛滤截留法等。以热交换原理为基础的处理法也属于物理处理法。化学方法是通过化学反应和传质作用来分离、去除废水中呈溶解、胶体状态的污染物或将其转化为无害物质的废水处理法。在化学处理法中，以投加药剂产生化学反应为基础的处理单元是：混凝、中和、氧化还原等；而以传质作用为基础的处理单元则有：萃取、汽提、吹脱、吸附、离子交换以及电渗析和反渗透等。后两种处理单元又合称为膜分离技术。其中运用传质作用的处理单元既具有化学作用，又有与之相关的物理作用，所以也可从化学处理法中分出来，成为另一类处理方法，称为物理化学法。

生物方法是通过微生物的代谢作用，使废水中呈溶液、胶体以及微细悬浮状态的有机污染物，转化为稳定、无害的物质的废水处理法。根据作用微生物的不同，生物处理法又可分为需氧生物处理和厌氧生物处理两种类型。废水生物处理广泛使用的是需氧生物处理法，按传统，需氧生物处理法又分为活性污泥法和生物膜法两类。活性污泥法本身就是一种处理单元，它有多种运行方式。属于生物膜法的处理设备有生物滤池、生物转盘、生物接触氧化池以及生物流化床等。生物氧化塘法又称自然生物处理法。厌氧生物处理法，又名生物还原处理法，主要用于处理高浓度有机废水和污泥。使用的处理设备主要为消化池。

（二）废水处理分级

按处理程度，废水处理（主要是城市生活污水和某些工业废水）一般可分为三级。

一级处理的任务是从废水中去除呈悬浮状态的固体污染物。为此，多采用物理处理法。一般经过一级处理后，悬浮固体的去除率为70%~80%，而生化需氧量（BOD）的去除率只有25%~40%左右，废水的净化程度不高。

二级处理的任务是大幅度地去除废水中的有机污染物，以BOD为例，一般通过二级处理后，废水中的BOD可去除80%~90%，如城市污水处理后水中的BOD含量可低于30毫克/升。需氧生物处理法的各种处理单元大多能够达到这种要求。

三级处理的任务是进一步去除二级处理未能去除的污染物，其中包括微生物未能降解的有机物、磷、氮和可溶性无机物。三级处理是高级处理的同义语，但两者又不完全一致。三级处理是经二级处理后，为了从废水中去除某种特定的污染物，如磷、氮等，而补充增加的一项或几项处理单元；高级处理则往往是以废水回收、复用为目的，在二级处理后所增设的处理单元或系统。三级处理耗资较大，管理也较复杂，但能充分利用水资源。有少数国家建成了一些污水三级处理厂。

（三）废水处理工艺

（1）预处理单元。用于城市废水的预处理工艺可以有：粗筛（格栅）、中筛、破碎、测流、泵提升、除渣、预曝气、浮选、絮凝及化学处理。

生活污水处理一般不用浮选、絮凝和化学处理。浮选法用于去除细小悬浮物，抽脂和脂肪，在一个单独的单元中或在一个除油脂，有时除渣的预曝气池中进行。如果石油工业及肉类加工厂有适当的预处理，则城市处理厂可不要浮选单元。预处理单元布置的变化决定于原废水的特性，下步的处理工艺和采用的预处理单元。小处理厂正常在恒速提升泵前放一巴氏计量槽。在大处理厂或采用变速泵之处，计量槽可以放在水泵之后。在大多数独立生活污水厂沉渣池是放在提升泵之后的，但当预见泥渣负荷量大时沉渣池应放在泵前。

（2）初级处理单元。初级处理为沉淀。然而，普通习惯所谓的初级处理则包括预处理工艺。所有大城市处理厂都采用原污水沉淀法，且必须设在常规生物滤池之前。可以用完全混合活性污泥法处理未经沉淀的原废水，然而由于污泥处置和运行成本的原因，这类工艺只有小城镇使用。

（3）二级处理单元。生物二级处理采用活性污泥法，生物滤池或稳定塘。

在新的污水处理厂设计中，高负荷生物滤池已广泛地取代了低负荷生物滤池，而完全混合性污泥法正在取代常规活性污泥法。稳定塘一般只限于小城镇使用。

（4）污泥处置。初次沉淀和二次生物絮凝法将废水有机物浓缩成污泥的体积远较所处理的废水体积为小。但处置积累的废污泥则是废水处理中一个主要经济因素。污泥加工设备的一次投资约为处理厂投资的三分之一。普通的污泥加工方法为厌气消化和真空过滤，经常用离心和湿烧法。常规处置方法有填埋、焚化、制造土壤改良剂和船运投海等。在沿海城市，船运投海往往是最经济的，而如果有地面时，填埋法则是习惯采用的。焚化法虽然较贵，但往往是城市区域内唯一可行的处置方法。

（5）氯化。在尾闾水域用作游览或给水水源之处，对二级处理厂出水进行消毒是普遍实行的方法。

（6）除磷与除氮。近些年内，在发展废水处理厂中可行的除磷方法方面进行了许多研究工作。在发展除氮和水完全回收的方法方面也做了研究。有几个除磷的中间试验厂和小规模生产性处理厂在运行中，但作为设计大型设备的先例来说经验资料还是有限的。

（四）废水处理技术

1. 微电解技术

微电解技术是处理高浓度有机废水的一种理想工艺，该工艺用于高盐、难降解、高色度废水的处理不但能大幅度地降低 cod 和色度，还可大大提高废水的可生化性。该技术是在不通电的情况下，利用微电解设备中填充的微电解填料产生"原电池"效应对废水进行处理。当通水后，在设备内会形成无数的电位差达 1.2V 的"原电池"。"原电池"以废水做电解质，通过放电形成电流对废水进行电解氧化和还原处理，以达到降解有机污染物的目的。在处理过程中产生的新生态 OH、H、O、Fe^{2+}、Fe^{3+} 等能与废水中的许多组分发生氧化还原反应。生成的 Fe^{2+} 进一步氧化成 Fe^{3+}。该工艺具有适用范围广、处理效果好、成本低廉、处理时间短、操作维护方便、电力消耗低等优点，可广泛应用于工业废水的预处理和深度处理中。

2. 新型填料

新型填料由多元金属合金融合催化剂并采用高温微孔活化技术生产而成，属新型投加式无板结微电解填料。作用于废水，可高效去除 COD、降低色度、提高可生化性，处理效果稳定持久，同时可避免运行过程中的填料钝化、板结等现象。本填料是微电解反应持续作用的重要保证，为当前化工废水的处理带来了新的生机。其中，铁炭原电池反应为：

阳极：$Fe-2e \rightarrow Fe^{2+}$，$E(Fe/Fe^{2+})=0.44V$

阴极：$2H^+ +2e \rightarrow H_2$，$E(H^+/H_2)=0.00V$

当有氧存在时，阴极反应如下：

$O_2+4H^+ +4e \rightarrow 2H_2O$，$E(O_2)=1.23V$

$O_2+2H_2O+4e \rightarrow 4OH^-$，$E(O_2/OH^-)=0.41V$

3. 电镀废水

电镀和金属加工业废水中锌的主要来源是电镀或酸洗的拖带液。污染物经金属漂洗过程又转移到漂洗水中。酸洗工序包括将金属（锌或铜）先浸在强酸中以去除表面的氧化物，随后再浸入含强铬酸的光亮剂中进行增光处理。

电镀混合废水处理设备由调节池、加药箱、还原池、中和反应池、pH调节池、絮凝池、斜管沉淀池、厢式压滤机、清水池、气浮反应、活性炭过滤器等组成。电镀废水处理采用铁屑内电解处理工艺，该技术主要是利用经过活化的工业废铁屑净化废水，当废水与填料接触时，发生电化学反应、化学反应和物理作用，包括催化、氧化、还原、置换、共沉、絮凝、吸附等综合作用，将废水中的各种金属离子去除，使废水得到净化。

4. 除重金属

由于重金属不能分解破坏，而只能转移它们的存在位置和转变它们的物理和化学形态，达到除重金属的目的。废水处理除重金属的方法，通常可分为两类：①使废水中呈溶解状态的重金属转变成不溶的金属化合物或元素，经沉淀和上浮从废水中去除。可应用方法如中和沉淀法、硫化物沉淀法、上浮分离法、电解沉淀（或上浮）法、隔膜电解法等废水处理法。②将废水中的重金属在不改变其化学形态的条件下进行浓缩和分离，可应用方法有反渗透法、电渗析法、蒸发法和离子交换法等。这些废水处理方法应根据废水水质、水量等情况单独或组合使用。

5. 陶瓷膜

陶瓷膜也称GT膜，是以无机陶瓷原料经特殊工艺制备而成的非对称膜，呈管状或多通道状。陶瓷膜管壁密布微孔，在压力作用下，原料液在膜管内或膜外侧流动，小分子物质（或液体）透过膜，大分子物质（或固体颗粒、液体液滴）被膜截留从而达到固液分离、浓缩和纯化之目的。

在膜科学技术领域开发应用较早的是有机膜，这种膜容易制备、容易成型、性能良好、价格便宜，已成为应用最广泛的微滤膜类型。但随着膜分离技术及其应用的发展，对膜的使用条件提出了越来越高的要求，需要研制开发出极端条件膜固液分离系统，和有机膜相比，无机陶瓷膜具有耐高温、化学稳定性好、能耐酸、耐碱、耐有机溶剂、机械强度高、可反向冲洗、抗微生物能力强、可清洗性强、孔径分布窄、渗透量大，膜通量高、分离性能好和使用寿命长等特点。

无机陶瓷膜在废水处理中应用最大的障碍主要有两个方面，其一是制造过程复杂，成本高，价格昂贵；其二是膜通量问题，只有克服膜污染并提高膜的过滤通量，才能真正推广应用到水处理的各个领域。美国西雅图环境科技公司研发的涤饵 DEAR 无机陶瓷膜系统，是在普通陶瓷膜研究的基础上，通过高科技改造，减少膜污染，大大提高膜通量，有效克服了无机陶瓷膜在水处理中应用的主要问题，使无机陶瓷膜应用于废水处理成为可能。

三、固体废弃物治理减排工程

（一）固体废弃物分类

根据废弃物来源，固体废弃物分为生活废弃物、工业固体废弃物和农业固体废弃物。生活废弃物是指在日常生活中或者为日常生活提供服务的活动中产生的固体废物以及法律、行政法规规定视为生活垃圾的固体废物，包括城市生活废弃物和农村生活废弃物，由日常生活垃圾和保洁垃圾、商业垃圾、医疗服务垃圾、城镇污水处理厂污泥、文化娱乐业垃圾等为生活提供服务的商业或事业产生的垃圾组成。工业固体废物是指工业生产活动（包括科研）中产生的固体废物，包括工业废渣、废屑、污泥、尾矿等废弃物。农业固体废物是指农业生产活动（包括科研）中产生的固体废物，包括种植业、林业、畜牧业、渔业、副业五种农业产业产生的废弃物。如果把服务业、工业和农业产生的固体废弃物称为产业垃圾，固体废弃物可笼统地分为日常生活垃圾和产业固体废弃物（包括与产业相关的事业产生的固体废弃物）两大类。

（二）固体废弃物特性

1. 兼有废物和资源的双重性

固体废物一般具有某些工业原材料所具有的物理化学特性，较废水、废气易收集、运输、加工处理，可回收利用。固体废物是在错误时间放在错误地点的资源，具有鲜明的时间和空间特征。

2. 富集多种污染成分的终态，污染环境的源头废物往往是许多污染成分的终极状态。一些有害气体或飘尘，通过治理，最终富集成为固体废物；废水中的一些有害溶质和悬浮物，通过治理，最终被分离出来成为污泥或残渣；一些含重金属的可燃固体废物，通过焚烧处理，有害金属浓集于灰烬中。这些"终态"物质中的有害成分，在长期的自然因素作用下，又会转入大气、水体和土壤，成为大气、水体和土壤环境的污染"源头"。

3. 所含有害物呆滞性大、扩散性大

固态的危险废物具有呆滞性和不可稀释性，一般情况下进入水、气和土壤环境的释放速率很慢。土壤对污染物有吸附作用，导致污染物的迁移速度比土壤水慢得多，大约为土壤水运移速度的 $1/(1\sim500)$。

4. 危害具有潜在性、长期性和灾难性

由于污染物在土壤中的迁移是一个比较缓慢的过程，其危害可能在数年以至数十年后才能被发现，但是当发现造成污染时已造成难以挽救的灾难性成果。从某种意义上讲，固体废物特别是危害废物对环境造成的危害可能要比水、气造成的危害严重得多。

（三）处理处置

我国对固体废弃物处理处置工程技术总体要求是固体废弃物处理处置应遵循减量化、资源化、无害化原则，对固体废物的产生、运输、贮存、处理和处置应实施全过程控制；对于有条件的地区应建设固体废物集中处置设施，以提高规模效益；固体废物处理处置过程中应避免和减少二次污染等。

1. 压实技术

压实是一种通过对废物实行减容化、降低运输成本、延长填埋寿命的预处理技术，压实是一种普遍采用的固体废弃物的预处理方法，如汽车、易拉罐、塑料瓶等通常首先采用压实处理，适于压实减少体积处理的固体废弃物；某些可能引起操作问题的废弃物，如焦油、污泥或液体物料，一般也不宜作压实处理。

2. 破碎技术

为了使进入焚烧炉、填埋场、堆肥系统等废弃物的外形减小，必须预先对固体废弃物进行破碎处理，经过破碎处理的废物，由于消除了大的空隙，不仅尺寸大小均匀，而且质地也均匀，在填埋过程中令压实。固体废弃物的破碎方法很多，主要有冲击破碎、剪切破碎、挤压破碎、摩擦破碎等，此外还有专有的低温破碎和混式破碎等。

3. 分选技术

固体废物分选是实现固体废物资源化、减量化的重要手段，通过分选将有用的充分选出来加以利用，将有害的充分分离出来；另一种是将不同粒度级别的废弃物加以分离，分选的基本原理是利用物料的某些特性方面的差异，将其分离开。例如，利用废弃物中的磁性和非磁性差别进行分离；利用粒径尺寸差别进行分离；利用比重差别进行分离等。根据不同性质，可设计制造各种机械对固体废弃物进行分选，分选包括手工捡选、筛选、重力分选、磁力分选、涡电流分选、光学分选等。

4. 固化处理技术

固化技术是指向废弃物中添加固化基材，使有害固体废物固定或包容在惰性固化基材中的一种无害化处理过程，经过处理的固化产物应具有良好的抗渗透性、良好的机械性以及抗浸出性、抗干湿、抗冻融特性，固化处理根据固化基材的不同可分为沉固化、沥青固化、玻璃固化及胶质固化等。

5. 焚烧和热解技术

焚烧法是固体废物高温分解和深度氧化的综合处理过程，好处是大量有害的废料分解变成无害的物质。由于固体废弃物中可燃物的比例逐渐增加，采用焚烧方法处理固体的废弃物，利用其热能已成为必须的发展趋势，以此种处理方法，固体废弃物占地少，处理量大，为保护环境，焚烧厂多设在 10 万人以上的大城市，并设有能量回收系统。热解是将有机物在无氧或缺氧条件下高温（500℃~1000℃）加热，使之分解为气、液、固三类产物，与焚烧法相比，热解法则是更有前途的处理方法，它最显著的优点是基建投资少。

6. 生物处理技术

生物处理技术是利用微生物对有机固体废物的分解作用使其无害化，可以使有机固体废物转化为能源、食品、饲料和肥料，还可以用来从废品和废渣中提取金属，是固化废物资源化的有效的技术方法，如今应用比较广泛的有：堆肥化、沼气化、废纤维素糖化、废纤维饲料化、生物浸出等。

7. 固体废物的最终处理

没有利用价值的有害固体废物需进行最终处理，是固体废物污染控制的末端环节，是解决固体废物的归宿问题。最终处理的方法有焚化法、填埋法、海洋投弃法等。固体废物在填埋和投弃海洋之前尚需进行无害化处理。其中，海洋处置可以采用深海投弃和海上焚烧等方式；陆地处置可应用土地耕作、工程库贮存、土地填埋以及深井灌注等。

（四）利用

如果将垃圾分类回收，便可得到大范围资源化综合利用的事半功倍之效。回收工作取决于分类的程度和垃圾的累积量，固体废物的回收有着重大的历史意义。固体废物资源化途径主要有 3 种：

（1）废物回收利用：包括分类收集、分选和回收；

（2）废物转换利用：即通过一定技术，利用废物中的某些组分制取新形态的物质。如利用垃圾微生物分解产生可堆腐有机物生产肥料；用废旧塑料裂解生产汽油或柴油等；

（3）废物转化能源：即通过化学或生物转换，释放废物中蕴藏的能量，并加以回收利用。如垃圾焚烧发电或填埋气体发电等。

第九章　未来能源工程学发展

历数人类能源的发展史便不难发现，社会需求促使科学发展和生产技术变革，更加成熟的科技又往往需要它们依托的适合的能源，而能源的升级必然反作用于科技从而推动社会的发展。本章将从以上几个方面选取代表性的前沿科技，讨论能源工程学的未来发展。

第一节　"反物质"能源的探索

一、反物质概述

早在 1928 年就有科学家预言正电子的存在。4 年之后，美国物理学家在研究宇宙射线在磁场中的偏转情况时发现了一种前所未知的粒子，而这恰好是之前所预言的正电子，也称反电子。第二年，有人用 γ 射线轰击的方法产生了正电子，从而在实验上完全证实了正电子的存在。1955 年美国科学家在加速器的实验中，发现了反质子，即质量和质子相同并带一个单位负电荷的粒子。后来又发现了磁矩对其自旋相反的反中子。

各种粒子都有相应的反粒子存在，而且粒子与反粒子结合会导致两者湮灭，因而释放出高能光子或 γ 射线。有些粒子如光子的反粒子就是它自己，这种粒子称为纯中性粒子。正反粒子的强作用和电磁作用性质一致，因此反质子和反中子也能结合成带负电的反原子核，反原子核和反电子结合在一起，就能组成反原子，进而构成反物质。

由于反物质是正常物质的反状态，当正反物质相遇时，双方就会相互湮灭抵消，发生爆炸并产生巨大能量。将氢和反氢混合湮灭来获得能量，1% 克的这种燃料相当于 120 吨由液态氢和液态氧组成的传统燃料所产生的能量。可见将能量密度如此之大的反物质作为能源是十分吸引人的。

二、反物质能源的获取、储存以及应用

由于反质子或反氢每年的产量不高，可以直接利用的反物质的量是有限的，大规模利用反物质的能量还有很长一段路要走，但是间接利用少量反物质的可能性在不久的将来还是有可能的。世界上的几个著名的实验室，如西欧核子中心和美国的费米国家实验室都有制造反质子的仪器。由于产生的反质子具有一个很宽的动量分布和角度分布，只有约1%的反质子被收集和储存起来，所以反质子每天的产量很低，大约10~12 g/d。如果把反质子和正电子结合起来形成反氢原子，那么产量将达到 1 mg/d。对现有的仪器进行改进，反物质产量将会有所提高。有人曾提出过铀离子束碰撞以及用高达 10 GeV 的质子束来制造反质子的方法以得到更高产量。总的来说，按目前技术发展来看，在下个世纪初的 10 年内，每年制造 1 g 左右的反物质是有可能的。

反质子的储存是反质子能够应用的关键，以前的方案是在一个储存环内产生一个电磁场将反质子约束在里面，这种方法不适合实际应用。美国洛斯阿拉莫斯国家实验室提出了另外的储存方法，一种是将反质子放在一个低温、高真空的容器中储存，另一种是将反物质分散在普通物质的亚稳态中储存，这种亚稳态可以在反物质和普通物质中产生排斥势垒，但这种亚稳态目前尚且在研究之中。

反物质能源的潜在应用前景十分诱人，一种理想的用途是用来制造星际航行火箭的超级燃料，仅仅几毫克的反物质便可替代数百吨的传统燃料。随着今后科技的成熟，反物质能源作为一种超高能量密度的能源物质也可能应用于火车、船舶或是飞机等运输工具上，在满足能量需求的同时还不会排放有害物质，是十分理想的新型能源。当然，人类只是刚刚揭开反物质神秘面纱的一角，这其中还有大量的技术问题需要解决，虽然反物质是一种几近"完美"的能源，但距实际应用还有很长一段路要走。

第二节 发电技术的进步

电能是各类能源中品位较高、应用最广泛、使用最便利的一种。对于电能的获取，传统的化学发电和感应发电一直以来是人类获取电能的主要手段。近些年来人们对于发电技术的研究从未间断，除了广泛应用太阳能发电、风能发

电、潮汐能发电、核能发电、磁流体发电外，又开发出多种新型发电技术。

一、垃圾发电

将垃圾中的有机物与金属、玻璃、塑料等分离开，把有机物送入密封锅炉焚烧，产生的蒸气即可用来发电。据试验，焚烧 50 吨垃圾，可以发生 1 万千瓦时电量，匈牙利建造的一座大型垃圾发电站，有 4 个垃圾燃烧室，每个燃烧室可燃烧垃圾，电站既发电，又给附近用户提供高达 250 摄氏度的蒸汽。加拿大建造了一座用 90%的煤和 10%的垃圾做燃料的发电站。垃圾发电，在丹麦、瑞典、德国、法国、日本、英国等国家也得到重视和应用。

二、污泥发电

利用城市地下水道污泥中的有机物作为能源来发电。据试验，固化污泥每公斤有 400 大卡热量，相当于低质煤的发热量，用它来发电，既可节约能源，又可解决环境中存在的卫生问题。

三、太阳能气流发电

科学家认为利用太阳能气流发电是一种既经济而又效益高的发电方法。其风筒、温室、发电机等设备的制造加工和施工装配都很方便，且建造速度快、技术管理简单，还不会造成污染。西班牙一座太阳能气流发电站，它的温室用透明塑料板制成，直径 244 米，温室的顶棚中心竖立着 198 米高的风筒。首先，太阳能将温室加热，这样外面的冷空气推压温室内的热空气沿着风筒上升，就形成了一股强大的气流来推动安装在风筒上的叶轮，它带动发电机发电。从中颇为受益的西班牙还计划建造一座风筒高达 762 米、温室直径 1 000 米、发电容量可达 40 万千瓦的太阳能气流发电厂。

四、高温岩体发电

有国家已着手开发高温岩体发电技术。它们在高温岩体上打了深度为几百米至上千米的井，直通到高温岩体层，然后注入高压水，用喷出的高温蒸汽进行发电。日本是火山之国，高温岩体十分普遍，所以，利用高温岩体发电是十分理想的新能源。日本计划兴建的高温岩体发电站有 9 处，预计总发电容量为 21 万千瓦。

五、冰洋发电

海洋温差可用来发电。冰层是一个良好的绝热体，冰面上的温度在零下 20 摄氏度以下，而冰层下面的海水温度在 0 摄氏度左右，温差达 20 多度。冰洋发电站的结构也很简单，用水泵把冰层下面的海水抽入蒸发器，以丁烷作为工质，利用冷、热源使工质液化与汽化推动汽轮机和发电机运转产生电能。冰洋发电的最大优点是冷源、热源之间的距离很近，不需要很长的冷水管。冰洋发电技术最适合于极地考察基地的供电供热。

六、氦核聚变发电

美国科学家们乘坐"阿波罗"号宇宙飞船对月球考察时发现，月球上含有大量氦-3，可以用它作为核聚变发电的安全燃料。氦-3 是氦的同位素，用它做核聚变反应的燃料，热值非常高而产生的射线剂量很小。但地球上氦-3 含量极其稀少。如果用航天飞机运回 20 吨液化氦-3，那就有足够全世界百年使用的能源了。日本从 1995 年开始研究这项重要技术，预计 21 世纪初向月球发射探测火箭。从月球向地球运输氦-3 的采集系统将在 2020 年至 2030 年完成，据估计月球上蕴藏有氦-3 至少 100 万吨，若能为人类利用，足够人类上亿年的电能消耗。

七、叶绿素发电

科学家发现，植物的叶绿素在进行光合作用时，不但能把水分解为氢和氧，而且能把氢分解为带正电和负电的粒子，即能直接把太阳能转换成电能。从菠菜叶内提取的叶绿素与卵磷脂混合，涂在透明的氧化锡结晶片上，用它作为正极安装在透明电池中。在太阳光下，电池就会产生电流。这种电池能将 30% 的太阳能转换成电能，效率较高。科学家们认为，叶绿素发电有很大的潜在发展前途。

八、酶发电

把微生物或生物酶放置在含有大量有机物并掺有葡萄糖的混合物中，会产生氢，氢在氧化时便会产生电流。根据这一原理制成以甲醇为原料的醇脱氢酶金属电极的酶电池。目前，它已在科学研究、临床化验、通讯指示、航标等方面得到广泛应用。

九、放射性同位素发电

它的原理是将某些放射性同位素蜕变时放射出来的粒子所带的动能转变为辐射能，然后再通过核技术将辐射能转变为电能。放射性同位素发电装置已在美国问世。它可广泛应用于无人维护、受环境影响较少、需要长寿命低功率电源的地方，如偏僻地区的导航设施、通讯中继站、极地气象站、森林火灾报警器等。

十、高炉顶压发电

利用高炉炉顶煤气的高压发电的技术原理是：高炉炼铁可产生大量带有一定压力的煤气，这些气在输送给用户之前，必须先经过降温减压。因此，可以利用煤气在减压前后的压力差进行发电。炼铁高炉装上高炉顶压发电设备后不仅可综合利用能源，而且还可以保护炉顶压力稳定，提高冶炼质量。

第三节　能源互联网

一、能源互联网的出现

互联网通过整合分散、复杂、海量的信息，使信息交换简单、透明，从而使信息越来越对称，同时它的资金结算的实时和便利也促进和推动了物流发展，使之更加高效和快捷。所以，互联网技术超过了以往任何一种技术，它的发展给今天的社会带来的变革是颠覆性的，这种"颠覆"在商业领域已经发生。那么，它会不会也出现在能源领域呢？

由于资源与环境的双重压力，全球能源格局正在从以化石能源为主体的传统能源结构向以可再生能源为主的现代能源结构转变，这轮能源变革改变的不仅是能源产品本身，能源的生产形态也将随之变化。即分布式能源必将替代集中式能源，成为能源生产的主流。

分布式能源将改变当下能源的生产和消费形态，并对现有能源网络带来冲击。比如当一个家庭里建立了分布式太阳能，没有太阳时怎么办？这就需要买电。太阳好时发电多自己用不完怎么办？这时又需要卖电。千千万万个分布式能源生产者出现的千千万万个交易需求，必将带来海量的需求信息，只有便捷、高效、低成本的信息处理平台才能满足这种变化。所以，未来分布式能源只有采用互联网模式、靠互联网思维才能解决问题。

而互联网和分布式能源的深度融合将会出现一种全新的能源生产和消费的产业组织模式——能源互联网。

二、能源互联网的内涵

（一）概念

能源互联网就是采用分布式能源收集系统，充分收集分散的可再生能源，再通过存储技术将这些间歇式能源存储起来，然后利用互联网和智能终端技术构建起来的，使能量和信息能够双向流动的智能能源网络，从而实现能源在全网络内的分配、交换和共享。能源互联网把一个集中式的、单向的、生产者控制的能源系统，转变成大量分布式、辅助较少集中式的和与更多的消费者互动的能源网络（见图9-1）。

（二）能源互联网的基本构架

能源互联网是以互联网理念构建的新型信息能源"广域网"，其中包括大电网的"主干网"和微网的"局域网"，双向按需传输和动态平衡使用而完成信息能源一体化构架。类似于信息互联网的局域网和广域网架构，能源互联网是微网的广域连接形式和分布式能源的接入形式，是从分布式能源的大型、中型发展到任意的小型、微型的"广域网"实现。

其中，微网是能源互联网中的基本组成元素，通过新能源发电、微能源的收集、汇聚与分享以及微网内的储能或用电消纳形成"局域网"。大电网在传输

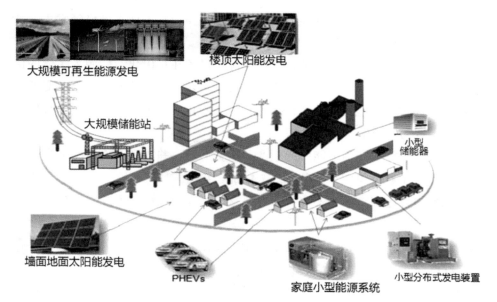

图 9-1　能源互联网示意图

效率等方面仍然具有无法比拟的优势，将来仍然是能源互联网中的"主干网"。

（三）能源互联网带来的积极影响

1. 能源将用之不竭

通过能源互联网，分布式和离散式的可再生能源都能接入能源供应系统并加以储存。只要保证一定的能源转化效率以及日收集总量与消耗总量相匹配，水能、地热能、太阳能、风能等可再生能源将取之不尽，充分满足需求。

2. 环境得到较大改善

能源互联网通过储能技术、能源收集技术及智能控制技术将有效解决可再生能源供应不持续、品质不稳定和难以接入电力主干网等问题，让可再生能源逐步变成主要能源，以减少污染物排放。

3. 推进社会快速发展

能源互联网一旦实现，人类将获得充足的能源供应，信息技术、智能控制技术、能源收集技术、储能技术、动力技术等相关技术也将飞速发展，新能源、动力设备、智能产品、生产设备、新材料等领域将不断取得新进展。

三、能源互联网的基本特征

我们认为，能源和信息技术的融合将从根本上改变能源的生产和利用方式，从而形成能源供应将向分散生产和网络共享的方式转变的大趋势。主要有以下几方面特征。

（1）可再生。可再生能源是能源互联网的主要能量供应来源。可再生能源发电具有间歇性、波动性，其大规模接入对电网的稳定性产生冲击，从而促使传统的能源网络转型为能源互联网。

（2）分布式。由于再生能源的分散特性，为了最大效率地收集和使用可再生能源，需要建立就地收集、存储和使用能源的网络，这些能源网络单个规模小，分布范围广，每个微型能源网络构成能源互联网的一个节点。

（3）联起来。大范围分布式的微型能源网络并不能全部保证自给自足，需要联起来进行能量交换才能平衡能量的供给与需求。能源互联网关注将分布式发电装置、储能装置和负载组成的微型能源网络互联起来，而传统电网更关注如何将这些要素"接进来"。

（4）开放性。能源互联网应该是一个对等、扁平和能量双向流动的能源共享网络，发电装置、储能装置和负载能够"即插即用"，只要符合互操作标准，这种接入是自主的，从能量交换的角度看没有一个网络节点比其他节点更重要。

（5）融进去。能源互联网的基础设施建设不能完全摒弃已有的传统电网，特别是传统电网中已有的骨干网络投资大，在能源互联网的结构中应该考虑对传统电网的基础网络设施进行改造，并将微型能源网络融入改造后的大电网中，形成新型的大范围分布式能源共享互联网络。

四、能源互联网的功能结构及技术关键

（一）功能结构

能源互联网是由多层次的微电网（子系统）互联而成的实现能量和信息双向流动的共享网络。相对于大电网而言，微电网是一个完整的单元，从大电网的角度看，如同电网中的发电机或负荷，是一个模块化的整体单元。另一方面，从用户侧看，能源互联网是一个自治运行的电力系统，它可以满足不同用户对电能质量和可靠性的要求。

一个家庭或用户单元的能源互联网系统组成部分主要包括智能能量管理设备（IEM）、分布式可再生能源、储能装置、变流装置和负载等。智能能量管理设备（IEM）是能源互联网系统中的核心设备，主要功能包括分布式能源控制、

可控负荷管理、分布式储能控制、继电保护等。在运行控制过程中，智能能量管理设备可以基于本地信息对电网中的事件做出快速独立的响应，当网内电压跌落、故障、停电时，能源互联网系统可以自动实现孤岛运行与并网运行之间的平滑切换，当运行于孤岛状态时，不再接受传统方式的统一调度。由此可见，能源互联网不是简单地在传统电网的基础上，通过信息通信技术，实现电网的智能化，而是真正意义上实现能量的双向流动和共享，是一种电网结构变革。

（二）能源互联网实现的关键技术

要实现能源互联网这样一个能量与信息深度融合的复杂系统，也还面临一些科学问题和技术挑战，具体包括分布式储能、固态变压器、安全故障隔离、分布式电网智能和安全可靠通信等五大技术和系统理论、信息科学、先进电力半导体、先进储能等四大基础理论。

除了上述关键使用技术之外，能源互联网技术体系可以划分为以下五大部分：

（1）系统规划技术体系。能源互联网是由多个复杂系统组成的复杂体系，需要用系统和体系的思想进行顶层谋划。因此，综合与规划技术体系是能源互联网的核心，主要包括体系架构设计、方法学与接口设计、发展规划设计。

（2）能源技术体系。主要包括发电、输电、变电、配电、用电技术。在能源技术体系中，贯穿各个阶段的重要技术是新能源技术。分布式小型新能源通过能源互联网形成合作式、扁平式交互网络后，将起到比大规模集中式能源更大的作用。另一项重要技术是储能技术，能够使具有间歇性、波动性的新能源产生的电能提供稳定的供给，并有利于平衡供需关系。

（3）信息通信技术体系。在能源互联网中，能源起血液作用；信息通信技术充当中枢神经系统，能够对经济有机体进行监管、协调和处理。信息通信技术体系主要包括智能计量、信息平台、人工智能、分布计算、高性能计算以及通信网络等相关技术。

（4）管理调度技术体系。主要对能源互联网复杂网络进行系统管理、资源优化与综合调度。管理的目标主要包括能源利用率管理、需求响应管理、费用效用价格管理，以及排放管理等。管理的方法与工具包括优化方法、机器学习、博弈论、拍卖等。综合调度方面主要包括电网调度技术、运行集中监控等。

（5）安全防护技术体系。能源互联网是能源网络和信息网络高度融合形成的复杂交互网络，因此能源互联网安全防护成为其中非常重要的问题。防护体系具有网络攻防、故障诊断、自保护、可靠性、安全性等特点。

能源互联网将改变传统的应对负荷增长的方式，在降低能耗、提高电力系统可靠性和灵活性等方面具有巨大潜力。能源互联网的发展尚处于起步阶段，其发展方向和特点都有待于专家学者们的进一步研究。在提倡绿色环保、可持续发展的今天，对能源互联网的研究具有重大意义。

第四节　未来的智能能源网

一、智能能源网

未来，谁能够将现有的电力、水务、热力、燃气等单向运转而且浪费巨大的能源网络改造为高效互动的创新网络，谁就能够优先于其他国家达到全球能源体系更高级别的顶端水平，同时在这个历史的转型之中，谁就能够把握和整合能源体系最新的国际标准。

因此，采用信息化集成技术营建一个与能源生产和输送侧相对称、相互动的需求侧、用户端的运转体系，将是对工业革命以来缺陷性工业结构和社会管理的彻底匡正和颠覆性修复，也是打开人类低碳化生产方式和生活方式的历史大通道。智能能源网由此应运而生。

所谓的智能能源网，亦称互动能源网，是指利用先进的通讯、传感、储能、新材料、海量数据优化管理和智能控制等技术，对传统能源的流程架构体系进行革新改造和创新，建构新型能源生产、消费的交互架构，形成不同能源网架间更高效率能源流的智能配置和智能交换，推动现有单向运转的能源体系进化为生产、输送、分配、使用、市场、运行、客户、服务、远期能源价格管理和监管、碳权利与低排放奖励和不同能量网架之间优化整合互动的流程。

二、占领智能能源网发展的技术制高点

在智能能源网的发展中，应跳出单纯建立智能电力网的狭窄基准，将电力、水务、热力、燃气、数据、有线电视等资源捆绑为整体资源，以制高点型的规则推动能源组织的管理变迁和产业目标置换，其特点是跨越式、跨产业突变，以集成化手段高速实现互动式的能源网建设。

倘若以这种模式推进互动能源网络的建设，应可将智能电网的行业变革提升为互动能源体系的集成改革，并将由此诞生有更高制高点的智能网的发展路线图和国际技术标准，有效推动我国能源用户端的互动能力、互动标准、互动资源和互动产业链的建设和运转，推动我国能源经济加快实现升级转型。

那么，在智能能源网的发展中，影响智能能源网发展的技术制高点有哪些？一是实现发电、输电、配电和用电的互动化；二是实现智能能源网产业的集成化；三是实现以复合电力光纤电缆电网为主的通讯化；四是实现发展标准的国际化；五是实现主力能源的兼容化；六是实现分布式能源管理的现代化和体系化；七是实现储能技术的实用化；八是实现电网升级的芯片技术和兼容标准的择优化；九是实现信息管理平台的体系管理高端化；十是实现电力交易的市场化。

三、展望

未来的智能能源网是什么样子的呢？我们来展望一下。

（1）可靠。不管用户在何时何地，都能提供可靠的能源供应。

（2）经济。智能能源网运行在供求平衡的基本规律之下，价格公平且供应充足。

（3）高效。利用投资，控制成本，减少能源输送和分配的损耗，能源生产和资产利用更加高效。

（4）环保。通过在能源开采、运输、加工转换、储能、利用和消费过程中的创新来减少对环境的影响。

建设智能能源网，需要推动营建智能燃气网、智能电网、智能水务网、智能热力网、智能建筑、智能交通、智能工业管理和智能交互架构管理等 8 个子网络建设，实现分行业、多产业的能源智能化，并实现能源产业双网或多网的互动配置、能源总网架优化管理。

我们有理由相信，随着能源工程学和云计算智能化技术的进一步发展，智能能源网将会全面展开，我们期待那一刻！

参考文献

［1］ 能源百科全书编辑委员会. 能源百科全书 ［M］. 北京：中国大百科全书出版社，1997.

［2］ 王家臣. 能源工程概论 ［M］. 徐州：中国矿业大学出版社，2013.

［3］ 黄素逸. 能源科学导论 ［M］. 北京：中国电力出版社，1999.

［4］ 陈学俊，袁旦庆. 能源工程 ［M］. 西安：西安交通大学出版社，2002.

［5］ Auyang，S. Y. 工程学——无尽的前沿 ［M］. 李啸虎，吴新忠，闫宏秀译. 上海：上海科技教育出版社，2008.

［6］ 曹源泉，刘芬宁. 能源工程管理 ［M］. 杭州：浙江大学出版社，1992.

［7］ 李业发，杨廷柱. 能源工程导论 ［M］. 合肥：中国科学技术大学出版社，2013.

［8］ 宋英华. 分布式能源综论 ［M］. 武汉：武汉理工大学出版社，2011.

［9］ Ben W. Ebenhack. 能源概论 ［M］. 北京：石油工业出版社，2009.

［10］ 周万程. 前行的动力来自于哪里——能源的开发与利用 ［M］. 北京市：光明日报出版社，2007.

［11］ 张娟. 能源科学知识 ［M］. 北京：大众文艺出版社，2008.

［12］ 斯提格. 能源系统的可持续发展与创新 ［M］. 北京：机械工业出版社，2011.

［13］ 刘柏谦. 能源工程概论 ［M］. 北京：化学工业出版社，2009.

［14］ 吴金星. 能源工程概论 ［M］. 北京：机械工业出版社，2014.

［15］ 徐业鹏. 能量转换与新能源 ［M］. 北京：冶金工业出版社，1990.

［16］ 朱明善. 能量系统的㶲分析 ［M］. 北京：清华大学出版社，1988.

［17］ 穆献中，刘炳义. 新能源和可再生能源发展与产业化研究 ［M］. 北京：石油工业出版社，2009.

［18］ 李业发，杨廷柱. 能源工程导论 ［M］. 合肥：中国科学技术大学出版社，1999.

［19］ 张晓东. 核能及新能源发电技术 ［M］. 北京：中国电力出版社，

2008.

[20] 李君慧. 能源与环境 [M]. 沈阳：东北大学出版社，1994.

[21] 戴干策，仁德呈，范自晖. 传递现象导论 [M]. 北京：化学工业出版社，2008.

[22] 李伟峰，刘海峰，龚欣. 工程流体力学 [M]. 上海：华东理工大学出版社，2009.

[23] 钱显毅，池雪莲，蔡译寰. 应用物理学 [M]. 南京：东南大学出版社，2007.

[24] 〔美〕博德 R. B. 等. 传递现象 [M]. 戴干策等译. 北京：化学工业出版社，2004.

[25] 陶文铨. 传热学 [M]. 西安：西北工业大学出版社，2006.

[26] 蔡丽芬. 化工原理 [M]. 北京：高等教育出版社，2007.

[27] 杨肖曦. 工程燃烧原理 [M]. 东营：中国石油大学出版社，2008.

[28] 廖传华，史春勇，鲍金刚. 燃烧过程与设备 [M]. 北京：中国石化出版社，2008.

[29] 张松寿，童正明，周文铸. 工程燃烧学 [M]. 北京：中国计量出版社，2008.

[30] 孟传富，钱庆镳. 机电能量转换 [M]. 北京：机械工业出版社，1993.

[31] 汤学忠. 热能转换与利用 [M]. 北京：冶金工业出版社，2002.

[32] 高敬德. 微电机 [M]. 北京：石油工业出版社，1990.

[33] 童钧耕，赵振南. 热工基础 [M]. 北京：高等教育出版社，2009.

[34] 袁艳红. 大学物理学上 [M]. 北京：清华大学出版社，2010.

[35] 苟秉聪，胡海云. 大学物理（下册）[M]. 北京：国防工业出版社，2008.

[36] 张国强. 建筑可持续发展技术 [M]. 北京：中国建筑工业出版社，2009.

[37] 陈军，陶占良. 能源化学 [M]. 北京：化学工业出版社，2004.

[38] 龙敏贤，刘铁军. 能源管理工程 [M]. 广州：华南理工大学出版社，2000.

[39] 沈维道，童钧耕. 工程热力学（第 4 版）[M]. 北京：高等教育出版社，2007.

［40］杨世铭，陶文铨.传热学［M］.北京：高等教育出版社，2006.

［41］王吉胜.当前煤矿开采技术特点概述［J］.工业技术，2011（8）：134.

［42］胡予红，孙欣，张文波，张斌川，孙庆刚.煤炭对环境的影响研究［J］.中国能源，2004，26（1）：32-35.

［43］胡良文.选煤技术与设备的选择［J］.科技情报开发与经济，2005，15（8）：242-243.

［44］孙福刚，许建新.洁净改性煤技术导论［R］.哈尔滨工业大学清洁能源科学与工程研究所，杭州本兴节能环保科技有限公司.

［45］常小伟.煤气化技术现状、发展及产业化应用［D］.大同：大同大学，2012.

［46］吴秀章.中国煤炭转化的发展与机遇［J］.洁净煤技术，2008，14（1）：5-8.

［47］刘兆新.浅议煤炭开采［J］.工业技术，2012（26）：345.

［48］张奎，林森木，王树静.中国能源投资导论［M］.北京：中国言实出版社，2003.

［49］叶长云.煤炭开采技术之己见［J］.工业技术，2012（27）：338.

［50］钱锡俊，陈红.泵和压缩机［M］.东营：石油大学出版社，2004.

［51］陈敏恒等.化工原理（上册）［M］.北京：化学工业出版社，1985.

［52］赵泽旭，范慧彪，孙福兵.综合机械化采煤系统［J］.工业技术，2011（19）：27.

［53］孟建新.连续运输系统在我国短壁机械化采煤中的应用与发展［J］.煤矿机电，2003（5）：43-45.

［54］申宝宏.我国煤炭开采技术发展现状及展望［C］.中国科协2004年学术年会第16分会场论文集，2004：55-58.

［55］徐永圻.煤矿开采学［M］.北京：中国矿业大学出版社，1999.

［56］卢清峰.环境影响评价在煤炭开采生态环境保护中的作用［J］.科技情报开发与经济，2006，16（15）：112-114.

［57］王高洁.矿区地质环境恢复治理研究［J］.科技情报开发与经济，2009（29）：156-158.

［58］徐文强.环保型煤炭开采与利用技术［J］.山西煤炭管理干部学院学报，2008，21（2）：110.

［59］钱伯章. 世界石油石化发展现状与趋势：资源、技术、战略［M］. 北京：石油工业出版社，2007.

［60］王瑞和，张卫东. 石油天然气工业概论［M］. 北京：中国石油大学出版社，2007.

［61］赖向军，戴林. 石油与天然气——机遇与挑战［M］. 北京：化学工业出版社，2005.

［62］田在艺，薛超. 流体宝藏——石油和天然气［M］. 北京：石油工业出版社，2002.

［63］王瑞和，李明忠. 石油工程概论［M］. 北京：中国石油大学出版社，2011.

［64］戴金星. 我国古代发现石油和天然气的地理分布［J］. 石油与天然气地质，1981，2（3）：45-48.

［65］傅家谟，汪本善，史继扬等. 有机质演化与沉积矿床成因——油气成因与评价［J］. 沉积学报，1983，1（4）：15-27.

［66］李晓明，赵洪才. 石油与天然气工程技术手册（上、下册）［M］. 北京：中国石化出版社，2003.

［67］王瑞飞，孙卫，高静乐，宋广寿. 关于油气成因理论的探析和思考——对油气成因二元论的认可［A］. 鄂尔多斯盆地及邻区中新生代演化动力学和其资源环境效应学术研讨会论文摘要汇编［C］，2005.

［68］黄第藩，王捷，范成龙，尚慧云，程克明. 中国中、新生代陆相沉积盆地中油气的生成［J］. 石油学报，1980，1（1）：31-4.

［69］罗永. 关于石油地质类型对石油勘探作用的思考［J］. 中国石油和化工标准与质量，2011（6）：22-25.

［70］陈其宗. 中国西部新区油气勘探模式研究［D］. 大连：大连理工大学，2002.

［71］刘德华. 油田开发规划与优化决策方法［M］. 北京：石油工业出版社，2007.

［72］郑俊生，张洪亮. 油气田开发开采［M］. 北京：石油工业出版社，1997.

［73］黎文清，李世安. 油气田开发地质基础［M］. 北京：石油工业出版社，1993.

［74］K.EBrown. 升举法采油工艺［M］：卷四. 北京：石油工业出版社，

1990.

[75] 冯叔初. 油气集输 [M]. 东营：石油大学出版社，1995.

[76] 邓皓. 石油勘探开发清洁生产 [M]. 北京：石油工业出版社，2008.

[77] 张发旺. 能源开发与地质环境互馈效应研究 [M]. 北京：地质出版社，2009.

[78] 王树立. 输气管道设计与管理 [M]. 北京：化学工业出版社，2009.

[79] 杨川东. 采气工程 [M]. 北京：石油工业出版社，1997.

[80] 赖向军，戴林. 石油与天然气——机遇与挑战 [M]. 北京：化学工业出版社，2005.

[81] 王瑞和，张卫东. 石油天然气工业概论 [M]. 北京：中国石油大学出版社，2007.

[82] 梁平，王天祥. 天然气集输技术 [M]. 北京：石油工业出版社，2008.

[83] 冯叔初. 油气集输 [M]. 东营：石油大学出版社，1995.

[84] 四川石油管理局编. 天然气工程手册（上、下册）[M]. 北京：石油工业出版社，1987.

[85] 刘小平，吴欣松，王志章等. 我国大中型气田主要气藏类型与分布 [J]. 天然气工业，2002，11（1）：1–5.

[86] 田信义，王国苑. 气藏分类 [J]. 石油与天然气地质，1996，17（3）：206–211.

[87] 中国石油天然气总公司. 气藏分类 [S]. SY/T6168–1995.

[88] 气藏开发应用基础技术方法编写组. 气藏开发模式丛书：气藏开发应用基础技术方法 [M]. 北京：石油工业出版社，1997.

[89] 刘蜀知，黄炳光，李道轩. 水驱气藏识别方法的对比及讨论 [J]. 天然气工业，1999，19（4）：37–39.

[90] 江怀友，钟太贤，宋新民，等. 世界天然气资源现状与展望 [J]. 中国能源，2009（3）：40–42.

[91] 陆全男. 海洋天然气产业的开发利用之研究 [J]. 科技和产业，2011，7（11）：21–24.

[92] 颜竹丘. 水能利用 [M]. 陕西：水利水电出版社，1986.

[93] 张博庭. 我国的水电开发与环境保护 [J]. 水电及农村电气化，2007（6）：20–21，24.

［94］周照成.水能资源开发趋势及问题研究［J］.中国水能及电气化，2008（9）：30-32.

［95］刘洪庆，杨振中.浅谈水电开发［J］.林业科技情报，2010：74-75.

［96］陈永泉.浅析水能开发对生态环境的影响［J］.中国水能及电气化，2007（3）：15-18.

［97］董芳，徐城.浅议水能开发与水电建设［J］.中国农村水利水电，2006（5）：105-108.

［98］蔡定一.中国水能开发问题［J］.水力学报，1991（4）：35-50.

［99］王秉杰.流域管理的形成、特征及发展趋势［J］.环境科学研究，2013，26（4）：452-456.

［100］谢国庆.浅谈可再生能源——水能的开发［J］.金田（励志），2012（7）：274-279.

［101］曹广晶.水能开发与生态环保可以双赢［J］.中国三峡，2007（4）：10-13.

［102］陈宁，邴颂东.水能源开发利用与区域可持续发展研究［J］.水电能源科学，1998，4（12）：36-40.

［103］陈惠源，万俊.水资源开发利用［M］.武汉：武汉大学出版社，2001.

［104］马经国.新能源技术［M］.南京：江苏科学技术出版社，1992.

［105］黄阮明，施涛.国内外抽水蓄能电站的发展及思考［J］.机电信息，2012（9）：181-182.

［106］黄志新，袁万明，黄文辉等.油页岩开采技术现状［J］.资源与产业，2008，10（6）：22-26.

［107］衣犀，张昕，曲泽源等.全球油页岩资源及其开采技术进展［J］.石油科技论坛，2010，29（3）：62-66.

［108］刘德勋，王红岩，郑德温等.世界油页岩原位开采技术进展［J］.天然气工业，2009，29（5）：128-133.

［109］中国石油和石化工程研究会.油页岩和页岩油［M］.北京：中国石化出版社，2009.

［110］孙有明.煤矿开采中环境污染的防治措施.考试周刊，2012（3）：195-196.

［111］包广静.高山峡谷区水能开发高梯度生态效益研究——以怒江为例

〔J〕. 中国水能及电气化，2011（3）：33-41.

〔112〕林彩霞. 水电开发与生态保护的调查与思考〔J〕. 水利科技，2008（2）：70-75.

〔113〕刘刚. 宜昌运河东山水电站改造与生态保护〔C〕. 中国水利学会 2008 学术年会论文集（上册），2008：515-518.

〔114〕郑守仁. 我国水能资源开发利用及环境与生态保护问题探讨〔J〕. 中国工程科学，2006，8（6），1-6.

〔115〕周孝德. 水能资源不同开发方式对生态环境影响的探讨〔M〕. 水力学与水利信息学进展 2009，2009：176-181.

〔116〕陈勇泉. 浅析水能开发对生态环境的影响〔J〕. 中国水能及电气化，2007（3）：15-18.

〔117〕关达. 浅议铁路煤炭运输改革〔J〕. 科技创新导报，2010（5）：241.

〔118〕郑勇. 煤炭运输对铁路运输改革的期望〔J〕. 中国煤炭，2005（5）：25.

〔119〕李华. 我国铁路煤炭运输现状及发展规划〔R〕. 中国冶金报，2004-12-14.

〔120〕宫艳芳. 铁路货运现状及发展运输代理的探讨〔J〕. 铁道运输与经济，2008.

〔121〕朱中杰. 浅谈地方铁路运输现代物流化〔J〕. 科学咨询（决策管理），2007.

〔122〕高峰. 提高煤炭运输船舶周转效率的分析〔J〕. 天津职业学院联合院校，2012（9）：83.

〔123〕郭光臣等，油库设计与管理〔M〕. 北京：中国石油大学出版社，2006.

〔124〕潘家华编著. 油罐及管道强度设计〔M〕. 北京：石油大学出版社，2007.

〔125〕严大凡，张劲军. 油气储运工程〔M〕. 北京：中国石化出版社，2003.

〔126〕冯叔初. 油气集输〔M〕. 东营：石油大学出版社，1995.

〔127〕输油管道设计与管理〔M〕. 北京：石油工业出版社，2010.

〔128〕竺柏康. 油品储运〔M〕. 北京：中国石化出版社，1999.

〔129〕蒋杨贵. 输油技术读本〔M〕. 北京：石油工业出版社，2003.

[130] 吴长春，张孔明，天然气的运输方式及其特点 [J]．油气储运，2003，22（9）：39-43．

[131] 张琳，李长俊，陈宁，刘银春，苏欣．天然气储运技术 [J]．油气储运，2006，25（6）：1-4．

[132] 孙志高．天然气储运技术及其应用发展前景 [J]．油气储运，2006，25（10）：17-21．

[133] 王颖，唐兴华，李苏平，张雪丹，刘延武．世界天然气储运技术简介 [J]．油气田地面工程，2003（7）：19．

[134] 赖向军，戴林．石油与天然气——机遇与挑战．北京：化学工业出版社，2005．

[135] 梁平，王天祥．天然气集输技术 [M]．北京：石油工业出版社，2008．

[136] 钱成文，姚四容，孙伟，于树清．液化天然气的储运技术 [J]．油气储运．2005，24（5）：9-11．

[137] 李玉星，姚光镇．输气管道设计与管理 [M]．东营：中国石油大学出版社，2009．

[138] 王树立．输气管道设计与管理 [M]．北京：化学工业出版社，2009．

[139] 菇慧灵．油气管道保护技术 [M]．北京：石油工业出版社，2008．

[140] 陈宏振，汤延庆．供热工程 [M]．武汉：武汉理工大学出版社，2008．

[141] 吉忠平．大型供热管网的安全问题的分析与思考 [J]．同煤科技，2011（1）：20-21．

[142] 郭茶秀，魏新利．热能存储技术与应用 [M]．北京：化学工业出版社，2005．

[143] 张仁远．相变材料与相变储能技术 [M]．北京：科学出版社，2009．

[144] 樊栓狮，梁德青，杨向阳．储能材料与技术 [M]．北京：化学工业出版社，2004．

[145] 李林川，孔祥玉．电能生产过程 [M]．北京：科学出版社，2011．

[146] 冉红兵，何光键，李仙琪．超高压远距离输电 [M]．成都：西南交通大学出版社，2009．

[147] 孙宝龙．煤炭筛分存在的问题及对策 [J]．技术与经济，2003（4）：85．

[148] 舒歌平，史士东，李克建.煤炭液化技术［M］.北京：煤炭工业出版社，2003.

[149] 寇公.煤炭气化工程［M］.北京：机械工业出版社，1992.

[150] 武晨.探讨我国关于选煤技术的发展［J］.工业技术，2012（26）：23.

[151] 邴曼.我国选煤方法及选煤设备发展情况分析［J］.能源科技，2012（14）：263.

[152] 冯振堂，徐丽萍，王国祥.固定床煤气发生炉制气技术进展［J］.小氮肥设计技术，2006，27（2）：17–19.

[153] J. C. van Dyk, M. J. Keyser, M. Coertzen. Syngas pro–duction from South African coal sources using Sasol–Lur–gi gasifiers［J］. International Journal of Coal Geology，2006（65）：243–253.

[154] 苏万银.煤气化方法的比较及分析［J］.煤化工，2010（3）：10–14.

[155] 谢书胜，邹佩良，史瑾燕.德士古水煤浆气化、Shell气化和GSP气化工艺对比［J］.当代化工，2008，37（6）：666–668.

[156] 郭树才.煤化工工艺学［M］.北京：化学工业出版社，2006.

[157] 谭成敏，曹召军.GSP粉煤气化技术引进方案的优化［J］.煤化工，2008（1）：9–12.

[158] 宋羽，蒋甲金.多喷嘴对置式水煤浆气化技术［J］.山东化工，2011，1（40）：55–56

[159] 刘霞，田原宇，乔英云.国内外气流床煤气化技术发展概述［J］.化工进展，2010（29）：120–124.

[160] 汪家铭，Shell煤气化技术在我国的应用概况及前景展望［J］.产业发展，2009（3）：52–59.

[161] 李凤刚，李肖，杨杰，鞠彩霞.煤气化技术应用分析［J］.枣庄学院学报，2012（5）：105.

[162] 王倩，浅析中国的洁净煤技术［J］.科技风，2010（5）：56.

[163] 李连济.我国能源国情与煤炭加工转化［J］.经济问题，1995（10）：9–12.

[164] 特布新，葛亮.浅谈煤液化技术与发展方向［J］.内蒙古石油化工，2009（22）：110.

[165] 陈梦，徐双.国内外煤炭间接液化技术现状分析和展望［J］.高新技

术产业发展，2010（10）：27.

[166] 郭连方.煤直接液化和间接液化的比较 [J].问题探讨，2008（12）：31-32.

[167] 蔡冰.煤炭液化技术分析及研究方向 [J].科技研究，2011（6）：106.

[168] 徐永圻.煤矿开采学 [M].北京：中国矿业大学出版社，1999.

[169] 邬国英，杨基和.石油化工概论 [M].北京：中国石化出版社，2000.

[170] 林世雄，阴国和，梁文杰，赵忠镕等.石油炼制工程 [M].北京：石油工业出版社，2007.

[171] 侯祥麟.中国炼油技术 [M].北京：中国石化出版社，1991.

[172] 陈绍洲，常可怡.石油加工工艺学 [M].上海：华东理工大学出版社，1997.

[173] 《石油商品应用服务实例》编写组.石油商品应用服务实例 [M].北京：烃加工出版社，1989.

[174] 寿德清.储运油料学 [M].山东：石油大学出版社，1988.

[175] 寿德清，山红红.石油加工概论 [M].北京：石油大学出版社，1996.

[176] 张瑞泉，康威，郭志东.原油分析评价 [M].北京：石油工业出版社，2000.

[177] 中国石化公司人事部.催化加氢技术（第一分册加氢精制） [M].中国石化公司人事部.

[178] 中国石化公司人事部.催化加氢技术（第二分册加氢裂化） [M].中国石化公司人事部.

[179] 从义春，高金森，徐春明.国内外加氢技术的最新进展 [J].当代石油石化，2003，11（12）：29-32.

[180] 孙兆林.催化重整 [M].北京：中国石化出版社，2006.

[181] 李成栋.催化重整装置技术问答 [M].北京：中国石化出版社，2006.

[182] 邵文.中国石油催化重整装置的现状分析 [J]，炼油技术与工程，2006，36（7）：1-4.

[183] 王树德.中国石化催化重整装置面临的形势与任务.炼油技术与工

程，2005，35（7）：1-4.

[184] 李定龙. 环境保护概论［M］. 北京：中国石化出版社，2006.

[185] 邓皓. 石油勘探开发清洁生产［M］. 北京：石油工业出版社，2008.

[186] 张发旺等. 能源开发与地质环境互馈效应研究［M］. 北京：地质出版社，2009.

[187] 张爱明. 天然气化工利用与发展趋势［J］. 天然气化工（C1 化学与化工），2012，37（3）：69-72.

[188] 陈进富，李秀花. 天然气化工与利用的研究及应用现状［J］. 石油与天然气化工，1995（2）：15-18.

[189] 诸林. 天然气加工工程［M］. 北京：石油工业出版社，2008.

[190] 朱利凯. 天然气处理与加工［M］. 北京：石油工业出版社，1998.

[191] 梁平. 王天祥. 天然气集输技术［M］. 北京：石油工业出版社，2008.

[192] 王遇冬. 天然气处理与加工工艺［M］. 北京：石油工业出版社，1999.

[193] 王开岳. 天然气净化工艺［M］. 北京：石油工业出版社，2005.

[194] 王树立. 输气管道设计与管理［M］. 北京：中国石化出版社，2007.

[195] 吴式瑜，张于秋. 发展煤炭深度加工转化是节约能源保护环境的有效途径［J］. 煤炭加工与综合利用，2005（5）：1-2.

[196] 张少华，王东波. 洁净煤发电技术探讨分析［J］. 能源与节能，2012（3）：13-16.

[197] 郝临山. 洁净煤技术［M］. 北京：化学工业出版社，2005.

[198] 姚强. 洁净煤技术［M］. 北京：化学工业出版社，2005.

[199] 赵嘉博，刘小军. 洁净煤技术研究现状与进展［J］. 露天采矿技术，2011（1）：66-69.

[200] 谢全安，薛利平. 煤化工安全与环保［M］. 北京：化学工业出版社，2004.

[201] 许世森，李春虎，郜时旺编. 煤气净化技术［M］. 北京：化学工业出版社，2006.

[202] 徐振刚，刘随芹. 型煤技术［M］. 北京：煤炭工业出版社，2001.

[203] 曹征彦. 中国洁净煤技术［M］. 北京：中国物资出版社，1998.

[204] 许祥静，张克峰. 煤气化生产技术［M］. 北京：化学工业出版社，

2010.

[205] 詹隆，贾传凯，杜丽伟，王秀月，王燕芳.水煤浆制浆工艺与专用设备的新发展 [J].煤炭加工与综合利用，2011 (5)：43-47.

[206] 张鹏铭，孙国飞.高压射流式水煤浆的制备与应用 [J].煤炭科学技术，2012，40 (6)：125-128.

[207] 杨以涵.电力系统基础 [M].北京：中国电力出版社，2007.

[208] 肖湘宁.电能质量分析与控制 [M].北京：中国电力出版社，2010.

[209] 李林川，孔祥玉.电能生产过程 [M].北京：科学出版社，2011.

[210] 杨淑英.电力系统概论 [M].北京：中国电力出版社，2007.

[211] 王士政，冯金光.发电厂电气部分 [M].北京：水利水电出版社，2002.

[212] 汤学忠.热能转换与利用 [M].北京：冶金工业出版社，2002.

[213] 倪明江，骆仲泱，寿春晖，王涛，赵佳飞，岑可法.太阳能光热光电综合利用 [J].上海电力，2009 (1)：1-7.

[214] 李书恒，朱大奎.潮汐发电技术研究现状与应用前景 [J].北京：海洋出版社，2005.

[215] 朱亚杰.能源词典 [M].北京：中国石化出版社，1992.

[216] 王丰玉.浅析潮汐电站的发展前景 [J].移动电源与车辆，2002 (4)：43-44.

[217] Wilson E M. Tidal power reviewed. Water Power & Dam Constructure，1983，35 (9)：13.

[218] 伯恩斯坦主编.潮汐电站 [M].华东勘测设计院译.杭州：浙江大学出版社，1996.

[219] 戎晓洪.潮汐能发电的前景 [J].可再生能源.2002 (5)：40.

[220] 冯金泉.潮汐能的利用及前景 [J].电世界，1996 (7)：7.

[221] 徐锡华，阮世锐.潮汐电站设计导则 [J].国外水电技术，1991 (1)：1-85.

[222] 余志.海洋能利用技术进展与展望 [J].太阳能学报 (特刊)，1999：214-226.

[223] 张发华.综合开发我国潮汐能的探讨 [J].水力发电学报，1996，54 (3)：34-42.

[224] 浙江省电力公司.江厦潮汐试验电站 [M].南京：河海大学出版

社，2001.

［225］Roger H Charlier. Re-invention or aggorniamento Tidal power at 30 years. Renewable and sustainable energy reviews. 1997，4（1）：271-289.

［226］杨敏林，邹春荣.潮汐电站建库及运行方案分析［J］.海洋技术. 1997，16（1）：52-56.

［227］李玉璧.潮汐电站建设的探讨［J］.武汉水利电力学院学报， 1989，22（6）：24.

［228］邓先伦，高一苇，许玉，戴伟娣.生物质气化与设备的研究进展 ［J］.2007，41（7）：37-41.

［229］郑志锋，蒋剑春，戴伟娣，孙云娟.生物质能源转化技术与应用 （Ⅲ）——生物质热解液体燃料油制备和精制技术［J］.生物质化学工程， 2007，41（5）：67-76.

［230］蔡炽柳.生物质能转化利用的若干技术分析［J］.能源与环境，2006 （5）：24-25，28.

［231］游亚戈，李伟，刘伟民，李晓英，吴峰.海洋能发电技术的发展现状 与前景［J］.电力系统自动化，2010，34（14）：1-12.

［232］程备久.生物质能学［M］.北京：化学工业出版社，2008.

［233］李传统.新能源与可再生能源技术［M］.南京：东南大学出版社， 2005.

［234］张志英，赵萍.风能与风力发电技术［M］.北京：化学工业出版社， 2010.

［235］李建春.风力发电机组并网方式分析［J］.能源及环境，2010（1）： 25-27.

［236］刘庆玉.风能工程［M］.沈阳：辽宁民族出版社，2008.

［237］黄斌，刘练波，许世森.二氧化碳的捕获和封存技术进展.中国电 力，2007，40（3）：14-17.

［238］THOMAS. Carbon dioxide capture for storage in deep geologic formations-result from the CO_2 capture project I ［M］. ELSEVIER，UK，2005：1-15.

［239］KUUSKRAA. Reviewand evaluation of the CO_2 capture project by the technology advisory board ［M］// Carbon dioxide capture for storage in deep geologic formations-result from the CO_2 capture project I. ELSEVIER，UK，2005：37-46.

［240］李天成，冯霞，李鑫钢. 二氧化碳处理技术现状及其发展趋势 ［J］. 化学工业与工程，2002，19（2）：191-196，215.

［241］王海强，吴忠标. 烟气氮氧化物脱除技术的特点分析. 能源工程，2004（3）：27-30.

［242］杜云贵，李锐，何世德，张占梅. 氮氧化物排放控制技术的现状和发展趋势. 见：重庆市电机工程学会 2008 年学术会议论文，2008：545-548.

［243］周韦慧，陈乐怡. 国外二氧化碳减排技术措施的进展. 中外能源，2008，13（3）：7-13.

［244］费马. 打开奥秘之门 ［M］. 长沙：湖南科学技术出版社，2012.

［245］廖亮. 能源与未来 ［M］. 北京：北京邮电大学出版社，2011.

［246］李波. 能源世界 ［M］. 呼和浩特：远方出版社，2005.

［247］王家素，王素玉. 超导技术应用 ［M］. 成都：成都科技大学出版社，1995.

［248］马廷钧. 现代物理技术及其应用 ［M］. 北京：国防工业出版社，2002.

［249］牧野枡. 超导革命 ［M］. 天津：天津科技翻译出版公司，1988.

［250］翟庆志. 电机与新能源发电技术 ［M］. 北京：中国农业大学出版社，2011.

［251］朱永强. 新能源与分布式发电技术 ［M］. 北京：北京大学出版社，2010.

［252］张衍国. 垃圾清洁焚烧发电技术 ［M］. 北京：中国水利水电出版社，2004.

［253］张晓东，杜云贵，郑永刚编著. 核能及新能源发电技术 ［M］. 北京：中国电力出版社，2008.

［254］黄素逸. 能源科学导论 ［M］. 北京：中国电力出版社，1999.

［255］杰里米·里夫金. 第三次工业革命 ［M］. 张体伟，孙毅宁译. 北京：中信出版社，2012.

［256］瑞弗金. 第三次工业革命改变世界的新经济模式 ［M］. 北京：中信出版社，2012.

［257］Alex Q. Huang, Mariesa L. Crow, Gerald Thomas Heydt, Jim P. Zheng and Steiner J. Dale.

［258］The Future Renewable Electric Energy Delivery and Management

（FREEDM） System：The Energy Internet ［J］ . Proceedings of the IEEE，2011，99（1）.

［259］于慎航，孙莹，牛晓娜，赵传辉. 基于分布式可再生能源发电的能源互联网系统 ［J］. 电力自动化设备. 2010，30（5）.

［260］查亚兵，张涛，谭树人，黄卓，王文广. 关于能源互联网的认识与思考 ［J］. 国防科技，2012，33（5）.

［261］中财网智能能源网将是历史新变革. 2009-11-30. http：//cfi. net. cn/p20091130000984. html.

［262］国际能源网中国"十二五"推智能能源网将全面覆盖水、电、气、热力 2009-11-30. http：//www. in-en. com/article/html/energy_0723072361516506. html.

［263］智能能源网. http：//baike. baidu. com/item/%E6%99%BA%E8%83%BD%E8%83%BD%E6%BA%90%E7%BD%91fr=aladdin

后　记

　　根据《能源科学与管理论丛》的编写计划，我接受了《能源工程学》一书的编写任务。本书从编写提纲到完成初稿，都得到了雷仲敏教授的热情指导。本书写作是在笔者的主持下，由马连湘、王泽鹏、张斌、王海霞、林艳、李少龙等几位老师共同参与完成的；第一章由马连湘和笔者共同编写，第二章由笔者和林艳共同编写，第三章至第五章由王海霞和王泽鹏编写，王海霞老师编写了石油和天然气部分，王泽鹏老师编写了煤炭、水能和其他非常规能源部分，第六章由张斌编写，第七章和第八章由王泽鹏编写，第九章由笔者和李少龙共同完成，全书由笔者统稿。本书的资料搜集及文字校订还得到了张晓光、孟祥文等老师的支持。本书在撰写的过程中参考并利用了许多专家学者的大量观点和资料。在审稿和出版过程中，得到了《能源科学与管理论丛》编委会和山西经济出版社的帮助和支持。可以说，没有这些专家学者的支持，要完成本书是不可能的。在此，谨向为本书做出贡献的各位专家学者表示诚挚的谢意。

　　能源工程学是一门涉及基础理论、工程实践、各种衍生问题等几方面的科学体系，是一门基础知识与发展前沿相结合的工程实践科学理论，内容丰富，涉猎面广。对能源工程中所涉及的理论、工艺、设备、方法、施工和安全环境等方面进行科学系统的研究在我国还是一个新的课题，尽管本人做出了很大努力，但由于时间较短，加上自身水平与条件限制，本书的不足和错漏之处在所难免，欢迎读者批评指正。

何　燕

2015 年 9 月